ÉTUDES

SUR

LE COMMERCE

AU MOYEN AGE.

PARIS. — IMPRIMERIE GERDÈS,
10, RUE SAINT-GERMAIN-DES-PRÉS.

ÉTUDES

sur

LE COMMERCE

AU MOYEN AGE

HISTOIRE DU COMMERCE DE LA MER NOIRE

ET DES COLONIES GÉNOISES DE LA KRIMÉE

PAR F. ÉLIE DE LA PRIMAUDAIE

PARIS

COMPTOIR DES IMPRIMEURS-UNIS

— COMON ET C°, —

15, QUAI MALAQUAIS

1848.

L'intention de l'auteur de ce livre est de faire une histoire complète du commerce au moyen âge. Il a pensé qu'il y avait là une idée utile. Il ne se dissimule pas les difficultés d'un semblable sujet : il les comprend si bien, au contraire, qu'il n'offre en ce moment au public que la première partie de son travail. Il avoue qu'il s'est senti effrayé par son œuvre : avant de l'achever, il a besoin d'un encouragement.

Certes, il n'ambitionne ni la curiosité ardente, ni les applaudissements de la foule; c'est aux hommes sérieux qu'il présente ce résultat de longues et patientes recherches.

Aujourd'hui, où l'argent et la popularité vien-

nent pleuvoir sur ces œuvres brillantes qui éveil-
lent les sympathiques émotions du lecteur, n'est-ce
pas une chose recommandable que d'écrire un
simple volume qui, après avoir demandé beaucoup de temps et de fatigue, ne doit rapporter en
échange aucune de ces compensations éclatantes?

L'auteur a cette conviction; et, dût l'encouragement qu'il espère ne pas lui venir, il trouverait
dans cette conviction une consolation et peut-être
une récompense.

AUTEURS

CITÉS

DANS L'HISTOIRE DU COMMERCE DE LA MER NOIRE

AU MOYEN AGE.

I.

HISTOIRE, CHRONIQUES, MÉMOIRES.

Histoire d'Hérodote, trad. par Larcher.

Decii Junii Juvenalis Satyræ.

M. A. Coccii Sabellici Res venetæ. Venetiis, 1487; in-fol.

Annali di Genova, da Ag. Giustiniano. Genova, 1537; in-f.

Dell' Istoria universale dell' origine e imperio de' Turchi libri III, da Fr. Sansovino. Venezia, 1564; in-4.

Bizarri, Senatus populique genuensis Historiæ atque Annales. Anvers, 1579; in-fol.

Uberti Foglietæ Historia Gennensium. Genuæ, 1585; in-fol.

Bongars, Gesta Dei per Francos. Hanoviæ, 1611, 2 vol.
in-fol.

Odorici Raynaldi Annales ecclesiastici post Baronium, ab
ann. 1198 ad 1565. Romæ, 1646-77; 10 vol. in-fol.

Laonici Chalcondilæ Historiæ Turcarum libri X. Paris,
1650; in-fol.

Annæ Comnenæ Alexiadis libri XV. Paris, 1651; in-fol.

Histoire de l'empire de Constantinople sous les empereurs
français, par Geoffroy de Villehardouin, avec les notes
de Ch. Dufresne Du Cange. Paris, 1657; in-fol.

Arab-Chah (Ahmed Ben), les prodigieux effets des décrets
divins dans les affaires de Timour, trad. par Vattier.
Leyde, 1658; in-fol.

Tronci, Memorie istoriche della città di Pisa. Livorno,
1682; in-4.

Dlugossi Historiæ polonicæ. Francfort, 1711; 2 vol. in-fol.

Huet, Histoire du commerce et de la navigation des Anciens. Paris, 1716; in-12.

Histoire de Timur-Beg, écrite en persan par Cherefeddin
Ali, trad. en français par Pétis de la Croix. Paris, 1722;
4 vol. in-12.

Muratori, Scriptores rerum italicarum. Milan, 1723; in-fol.
T. I, III, V, VI, XII, XIV, XV, XVII, XIX, XXII.

Muratori, Antiquitates Italiæ medii ævi. 6 vol. in-fol. Milan, 1738-42.

Schwandtener, Scriptores rerum Hungaricarum. Vienne, 1746 ; 3 vol. in-fol.

Codices MS. Taurin. Turin, 1749 ; in-fol.

Principii di storia civile de Venezia, scritti da Vettor Sandi. Venezia, 1755-61 ; 8 vol. in-8.

Divisamenti di paesi e di misure di mercatanzie e d'altre cose bisognevoli di sapere a' mercatanti di diverse parti del mondo, scritti da Balducci Pegolotti ; T. III della decima e delle altre gravezze, di Pagnini. Lisbonne et Lucques, 1766 ; in-4.

D'Anville, Mémoire sur la mer Caspienne. Paris, 1777 ; in-4.

Antonio de Capmany, Memorias historicas sobre la marina, comercio y artes de la antigua ciudad de Barcelona. Madrid, 1779-92 ; 4 vol. in-4.

Mouradja d'Ohsson, Tableau de l'empire ottoman. Paris, 1787 ; 3 vol. in-fol.

Formaleoni, Storia del commercio, della navigazione e delle colonie de' popoli antichi nel mar nero. Venezia, 1787 ; 2 vol. in-8.

Lettere ligustiche, dall' abbate Luigi Oderico. Bassano, 1792 ; in-8.

Storia civile e politica del commercio de' Veneziani di Carlo Ant. Marin. Venezia, 1798-1808 ; 8 vol. in-8.

Essai sur l'influence des croisades, par A. H. Heeren ; trad. de l'allemand par Ch. Villers. Paris, 1808 ; in-8.

Hüllmann, Commerce des Grecs byzantins, dans le Magasin encyclopédique. 1808, t. VI et 1809, T. II.

Giacomo Filiasi, Saggio sull' antico commercio di Venezia, nel tomo sesto delle Memorie storiche de' Veneti primi e secondi. Padova, 1811-14 ; 7 vol. in-8.

Raoul-Rochette, Histoire de l'établissement des colonies grecques. Paris, 1815 ; 4 vol. in-8.

J. B. Fanucci, Storia dei tre celebri popoli maritimi dell' Italia. Pisa, 1817-22 ; 4 vol. in-8.

Mémoires historiques et géographiques sur l'Arménie, par J. Saint-Martin. Paris, 1818 ; 2 vol. in-8.

Michel Panarète, Chronique de Trébisonde, ap. Lebeau, édit. Saint-Martin ; t. XX.

Karamsin, Histoire de l'empire de Russie, trad. du russe par MM. Saint-Thomas et Jauffret. Paris, 1819-26 ; 11 vol. in-8.

Abel de Rémusat, Histoire de la ville de Khotan, trad. du chinois. Paris, 1820 ; in-8.

Daru, Histoire de Venise. Paris, 1821 ; in-8.

Journal asiatique, ou Recueil de mémoires, d'extraits et de notices relatifs à l'histoire, à la philosophie, à la littérature et aux langues des peuples orientaux. Paris, 1822 et années suivantes ; in-8.

Stanislas Siestrencewiz, Histoire de la Chersonèse taurique. Saint-Pétersbourg, 1824 ; 2 vol. in-4 (en russe).

Klaproth, Mémoires relatifs à l'Asie. Paris, 1824-28 ; 3 vol. in-8.

Chrestomathie arabe, ou Extraits de divers écrivains arabes, par M. le baron Sylvestre de Sacy. Paris, 1828 ; 3 vol. in-8.

Storia delle relazioni vicendevoli dell' Europa e dell' Asia, dalla decadenza di Roma fino alla destruzione del Califfato, del conte G. B. Baldelli Boni. Firenze, 1827 ; 2 vol. in-4.

Corpus scriptorum historiæ byzantinæ, editio consilio B. G. Niebuhrii instituta. Bonnæ, 1828 et seqq.

— Nicephori Gregoræ byzantinæ historiæ libri XXIV. 1829-30 ; 2 vol. in-8.

— Procopius. 1833-38 ; 3 vol.

— Michaelis Ducæ Historia byzantina. 1834 ; 1 vol.

— Georgii Pachymeris, de Michaele et Andronico Palæologis libri XII. 1835 ; 2 vol.

— Nicetæ Choniatæ Historia. 1835 ; 1 vol.

— Joannis Cinnami, Epitome rerum ab Joanne et Alexio Comnenis gestarum. 1836 ; 1 vol.

— Georgii Cedreni Compendium historiarum. 1838-39. 2 vol.

Reinaud, Extraits des auteurs arabes, ap. Bibliothèque des Croisades, de Michaud, t. IV, Paris, 1829 ; in-8.

Pardessus, Collection de lois maritimes antérieures au XVIIIe siècle. Paris, 1829-45 ; 6 vol. in-4.

Heeren, de la Politique et du commerce des peuples de l'antiquité; trad. de l'allemand par M. W. Suckau. Paris, 1830-34 ; 6 vol. in-8.

Della Colonia dei Genovesi in Galata libri sei di Lodovico Sauli. Torino, 1831 ; 2 vol. in-8.

Memoria sulle colonie del mar nero, ap. Nuovo Giornale de' Letterati. Pisa, 1832 ; in-8.

Del Commercio dei Romani di Francesco Mengotti. Leipzig, 1833 ; in-12.

Chronique de Nestor, trad. par M. Louis Páris. Paris, 1834. 2 vol. in-8.

Storia dell' antica Liguria e di Genova dal marchese Girolamo Serra. Torino, 1834.

Ch. d'Ohsson, Histoire des Mongols depuis Tchinghiz-Khan jusqu'à Timur-Bey. La Haye, 1834-35 ; 4 vol. in-8.

Histoire de l'empire ottoman depuis son origine jusqu'à nos jours, par J. de Hammer; trad. de l'allemand par J. J. Hellert. Paris, 1835-42 ; 18 vol. in-8.

Historiæ patriæ Monumenta, edita jussu regis Karoli Alberti. Turin, 1836 ; in-fol.

Storia della città e costiera di Amalfi di Matteo Camera. Napoli, 1836; in-8.

Simonde de Sismondi, Histoire des républiques italiennes du moyen âge. Paris, 1840; 10 vol. in-8.

Annali veneti di Malipiero, ap. Archivio storico italiano. Firenze, 1840; in-8. T. VII.

Maltebrun, Histoire de la géographie. Paris, 1842; in-4.

Histoire de l'académie des Inscriptions et Belles-Lettres, avec les mémoires de littérature tirés des registres de cette académie depuis l'année 1673 jusqu'à l'année 1776. Paris; in-4. T. XXXII, XXXV.

Nouveaux Mémoires de l'académie des Inscriptions et Belles-Lettres. Paris; in-4. T. III, V, VII, VIII.

Notices et extraits des manuscrits de la Bibliothèque royale. Paris; in-4. T. I, II, XI, XIII, XIV.

II.

GÉOGRAPHIE, VOYAGES, DESCRIPTIONS.

Avant J.-C.

392. — Xenophon, Anabase, ou Retraite des dix-mille.

92. — Scymnus, Orbis Descriptio, ap. Gail, Geogr. minor. T. II.

Après J.-C.

29. — Strabon, de Situ orbis.

75. — Plinii Historia naturalis.

110. — Arriani Ponti Euxini Periplus, ap. Gail. T. III.

211. — Ptolemei Geogr. latine reddita, correcta a Marco Beneventano et Joanne Costa. Rome, 1508; in-fol.

943. — Description du Caucase et des pays qui avoisinent la mer Noire et la mer Caspienne, par Massoudi, dans le *Magasin asiatique* de Klaproth. Paris, 1825.

952. — Constantini Porphyrogeneti de thematibus et de administrando imperio, ap. Script. hist. byzant. editio consilio Niebuhrii instituta. Bonnæ, 1840.

1153. — El Edrissi, Récréations géographiques, trad. par M. Amédée Jaubert, dans le recueil de la Société de géographie. T. V et VI.

1250. — Aboulfaradj, Hist. dynast., trad. par Pococke. Oxford, 1663 ; 2 vol. in-4.

1253. — Rubruquis, Voy. en Tartarie, dans la collection de Bergeron, T. I. La Haye, 1735 ; in-4.

1271. — I Viaggi di Messer Marco Polo, dans la collection de Ramusio, T. I. Venise, 1683 ; in-fol.

1300. — Abulfedæ Geographia.

1315. — Itinerarium fratris Oderici, ap. Acta Sanctorum, januar. I. p. 486.

1325. — Mirabilia descripta per fratrem Jordanum, ap. Recueil de la Société de géographie. T. IV.

1380. — El-Bakoui, les Merveilles de la toute-puissance sur la terre ; notices et extraits des MS. T. II.

1400. — Eugenius, Description de Trébisonde, ap. Lebeau, Hist. du Bas-Empire, édit. Saint-Martin. T. 20.

1404. — Historio del Gran Tamerlan e itinerario y enarracion del viaje y relacion de la embajada, que Ruy Gonzales de Clavijo le hizo por mandado del rey don Henrique. Sevilla, 1582 ; in-fol.

1432. — Bertrandon de la Brocquière, Voyage d'outre-mer, dans la collection des Mémoires de l'Institut, classe des sciences morales et politiques. T. V.

1436. — Viaggi alla Tana e nella Persia de J. Barbaro, dans Ramusio, T. II.

1441. — Kemal-Eddin Abd-errazzat, Voy. de l'Hindous-
tan et exposition des merveilles que présente ce
pays; Not. et extr. des MS. T. XIV, P. I, p. 427.

1475. — Ambr. Contarini, Voy. en Perse, dans Bergeron,
T. II.

1476. — G. M. Angiolello, Vita e fatti del signor Ussun-
Cassan, ap. Ramusio. T. II.

1500. — Viaggio d'un mercante nella Persia, ap. Ramusio.
T. II.

1515. — Libro de Odoardo Barbosa, Portoghese, ap. Ramusio. T. I.

1520. — Mathieu de Miechow, Descriptio Sarmatiarum
asianæ et europææ, ap. Script. R. Polon. de
Mizler. T. I.

1551. — Giorgio Interiano, della vita de' Zichi, ap. Ramusio. T. II.

1558. — Voyage d'Antoine Jenkinson pour découvrir le
chemin du Kathay par la Tartarie, dans le Recueil
des voyages au Nord. T. IV.

1579. — Broniovius, Tartariæ Descriptio; in-fol.

1630. — Lamberti, Relazione della Colchide. Napoli, 1653.
in-4.

1636. — Adam Olearius, Voyage en Moscovie et en Perse.
Amsterdam, 1626; in-fol.

1637-1663. — Les six Voyages de J.-B. Tavernier en Tur-
quie, en Perse et aux Indes. Paris, 1678.

1670. — Les Voyages de Jean Struys en Moscovie et en
Perse. Rouen, 1719. 2 vol. in-12.

1671. — Journal du voyage de Jean Chardin en Perse et
aux Indes-Orientales. Londres, 1686; in-4.

1700. — Pitton de Tournefort, Relation d'un voyage au
Levant, fait par ordre du roi. Paris, 1717. 2 vol.
in-4.

1715. — Relation du sieur Ferrand touchant la Krimée et
les Tartares Nogaïs, dans le Recueil de voyages
au Nord. T. IV.

1723. — Memoirs of Peter-Henry Bruce. Dublin, 1783;
in-8.

1746. — Hanway's historical Account of the british trade
over Caspian sea. London, 1762; 2 vol. in-4.

1749. — J. Cooke's Travels through the Russian empire,
Tartary and Persia. Edimbourg, 1778; 2 vol.
in-4.

1772. — Boskowich, Voyage de Constantinople en Pologne.
Lausanne; in-8.

1783. — G. Forster, Voyage du Bengale à Saint-Pétersbourg. Paris, 1802; 3 vol. in-8.

1787. — Peyssonel, Traité sur le commerce de la mer
Noire. Paris, 1787; 2 vol. in-8.

1797. — Jean Potocki, Nouveau Périple du Pont-Euxin. Vienne, 1797 ; in-4.

1798. — Biberstein, Tableau des provinces occidentales de la mer Caspienne. Saint-Pétersbourg, 1798 ; in-4.

1801. — Henri Storch, Tableau historique et statistique de l'empire de Russie. Paris et Bâle, 1801 ; 2 vol. in-8.

1802. — Gråberg de Hemsö, Annali di geografia. Genova, 1802 ; 2 vol. in-8.

1803. — Reuilly, Voyage en Krimée et sur les bords de la mer Noire. Paris, 1806 ; in-8.

1805. — Jaubert, Voyage en Arménie et en Perse. Paris, 1821 ; in-8.

1807. — Klaproth, Voyage au Caucase et en Géorgie. Paris, 1823 ; 2 vol. in-8.

1813. — John Macdonald Kinneir, Journey through Asia Minor, Armenia and Koordistan. London, 1818 ; in-8.

1816. — Minas, Description du Pont-Euxin, ap. Lebeau, édit. Saint-Martin. T. XX.

1819. — N. Mouravief, Voyage en Turcomanie et à Khiva. Paris, 1823 ; in-8.

1824. — Gamba, Voyage dans la Russie méridionale. Paris, 1826 ; 2 vol. in-8.

1829. — Rottiers, Itinéraire de Tiflis à Constantinople. Bruxelles, 1829 ; in-8.

1830. — Fontanier, Voyage en Anatolie, entrepris par ordre du gouvernement français. Paris, 1834 ; in-8.

1833-36. — Dubois de Montpéreux, Voyage autour du Caucase. Paris, 1839-43 ; 6 vol. in-8.

1837. — Voyage dans la Russie méridionale et la Krimée, exécuté, en 1837, sous la direction de M. A. de Demidoff. Paris, 1840 ; gr. in-8.

1837. — Edm. Spencer's Travels in the Western Caucasus. London, 1838 ; 2 vol. in-8.

HISTOIRE

DU

COMMERCE DE LA MER NOIRE

AU MOYEN AGE.

CHAPITRE PREMIER.

COMMERCE ANCIEN DU PONT-EUXIN.

L'histoire du commerce a pour le monde moral la même importance que l'histoire naturelle pour le monde physique. Le récit de son influence sur l'économie politique, l'industrie et la prospérité des peuples forme une partie essentielle de l'histoire du genre humain. Si les classes moyennes ont pu conquérir la position indépendante qu'elles occupent aujourd'hui, c'est au commerce qu'elles en sont redevables. Il a été la cause première de l'émancipation des peuples. Les fortunes, déplacées par l'industrie, doublées et triplées par les spéculations mercantiles, se sont accumulées aux mains de la bourgeoisie, et la féodalité, c'est-à-dire la force brutale, s'est vue contrainte de courber le front devant le veau d'or. Ce n'est pas tout : le commerce a non-seulement contribué à l'émancipation des classes intermédiaires, mais il a aussi puissamment aidé au développement de l'intelligence et hâté la civilisation moderne. Les peuples, attirés les uns vers les autres, ceux-ci, moins civilisés, par le désir d'améliorer leur situation, ceux-là par l'appât du gain, ont communiqué ensemble; ils se sont vus, et, tout en trafiquant des produits de leur industrie, ils ont échangé leurs idées. L'histoire et la géographie surtout doivent au commerce leurs plus précieuses notions. Aux xiiie et xive siècles, le nord de l'Europe, la Perse, les contrées qui avoisinent la mer Caspienne, la Mongolie, la Chine, étaient sans cesse traversées par des caravanes de marchands italiens, et ces pays, à certains égards, étaient alors mieux connus qu'ils ne le sont aujourd'hui.

Considérée sous ces différents aspects, l'histoire du commerce au moyen âge présente un immense intérêt. Malheureusement les chroniques contemporaines ne sont remplies que de récits de miracles, de révolutions de palais ou d'événements militaires. Les écrivains de cette époque ont négligé de suivre le développement des peuples et des idées. Ce n'est qu'après avoir feuilleté des volumes entiers que l'on rencontre, noyées au milieu de faits d'un intérêt souvent très-secondaire, quelques sèches observations sur la direction, l'objet et l'influence des relations commerciales.

Au moyen âge, aucun navire européen n'avait pénétré dans le grand Océan; les rivages qu'il baigne étaient inconnus, et plusieurs siècles encore devaient s'écouler avant que le génie de Colomb révélât l'Amérique à l'ancien monde. On ignorait également la route des Indes par le cap de Bonne-Espérance. La Méditerranée, sillonnée par les navires des marchands de Venise, de Gênes, de Pise, de Barcelone et de Marseille, était seule ouverte aux opérations commerciales. C'était par elle que se faisaient les deux plus riches commerces du temps, celui du Nord-Est et celui des Indes; le premier par la mer Noire ou mer Majeure (1), comme on l'appelait alors, à l'embouchure des fleuves de la Russie

(1) Les Grecs byzantins l'appelèrent les premiers de ce nom, qui fut adopté par les Latins. Lorsque les Turcs et les Tartares la dominèrent, ils lui donnèrent le nom de mer Noire. On la désignait aussi quelquefois sous celui de mer de Russie. (Geoffroi de Villehardouin, p. 91, ap. Ducange, *Hist. de Constantinople;* Massoudi, ap. Klaproth, *Magasin asiatique,* 1825, p. 271.)

méridionale et dans les villes du littoral asiatique ; le second par l'Égypte et la Syrie.

L'importance du commerce du Nord-Est était alors immense : il s'étendait jusqu'au Kathay, la Chine septentrionale. Les marchands de Kaffa et de Trébisonde communiquaient même avec les Indes. Cette seconde grande route commerciale, qui traversait la Boukharie, la mer Caspienne et l'isthme Caucasien, était plus longue que celle qui apportait à Alexandrie, par la mer Rouge, les marchandises du centre de l'Asie ; mais pendant quelque temps elle fut très-fréquentée.

L'expédition des Argonautes est le premier essai de navigation dans la mer Noire que l'antiquité nous ait transmis (1). On avait cru jusqu'alors que cette mer, couverte de ténèbres éternelles, confinait avec l'Érèbe, et que ses rivages étaient habités par de sauvages tribus de Scythes qui massacraient sans pitié les malheureux étrangers jetés sur leurs côtes par la tempête. Toutes ces fictions des poëtes, nées de l'ignorance de ces temps barbares, s'éva-

(1) Avant eux, Phryxus et Hellé y avaient pénétré. On prétend même que les Égyptiens connaissaient le Pont-Euxin depuis longtemps et qu'ils s'étaient avancés jusque dans le Palus-Méotide. — Raoul-Rochette, *Établissement des colonies grecques,* t. II, p. 103. — Huet, *Commerce des anciens,* ch. xlii, p. 241.

nouirent en partie avec le voyage de Jason (1); mais le récit des dangers qu'avait courus le prince de Thessalie éloigna les Grecs pendant longtemps encore de cette mer inhospitalière (2). Quelques navigateurs plus hardis osèrent enfin affronter cette nouvelle Méditerranée, que l'on disait si terrible. Leurs tentatives furent heureuses, et leur exemple ne tarda pas à être imité. Bien accueillis au nord par les Scythes et au midi par les habitants de la Colchide et de la Paphlagonie, les Grecs établirent avec ces peuples un commerce d'échange très-lucratif, et fondèrent au milieu d'eux de nombreuses colonies.

(1) Un auteur ancien assure que ce fut pour purger la mer Noire des pirates, qui en rendaient le commerce impraticable, que fut entreprise l'expédition des Argonautes; mais il est probable que le désir de s'emparer des trésors de la Colchide fut le seul ou du moins le principal motif de cet armement. — Raoul-Rochette, *loco citato*. — De Brosses, *Périple de l'Euxin*, Mém. de l'Acad. des Inscript., t. XXXII, p. 627-648.

(2) C'était le nom qu'ils lui avaient donné; mais, lorsqu'ils la connurent mieux, ils l'appelèrent Pont-Euxin : « Plurimas colonias ex Ioniâ miserunt (Milesii) in Pontum, quem priùs inhospitalem (Ἄξινος) dictum ob insidias Barbarorum, hospitalis maris (Εὔξεινος) adpellationem consequi fecerunt. » (Scymnus, ap. Gail, *Geogr. Minor.*, t. II, p. 307.) — Salluste rejette cette étymologie, et ne voit dans le nom *Euxin* qu'une transposition du mot *Asken*, ancien nom de la mer Noire, sous lequel la désignaient les habitants de la Bithynie. (De Brosses, t. XXXII, p. 648.)

Les plus considérables au nord étaient Olbia (l'heureuse), située à l'embouchure du Borysthène, à la même place où s'élève aujourd'hui Kherson ; dans la Krimée ou Tauride (1), Théodosie, pourvue d'un port capable de contenir jusqu'à cent vaisseaux (2), et dont le nom était célébré dans une multitude infinie d'ouvrages (3); Panticapée, à l'entrée du Palus-Méotide, capitale de toutes les villes du Bosphore européen ; Phanagoria, de l'autre côté du détroit, et Tanaïs à l'embouchure du fleuve de ce nom, au fond de la mer d'Azoff. Presque toutes ces villes avaient été bâties par les Milésiens. Dans un temps où les Athéniens n'avaient point encore de marine, la riche et industrieuse Milet avait déjà fondé un grand nombre de colonies. *Actif comme un Milésien* était un ancien proverbe auquel avait donné naissance l'esprit aventureux et entreprenant des habitants de l'Ionie (4).

Sur les rivages de l'Asie Mineure, baignés par les

(1) Ces deux noms sont synonymes. Le premier, *Kremn*, dans la langue des Scythes, signifiait âpre, escarpé, suspendu; le second, *Taur*, servait pour exprimer une montagne ou toute autre chose grande et forte.

(2) Strabon, liv. VII, ch. IV, § 6.

(3) Arrien, *Périple du Pont-Euxin*, ap. Gail, *Geogr. Minor.*, t. III, p. 76.

(4) De Brosses, *Mém. de l'Acad. des Insc.*, t. XXXV, p. 628.

flots du Pont-Euxin, les Grecs avaient aussi formé des établissements d'une haute importance : Dioscurias, au fond de la mer Noire, dernier terme de toute navigation (1), Amisus, Sinope, Héraclée et un grand nombre d'autres villes, dont quelques-unes subsistent encore. Toutes ces colonies, qui conservèrent longtemps les avantages de leur position, s'approprièrent le commerce et la navigation du Pont-Euxin. Les peuples de tous les pays qui avoisinaient cette mer y transportaient des esclaves, du blé, des cuirs, des salaisons, de la cire, du miel, des fruits, des bois de construction et des munitions navales qu'ils échangeaient contre des vins, des étoffes et des objets d'habillement (2).

Des querelles, suivies d'hostilités, s'élevaient quelquefois entre les indigènes et les colons grecs; mais ces guerres n'étaient jamais longues et ne nuisaient en rien à l'activité du commerce : l'intérêt, qui était le même des deux côtés, faisait promptement conclure la paix.

Phanagoria, Panticapée et Dioscurias étaient les marchés d'esclaves les plus considérables et les plus fameux. Les Scythes y conduisaient tous les pri-

____

(1) Strabon, liv. XI, ch. ɪɪɪ, § 2.
(2) Hérodote, liv. IV, § 17. — Strabon, liv. VII, ch. ɪɪɪ, § 6 et 3; liv. XI, ch. ɪɪ, § 2.

sonniers qu'ils faisaient pour les vendre aux marchands grecs. L'esclavage, chez ce peuple, était une coutume générale (1), et le Caucase était le magasin inépuisable où ils allaient se fournir de cette marchandise : cette malheureuse contrée semble avoir été de tout temps réservée à la chasse des hommes (2). Olbia et Théodosie étaient les entrepôts du commerce des céréales. La péninsule taurique était alors, comme elle l'est encore de nos jours, une contrée fertile en blé. Pour peu qu'on remuât la terre, elle rapportait trente pour un ; à l'exception de la chaîne qui s'avance dans la mer jusqu'à Théodosie, toute la presqu'île formait une plaine d'un terrain excellent (3). Les habitants du pays étaient agriculteurs et possédaient des demeures fixes. Leur caractère était docile et leurs mœurs douces (4).

Tanaïs, la plus grande place de commerce des Barbares après Panticapée (5), servait de lieu d'échange entre les négociants du midi et les Scythes nomades, tant européens qu'asiatiques ; cette ville

(1) Hérodote, liv. IV, § 2 et 3.

(2) Formaleoni, *Commercio e Navigazione del mar Nero,* ch. VIII.

(3) Strabon, liv. VII, ch. V, § 3. — Les Tauro-Scythes payaient à Mithridate un tribut annuel de 200 talents d'argent et de 180 mille médimnes de blé (630 mille boisseaux).

(4) De Brosses, t. XXXV, p. 521.

(5) Strabon, liv. VII, ch. V, § 1.

était très-fréquentée par les Grecs, qui en tiraient des esclaves, des cuirs et des pelleteries (1). La pêche, à l'embouchure du fleuve, fournissait aussi un article d'exportation très-considérable. La quantité de poissons que nourrissait le Palus-Méotide était immense; ils s'y rendaient en foule, attirés par la douceur de l'eau et par la commodité des retraites que leur offraient les nombreux rochers qui bordent cette mer (2). Les colons de Panticapée et de Phanagoria avaient construit, à l'embouchure du Tanaïs (3), un grand nombre de tours, où veillaient continuellement des soldats grecs pour protéger les pêcheurs contre les attaques des Scythes (4). Le commerce des fourrures n'avait pas alors l'importance qu'il acquit plus tard au moyen âge, mais cependant il était encore fort étendu. Les Grecs allaient en chercher jusque dans le Nord, bien au delà du Palus-Méotide. Les habitants de Gelonus, ville construite en bois, dans le pays des Budins, se livraient particulièrement au trafic des pelleteries (5).

(1) Strabon, liv. XI, ch. II, § 2.
(2) De Brosses, t. XXXII, p. 644.
(3) *Tan*, *Dan*, en langage scythique, signifiait généralement une rivière. Le mot *Don*, adopté par les Russes, n'est qu'une variété de prononciation. (De Brosses, t. XXXV, p. 518.)
(4) Formaleoni, ch. VII.
(5) Hérodote, liv. IV, § 8 et 9. — Le pays des Budins occupait

Les colonies, au midi, n'étaient pas moins importantes. La Colchide, contrée riche et fertile, était le centre d'un commerce très-actif. Ses habitants connaissaient l'art de cultiver le lin, dont le pays abondait (1). Les marchands grecs exportaient de la Colchide du chanvre, de la cire, de l'alun, quelques pierres précieuses et de l'or, que les Soanes, peuple puissant et brave (2) qui habitait les montagnes du côté de Dioscurias, ramassaient dans les eaux des torrents (3). La colonie d'Amisus (aujourd'hui Samsoun) faisait un grand trafic de cuirs, de fruits et de céréales. Le terroir, cultivé avec soin, produisait toutes sortes de grains; dans les champs les fruits naissaient d'eux-mêmes : on les abandonnait au pied des arbres, sur des tapis de fleurs et de feuilles (4).

A l'occident d'Amisus s'élevait la ville de Sinope, la plus belle colonie de la côte méridionale, dont le principal commerce consistait en munitions na-

les gouvernements actuels de Simbirsk et de Kazan, jusqu'aux premières chaînes de l'Oural. (Heeren, *Commerce des anciens*, t. II, p. 312.)

(1) Hérodote, liv. II, § 105.

(2) Arrien, *Périple du Pont-Euxin*, ap. Gail, *Geogr. Minor.*, t. III, p. 60.

(3) Quelques restes de ce peuple se retrouvent encore dans les hautes vallées du Caucase.

(4) Formaleoni, ch. xi.

vales et en bois de construction de toute espèce. Les montagnes produisaient le plus beau buis du monde et le mieux veiné. Sur les côtes la pêche du thon était très-abondante, et, à l'embouchure de l'Halys, on récoltait une grande quantité de sel; le pays renfermait encore des mines d'excellent cuivre. Héraclée, habitée par un peuple nombreux et célèbre par ses fréquentes navigations dans la mer Noire, était si puissante, que les plus grands souverains recherchaient son alliance (1).

Le génie hardi et entreprenant des Grecs ne s'était pas restreint à ce commerce avec les peuples de la mer Noire. Ils s'étaient avancés dans l'Asie et avaient établi des relations avec les nations les plus reculées de l'Orient. Une route partait d'Olbia et se rendait, à travers des déserts et des montagnes, au delà de l'Oural, dans le pays des Argyppéens (Kalmoucks) (2). Dans le cours de ce voyage, dit Hérodote, les marchands traversaient le territoire de tant de peuples différents, qu'ils étaient obligés d'employer jusqu'à sept interprètes (3). Du pays des Argyppéens, les caravanes se dirigeaient vers Issedon, ville principale d'un peuple qui servait d'inter-

(1) De Brosses, t. XXXV, p. 483.
(2) Heeren, *Commerce des anciens*, t. II, p. 332.
(3) Hérodote, liv. IV, § 24.

médiaire, dès les temps les plus anciens, aux échanges de l'Inde septentrionale et de la Sérique.

Les Grecs recevaient aussi les marchandises des contrées situées à l'orient et au midi de l'Indus. Elles remontaient ce fleuve, tant qu'il se trouvait navigable. On les dirigeait ensuite, par des voies terrestres et en traversant le pays des Parthes, vers la mer Caspienne, où elles étaient embarquées jusqu'à l'embouchure du Cyrus (Kour). Au moyen de ce fleuve, on les conduisait dans l'intérieur du pays; de là, elles étaient transportées par terre au Phase, qu'elles descendaient pour être amenées à la mer Noire (1).

Dioscurias, où se rassemblaient, dit Strabon, des peuples parlant soixante-dix langues différentes, était le grand dépôt des précieuses marchandises de l'Orient, et ce commerce avait fait de l'Ibérie, pays pauvre et presque désert aujourd'hui, l'une des contrées les plus peuplées et les plus opulentes de l'Asie. La traversée du Cyrus au Phase, qui était de cinq journées, n'était pas sans difficultés. Les peuples de ce pays, renommés pour leurs brigandages, attaquaient souvent et pillaient les caravanes (2); des éboulements de neige, obstruant le

____

(1) Strabon, liv. II, ch. 1, § 4; liv. XI, ch. vIII, § 1.

(2) *Ibid.*, liv. XI, ch. vIII, § 3. — Les Mingréliens d'aujourd'hui

passage des montagnes, ensevelissaient quelquefois les voyageurs (1); mais ces dangers n'arrêtaient point les marchands grecs, et encore moins les habitants du Caucase, qui se chargeaient de conduire les marchandises d'un fleuve à l'autre et retiraient de ce transport de grands profits (2). Les Grecs exportaient de l'Asie des épiceries, des parfums, de l'ivoire, des étoffes de soie, des perles et beaucoup d'autres objets d'un grand prix, dont ils étaient très-avides.

Les Romains, vainqueurs des Grecs et de Mithridate, devinrent les maîtres du Pont-Euxin. Sous leur domination, le commerce de cette partie intéressante du vaste empire qu'ils avaient fondé ne perdit rien de son étendue et de son activité. Une flotte de quarante navires, entretenue aux frais du

ne valent pas mieux que ceux du temps de Strabon. Il est curieux de rapprocher des paroles du géographe grec ce que dit du même peuple un voyageur italien qui habita longtemps la Géorgie : « A Mengreli, quasi per natura li tocca il titolo di ladri, e con l'opre ciascheduno s'ingegna di non degenerare de'loro antepassati. Questa pestifera semenza, quasi in nativo terreno fertilissima, per tutto il paese germoglia. Niuno si ritrova per tutta la Colchide, che in qualche tempo non si sia esercitato in quest'arte. » (Lamberti, *Relazione della Colchide*, ch. xii, p. 76.)

(1) Strabon, liv. XI, ch. xix, § 2.

(2) Ils étaient si riches, dit Strabon, qu'ils avaient de l'or dans leur parure.

gouvernement, parcourait continuellement la mer
Noire pour contenir dans l'obéissance les nombreuses nations qui l'avoisinaient, et protéger les négociants contre les pirateries des tribus guerrières du
Caucase et du Kouban. Montés sur leurs *Kamars*,
barques longues et étroites, capables de contenir au
plus vingt-cinq hommes, ces peuples infestaient la
mer Noire, surprenaient les campagnes, quelquefois
même les villes, et pillaient tous les navires marchands qu'ils rencontraient sans une escorte armée (1).
Les Romains donnèrent, il est vrai, peu d'attention
au commerce du Nord : Théodosie, Phanagoria,
Tanaïs, tombaient en ruines, et ils ne songèrent
point à les relever; mais les villes de la côte méridionale, Sébastopolis (l'ancienne Dioscurias), Phasiana, Amisus et Sinope, repeuplées par des colonies nouvelles, virent s'étendre leurs relations
commerciales et s'augmenter leurs richesses.

La première était toujours un marché d'esclaves
considérable. Ce trafic inhumain s'était accru d'une
manière extraordinaire. Un affranchi, au temps
d'Auguste, regrettait dans son testament de ne laisser à son héritier que quatre mille esclaves. Un ancien auteur affirme que des particuliers, non pour
l'usage, mais pour l'ostentation, en possédaient jus-

(1) Huet, ch. LIX, p. 436. — De Brosses, t. XXXV, p. 871.

qu'à quinze et vingt mille (1). Pline se plaint avec raison de ces myriades et de ces légions d'esclaves qui remplissaient Rome et les provinces. Sous Vespasien, leur nombre avait tellement augmenté, qu'on avait besoin d'un nomenclateur pour les reconnaître (2).

Phasiana, où les Romains entretenaient une garnison de quatre cents légionnaires choisis, était l'entrepôt principal des marchandises indiennes que l'ancienne voie septentrionale, pratiquée par les Grecs, continuait d'amener en Europe. Les faubourgs de cette ville étaient habités par de nombreux marchands, dont les vastes magasins couvraient les deux rives du fleuve (3). Le commerce de la soie, qui se payait au poids de l'or, avait pris une grande extension. Il se faisait presque seul par la mer Noire. La rareté et le prix élevé des étoffes de soie n'empêchaient personne d'en acheter; le désir de s'en procurer n'en était que plus grand. Le luxe effréné des Romains avait gagné toutes les classes de la société, et les plébéiens, comme les nobles, voulaient être habillés de soie :

(1) Athénée, liv. VI, § 2.
(2) De Pastoret, *Mém. de l'Académie des Inscript.*, t. VIII, p. 181-182. — Mengotti, *Commercio de' Romani*, epoca terza, part. I, c. 2.
(3) Arrien, ap. Gail, *Geogr. Minor.*, t. III.

ils se ruinaient pour en acheter. C'était aussi la colonie commerçante du Phase qui fournissait Rome des magnifiques tapis de la Perse, dont on se servait pour couvrir les tables des salles de festin. Ces riches tissus avaient une valeur extraordinaire; quelques-uns se vendaient jusqu'à quatre millions de sesterces (1).

Les marchands de Phasiana faisaient encore un grand trafic de perles et de pierres fines. Celles de myrrhine, espèce de cristal que l'on tirait du pays des Parthes, étaient regardées comme les plus précieuses et les plus rares. Posséder des vases de myrrhine était la marque du plus grand luxe. On les recherchait à cause de leur fragilité, afin de pouvoir les rompre par ostentation à la fin d'un repas (2). Les parfums et les aromates, dont les Romains faisaient un usage immodéré, étaient un autre article très-important du commerce de la mer Noire. Ce n'était pas assez de parfumer ses pieds, ses mains, ses cheveux, ses vêtements; on parfumait son corps tout entier, à l'intérieur et à l'extérieur (3). *Dégoûtant*

____

(1) Mengotti, ch. iv.

(2) *Ibid.*, ch. iii : « Era presso i Romani un argomento di somma e squisito lusso l'aver dei vasi di coteste pietre, appunto per la loro fragilità, onde poterle rompere per fasto. »

(3) Le nombre des marchands d'aromates était si grand à Rome, qu'un quartier de la ville en avait pris son nom. (De Pastoret, *Mém.*, t. V, p. 104.)

de plus de parfums qu'il n'en faudrait pour embaumer deux cadavres! s'écrie Juvénal en parlant de Crispinus (1). Le *malabathrum*, qui venait de la Sérique, était l'un des aromates les plus estimés (2).

Nicomédie, dans la Bithynie, en deçà du Bosphore, était le grand dépôt de toutes les marchandises de la mer Noire. On les y transportait pour être de là envoyées dans les différents ports de la Méditerranée (3).

(1) Sat. iv, v. 107-108 :

> Et matutino sudans Crispinus amomo,
> Quantùm vix redolent duo funera.

(2) Malte-Brun, *Hist. de la Géographie*, liv. XIV.
(3) Huet, *Commerce des anciens*, ch. xlii, p. 240.

CHAPITRE II.

LES EMPEREURS D'ORIENT. — COMMERCE DES RUSSES AVEC CONSTANTINOPLE.

Les empereurs d'Orient héritèrent du riche commerce du Nord-Est. Constantinople, choisie pour être le siége du nouvel empire romain, acquit en peu d'années une importance immense. Elle devint la première ville commerçante du monde. Cette cité opulente, habitée par un peuple nombreux et résidence de la cour la plus brillante de ce temps, vit affluer dans ses murs les marchandises de l'Occident et du Nord, les productions les plus recherchées et les trésors de l'Orient. Elle renfermait un grand nombre de manufactures d'objets de luxe, que les ouvriers grecs savaient seuls fabriquer, et ses artistes excellaient dans la peinture, la sculpture et l'orfévrerie (1); de toutes les parties du monde, il y arrivait des marins et des marchands.

(1) Baldelli Boni, *Relazioni Vicendevoli dell' Europa e dell' Asia*, liv. XII, p. 486.

A cette époque, où la Méditerranée et la mer Noire étaient seules connues des navigateurs, la nouvelle capitale de l'empire romain, maîtresse de la navigation qui se faisait entre ces deux mers, placée au centre de pays tous importants par leur commerce et possédant le plus beau port naturel, était destinée, par son admirable position, à jouer le premier rôle dans l'histoire du commerce au moyen âge (1); mais le despotisme du gouvernement l'empêcha de devenir aussi florissante qu'elle aurait pu l'être.

Le monopole le plus odieux, exercé par les empereurs eux-mêmes, pesait sur le commerce de l'empire. Le gouvernement, qui s'était réservé la vente exclusive des denrées de première nécessité, refusait aux marchands toute protection. Justinien, l'auteur de ce honteux monopole, avait commencé par enlever au peuple la fabrication des étoffes de soie, mesure désastreuse qui arrêta spontanément l'industrie. Dès que le trésor impérial se fut approprié le commerce de la soie, les nombreux ouvriers de Tyr et de Béryte se trouvèrent réduits à la dernière misère, et, pour ne pas mourir de faim, ils furent obligés de se réfugier dans les provinces de

(1) Hullmann, *Commerce byzantin*, — *Magasin encyclopéd.*, 1808, t. VI.

la Perse (1). L'empereur, qui voulait que l'épargne fût toujours remplie, avait établi un système de finances si oppressif, que, selon l'expression de Procope, il produisit dans tout l'empire, à son apparition, l'effet d'une grêle qui dévaste la terre. Le droit de vendre les denrées les plus essentielles, telles que le blé, le vin, l'huile et toute autre espèce de comestible, avait été retiré également aux particuliers. Ce désastreux monopole subsistait encore au commencement du xiie siècle (2). Une partie des provinces payaient leurs impositions en nature, et les habitants étaient tenus de transporter eux-mêmes à Constantinople leurs blés et leurs vins. Après un voyage souvent très-long et très-fatigant, le dédommagement qu'ils recevaient du trésor impérial était si faible, qu'ils auraient préféré livrer leurs denrées à la porte de leurs maisons et payer, de plus, leur valeur en argent.

Il était fait défense à tous les sujets de l'empire de s'approvisionner de blé auprès des cultivateurs; ils devaient l'acheter des officiers impériaux char-

(1) Procope, *Hist. Arcan.*, ch. xxv.

(2) Albertus Aquensis, *Hist. hyeros.*, liv. II, ap. Bongars, t. I, p. 203 : « Nullius præter imperatoris merces tam in vino et oleo, quàm in frumento et hordeo, omnique escâ vendebatur in toto regno. »

gés de la vente des grains. Bien que le traitement de ces officiers fût considérable, ils ne perdaient point cette occasion de s'enrichir aux dépens du peuple. Quelquefois les denrées, venues par mer, arrivaient corrompues à Constantinople; mais cela n'empêchait pas qu'elles fussent vendues. Les consommateurs étaient forcés de les acheter au même prix que si elles eussent été saines (1). Souvent aussi les empereurs, que ne satisfaisaient point les énormes bénéfices qu'ils retiraient de ce monopole, recouraient au vil expédient de dénaturer les mesures (2). Michel Dukas, en 1071, poussa l'avarice jusqu'à diminuer d'un quart le boisseau de blé. Le peuple indigné lui donna le surnom de *Parapinakès* (3).

Un impôt très-considérable était établi sur les navires et sur les marchandises qu'ils apportaient. A chaque porte de Constantinople et sur le port se tenaient des préteurs, dont la principale fonction était d'extorquer le plus d'argent qu'il leur était possible, et comme ces officiers, dit ironiquement Procope, n'avaient point de plus grand désir que celui de plaire à l'empereur, ils exigeaient des droits

---

(1) Procope, *Hist. Arcan.*, ch. xxu.
(2) Baldelli Boni, liv. XII, p. 490-507.
(3) Παραπινάκης, retranchement d'un quart, de πινάκιον, quatrième partie du boisseau. (Ducange, *Gloss. græc.*, t. I.)

énormes de tous les vaisseaux qui arrivaient et des marchandises que l'on introduisait dans la ville. Souvent les navigateurs préféraient brûler leurs navires avec la cargaison que de se soumettre à ces vexations (1).

Une autre circonstance contribuait à énerver l'esprit entreprenant des commerçants grecs : il était rare qu'ils pussent obtenir une escorte armée pour protéger les navires qu'ils équipaient. Les empereurs ne s'occupaient que de leur marine militaire et laissaient entièrement dans l'oubli le commerce maritime. S'ils s'en occupaient quelquefois, c'était pour confisquer à leur profit les navires des particuliers. Il était permis à tout marchand d'en faire construire et d'en avoir pour son usage; mais le gouvernement se réservait le droit de s'en servir en cas de nécessité, et il ne s'en faisait pas faute. Entraînés dans des guerres rarement heureuses, les empereurs avaient toujours besoin de nouveaux soldats et de nouvelles flottes.

Il était impossible qu'avec un semblable système le commerce prospérât. Les Grecs perdirent le goût des spéculations lointaines et ne s'occupèrent plus que de leurs plaisirs, de spectacles, de méprisables disputes de dogmes et d'intrigues de cour, plus

(1) Procope, *Hist. Arcan.*, ch. xxv.

méprisables encore (1). Lorsque les empereurs d'O-
rient permirent aux nations maritimes de l'Italie de
commercer à Constantinople, les négociants byzantins avaient depuis longtemps borné toutes leurs
entreprises à la mer Noire; leurs relations avec les
peuples de la Krimée et du Phase se trouvaient
réduites à un petit commerce de cabotage, qui ne
dépassait pas le bosphore de Thrace.

Mais, si l'indolence des Grecs et le despotisme du
gouvernement s'opposaient à ce que Constantinople
eût un commerce actif, son admirable situation lui
assurait du moins un commerce passif immense. La
nature, comme il arrive souvent, fut, en cette circonstance, plus forte que les hommes.

Les Russes, aux x⁰ et xi⁰ siècles, avaient avec
l'empire grec des rapports commerciaux fréquents
et considérables (2); mais ils étaient obligés de venir
chercher à Constantinople les marchandises de l'O-
rient, que les négociants byzantins, spéculateurs
timides et trop amis de leurs aises, refusaient de
leur transmettre. Il fallait que ce commerce enri-
chît beaucoup les Russes, car, pour en recueillir
les avantages, ils s'exposaient à de grandes fatigues.
Tous les ans, les marchands de Smolensk et de

(1) Heeren, *Influence des croisades*, ch. ix, p. 306.
(2) Cedrenus, *Comp. hist.*, p. 755.

Novgorod faisaient un voyage à Constantinople.
Pendant l'hiver, ils coupaient les arbres de leurs
forêts et construisaient des bateaux, appelés *mo-
noxyla*, c'est-à-dire faits d'un seul arbre : ce n'é-
taient en effet que de longues tiges de hêtres ou de
bouleaux creusés. A la débâcle du Dniéper, ils s'embarquaient sur ce fleuve et se rendaient à Kief, où
se réunissaient tous ceux qui voulaient entreprendre
le voyage de la Grèce.

Kief était alors très-célèbre. Les historiens du
temps la comparent à Constantinople (1). Toutes
les productions du Nord se versaient dans les magasins de cette ville, et ses bazars étaient abondamment fournis de marchandises de toute espèce. Les
bateaux qui avaient amené les marchands des provinces septentrionales étaient vendus et dépecés, et
avec leurs débris on faisait des rames et des bancs
pour des barques plus solides et plus grandes. Au
mois de mai, toute la flotte se rassemblait dans la
petite ville de Vititchef, et l'on commençait à descendre le Dniéper, *le chemin de la Grèce,* comme on
l'appelait.

La navigation de ce fleuve était longue et péril-

(1) « Civitas æmula sceptri Constantinopolitani. » (Adam de
Brême, *Hist. eccles.*, liv. II, ch. xiii.)

leuse : obligé de se frayer un passage par les bancs de granit des steppes de l'Ukraine pour arriver à la mer Noire, le Dniéper formait douze cataractes ou seuils (*poroghi*) : c'était le nom que leur donnaient les Russes. Le cours du fleuve, rendu plus rapide par les blocs de pierre qui l'embarrassaient, exigeait une attention de tous les instants et un travail des plus pénibles. On franchissait les premières cataractes sans beaucoup de peine, mais la quatrième était très-dangereuse. Les Russes étaient obligés de décharger les marchandises et de traîner leurs barques le long du rivage, sur un espace de six milles. Pendant tout ce temps, ils étaient exposés aux attaques des Petchnègues et des Khazares. C'était en cet endroit que ces pillards des steppes attendaient ordinairement les marchands russes, et il fallait presque toujours combattre pour s'ouvrir un passage.

La cinquième cataracte, appelée *les grandes vagues*, ne présentait pas moins de dangers; la sixième était également d'un abord assez rude. Un peu au-dessous de cette dernière, dans une petite île du fleuve, les Russes s'arrêtaient et faisaient une espèce de festin pour se féliciter d'avoir passé les plus grandes difficultés du voyage. On cuisait du millet, dont se régalaient les marchands : c'était alors, comme aujourd'hui, un mets très-aimé des Russes, et qui ne manquait jamais dans leurs festins (1). Les autres chutes d'eau étaient peu considérables, et pour les franchir il suffisait d'alléger les embarcations. Dans une seconde île, celle de Saint-Éleuthère, à l'embouchure du Dniéper, entre la pointe d'Okzakow et celle de Kinbourn, on faisait une nouvelle halte de deux ou trois jours et l'on réparait les barques, afin de les mettre en état d'entreprendre le voyage de la mer Noire. La flotte longeait les côtes jusqu'au Danube; de là elle gagnait Mésembrie, la première possession grecque, et, de cette ville, se rendait à Constantinople (2).

Convaincus de l'importance du commerce avec la Russie, les Grecs accueillaient avec une grande faveur les marchands de cette nation. Des traités unissaient les deux peuples. Le plus ancien dont les chroniques contemporaines fassent mention est celui que le grand prince Oleg conclut, en 907, avec l'empereur Léon VI. Il fut renouvelé en 945. Les stipulations de ces deux traités sont assez intéressantes pour être transcrites. Il était convenu que le grand-prince de Russie et ses boyards pourraient

(1) Lehrberg, *Recherches sur l'ancienne histoire de Russie*, dissert. v, ap. Klaproth, *Mém. sur l'Asie*, t. I.

(2) Const. Porphyrogénète, *De Admin. imp.*, t. III, p. 74 et seqq. Édit. in-8°; Bonn, 1828.

envoyer à Tzaragrad (la ville impériale) autant de navires et de marchands qu'ils voudraient; mais ces derniers étaient tenus de se munir d'un passe-port scellé du grand-prince. Ce passe-port, qu'ils remettaient aux officiers grecs en arrivant à Constantinople, devait contenir l'assurance de leurs intentions pacifiques et désigner le nombre des navires. Tout marchand qui se présentait sans passe-port pouvait être arrêté et livré aux autorités grecques. S'il refusait de se rendre et faisait résistance, il était permis de le tuer, et il ne pouvait être tiré aucune vengeance de sa mort. Le grand-prince devait aussi recommander expressément à ceux de ses sujets qui faisaient le voyage de Tzaragrad de ne commettre aucun désordre dans les villages et autres lieux de la domination byzantine.

Un quartier, dans le faubourg de Saint-Mamée, était assigné aux *hôtes* ou marchands russes, et, pendant tout le temps de leur séjour, ils étaient entretenus aux frais du trésor public. Ils recevaient chaque mois du pain, de la viande, des poissons et des fruits; ils étaient seulement tenus de désigner l'espèce et la quantité des vivres qu'ils désiraient. Les Russes pouvaient, quand il leur plaisait, entrer dans Constantinople, mais toujours par la même porte, sans armes et jamais plus de cinquante à la fois. Un officier grec était chargé de les accompagner. Il leur était permis d'acheter dans les bazars de la ville tout ce qui leur convenait, sans rien payer à la douane.

Si un marchand venait à mourir sans avoir mis ordre à ses affaires ou sans héritiers, tout ce qui lui appartenait devait être renvoyé en Russie, à ses alliés les plus proches. Le Russe qui commettait un vol au préjudice d'un habitant grec était condamné à payer trois fois la valeur de l'objet dérobé; il devait, en outre, être puni selon les lois de son pays. S'il tuait un chrétien, les parents du mort avaient le droit de l'arrêter et de le faire mourir à l'endroit même où il avait commis le crime. Dans le cas où le meurtrier réussissait à s'échapper, la femme et le plus proche parent de la victime étaient mis en possession de ses biens. S'il ne possédait rien, on devait le poursuivre jusqu'à ce qu'on l'eût retrouvé, et, aussitôt pris, il était mis à mort. Il en était de même pour le Grec qui tuait un Russe. Tout esclave fugitif pouvait, s'il était découvert, être repris par son maître. Dans le cas contraire, c'est-à-dire lorsque le négociant, après avoir porté plainte, et juré par *Peroun* (1) que son esclave s'était évadé, ne le

---

(1) *Peroun* était, chez les Slaves, le dieu fort et terrible, le dieu de la foudre. C'était en son nom et sur sa statue que l'on prêtait serment.

retrouvait pas, une indemnité lui était due par le trésor impérial : on lui donnait ordinairement deux pièces d'étoffe. Les marchands ne pouvaient, en aucun cas, passer l'hiver à Saint-Mamée ; au commencement de l'automne, ils devaient s'en retourner en Russie. L'empereur était tenu de leur fournir des vivres, une ancre, des cordages, une voile, en un mot, tout ce qui leur était nécessaire pour le retour (1).

Les Russes portaient à Constantinople des fourrures, des cuirs, des poissons séchés et salés, du chanvre et des bois de construction. L'entretien des abeilles leur procurait une grande quantité de cire et de miel qui formait, avec les esclaves, un des principaux objets de leur trafic. Une loi du grand-prince Jaroslaf condamnait à une forte amende tout homme qui abattait un arbre creux où s'était réfugié un essaim d'abeilles (2). Les creux d'arbres servaient alors de ruches et les abeilles ne se trouvaient que dans les forêts. Les marchands russes exportaient de Constantinople de la pourpre, de riches habits, des draps, des rubans, des cein-

(1) *Chron. de Nestor*, trad. de M. Louis Paris, t. 1, ch. III, p. 37 et seqq.; ch. IV, p. 58 et seqq.
(2) Karamsin, *Hist. de Russie*, t. II.

tures brodées, des fruits, des vins et des épiceries de toute sorte, principalement du poivre (1).

Les Grecs entretenaient aussi des relations commerciales assez actives avec les Hongrois. Ce peuple avait bien vite reconnu l'avantage de sa position géographique entre l'empire grec et l'Allemagne, et son industrie, favorisée par cette circonstance, s'était rapidement développée. Semlin, située au confluent du Danube et de la Save, dont les historiens du temps parlent comme d'une ville très-riche, était l'entrepôt principal du commerce entre les deux empires d'Orient et d'Occident.

Les Hongrois se rendaient fréquemment à Constantinople, où ils portaient des armes, du cuivre, de l'étain, des toiles, des ouvrages de sellerie et d'autres objets en bois. Ils y conduisaient encore des esclaves, des Slaves de la Bohême et de la Moravie pour la plupart, que les Grecs employaient aux travaux les plus pénibles. Les marchandises qu'ils rapportaient en Allemagne consistaient en huiles, épiceries, étoffes de soie, ornements sacerdotaux, draps d'or et manteaux de pourpre (2). En

(1) Nestor, ch. iii, p. 38; ch. viii, p. 94. — Const. Porphyr., *loco citato.*

(2) Hullmann, *Commerce byzantin,* — *Magasin encyclop.,* t. II.

1028, le nombre des marchands hongrois domiciliés à Constantinople était si considérable, que le roi Étienne 1er y fit construire une église pour leur usage (1).

(1) *Vita S. Stephani*, ap. Schwandtener, t. 1, p. 420 : « Tum quoque urbem CP. noluit suæ liberalitatis esse expertem, mirifici operis in eâ condens ecclesiam, rebus omnibus ei adjunctis. » — La fondation d'une église en pays étranger indiquait toujours, à cette époque de ferveur religieuse, un établissement commercial.

CHAPITRE III.

LES VÉNITIENS, LES PISANS ET LES GÉNOIS A CONSTANTINOPLE.

Les citoyens de la république d'Amalfi obtinrent des empereurs grecs, avant tous les autres Italiens, des libertés commerciales. Ils furent aussi les premiers étrangers qui visitèrent Alexandrie et firent connaître aux Arabes d'Égypte les productions des fabriques européennes (1). A une époque où les noms de Gênes et de Pise étaient à peine connus, Amalfi, *la Tyr de l'Italie méridionale*, pleine d'or, de peuple, de marins et de marchands (2), était déjà puissante. Ses flottes couvraient une partie de la Méditerranée et sauvaient Rome de la conquête arabe (3). Les marchands amalfitains s'étaient acquis la bienveillance de tous les peuples

(1) Guill. Tyr., liv. XVIII, ch. iv, ap. Bongars, t. I : « Amalphitani primi merces peregrinas, quas Oriens non noverat, ad supradictas partes, lucri faciendo gratiâ, inferre tentaverunt. »

(2) Fanucci, *Storia dei tre celebri popoli*, t. I, p. 124.

(3) *Chron. Joh. Diac.*, ap. *Script. rer. Ital.*, t. I, p. II, p. 318. — Anast. Biblioth., *ibid.*, t. III, p. 237.

par leur frugalité, leur franchise et leur esprit d'ordre. Ils avaient composé, sous le nom de *Table prothontine*, un code maritime qui avait remplacé les anciennes lois rhodiennes (1). Les Grecs regardaient ce code comme l'oracle de la jurisprudence de la mer, et, lorsqu'il s'agissait de décider entre eux quelque difficulté, ils avaient coutume de prendre pour arbitres des négociants d'Amalfi (2). Cette petite république fut étouffée avant d'avoir pris tout son développement. En 1135, les Pisans, qui étaient en guerre avec le roi de Sicile Roger II, surprirent la ville d'Amalfi et la pillèrent horriblement. Deux ans plus tard, ils revinrent l'attaquer avec une flotte de cent vaisseaux. Amalfi, pour se racheter, fut obligée de payer des sommes si considérables, que sa ruine fut en quelque sorte consommée. Dès lors elle déclina rapidement, et

(1) Il n'est plus possible de révoquer en doute l'existence de la Table amalphitaine. Cet intéressant monument, ou du moins un long fragment de ce document précieux, retrouvé dans la bibliothèque de Vienne, vient d'être publié à Naples (1844) par la Société d'histoire des Deux-Siciles. — Voir pièces justificatives, n° 2.

(2) Mayer, *De Hist. legum maritim. medii ævi*, p. 24. — « Amalphitani primi propter præstantia eorum ad res nauticas decidendas judicia celebrantur, itâ ut ipsi Constantinopolitani ab illis judicia petiisse referantur. »

bientôt elle cessa d'exister comme ville commerçante (1).

Les Vénitiens suivirent de près les Amalfitains à Constantinople, si même ils n'y parurent pas en même temps qu'eux. Le moine de Saint-Gall raconte que, l'empereur Charlemagne se trouvant dans le Frioul, un grand nombre de seigneurs francs et longobards, qui l'y avaient rejoint de Pavie, se présentèrent devant lui en habits somptueux de soie de toutes couleurs et avec toute sorte de pelleteries étrangères, récemment apportées d'outre-mer par les négociants vénitiens (2). Constantinople était à cette époque la seule ville qui s'occupât du commerce des pelleteries; on ne les rencontrait pas dans les marchés des autres villes du Levant, et ce passage intéressant du chroniqueur latin nous apprend que les marchands de Venise visitaient déjà Constantinople à la fin du VIIIe siècle.

Le défaut de monuments historiques empêche de fixer d'une manière certaine l'époque où les Vénitiens furent reçus pour la première fois dans la capitale de l'empire grec. En 994, ils jouissaient de

(1) Abbas Teles., *De Rebus Rogerii regis*, liv. III, cap. IV, ap. *Script. rer. Ital.*, t. V. — Camera, *Storia d'Amalfi*, p. 1, ch. IX.

(2) Monach. S. Gall, ap. D. Bouquet, t. V, p. 133.

priviléges et de droits fort importants (1), et le traité qu'ils conclurent alors avec les empereurs byzantins prouve par son contenu même qu'il n'était pas le premier de ce genre. Il portait que les négociants de Venise, pour toute espèce de marchandises de leur pays qu'ils introduiraient à Constantinople, ne paieraient à l'avenir que deux *solidi*, ainsi que cela se pratiquait anciennement : ce tribut peu à peu s'était élevé jusqu'à trente solidi. Tous leurs différends devaient être réglés d'après leurs lois nationales, et le même traité leur reconnaissait le droit d'avoir un tribunal à Constantinople (2).

Non moins actifs et plus adroits que les Amalfitains, les Vénitiens, dès le premier instant qu'ils eurent obtenu l'accès des ports de l'empire grec, comprirent les avantages qu'ils pouvaient retirer de leur liaison avec les souverains de Byzance. Ils cherchèrent par tous les moyens à étendre leur influence dans le pays, surent avec habileté profiter des événements, et, en un mot, firent si bien, qu'ils réussirent dans toutes leurs entreprises, même les plus hardies.

Le peuple de toutes les villes du monde, dit un

<hr>

(1) Dandolo, *Chron. venet.*, ap. *Script. rer. ital.*, t. XII, p. 223.

(2) Marin, *Storia del commercio de' Venez.*, t. II, p. 210.

ancien historien, est fort déraisonnable et malaisé
à gouverner; mais celui de Constantinople est plus
séditieux et plus turbulent qu'aucun autre [1]. Les
empereurs grecs avaient des factions ennemies à
contenir, de fréquentes révoltes à étouffer; au
dehors les guerres terribles qu'ils soutenaient contre les Arabes avaient épuisé leurs forces. Les Vénitiens, dont la marine commençait à devenir for-
midable, offrirent aux Grecs le secours de leurs
flottes, secours qui leur fut amplement payé par des
exemptions de tributs et d'autres privilèges de commerce. Le fisc impérial, d'ailleurs, n'était pas moins
intéressé que les Vénitiens à favoriser les échanges
de marchandises; il trouvait ainsi à placer avantageusement ses étoffes de soie et les autres produits
de ses fabriques. En 1084, le Normand Robert Wiscard, qui venait de conquérir l'Italie méridionale
et d'en chasser les Grecs, envahit la Macédoine.
L'empereur Alexis Comnène fut heureux d'être défendu par la marine vénitienne. La république
équipa une flotte de cent vingt galères, qu'elle envoya au secours de Durazzo, assiégée par Robert
Wiscard; deux batailles navales gagnées par les Vénitiens arrêtèrent les progrès des Normands.

Alexis se montra reconnaissant envers ses alliés

[1] Nicetas, in vita Manuelis filium, cap. 1.

et leur prouva sa gratitude par des concessions commerciales. Il accorda aux marchands de Venise le
droit de trafiquer dans toute l'étendue de l'empire,
et leur céda dans l'enceinte de Constantinople un
grand nombre de maisons et de magasins, ainsi que
d'autres propriétés à Durazzo. Il ordonna de plus
que des présents considérables seraient faits chaque
année aux églises de Venise, et que les Amalfitains
qui tenaient des boutiques à Constantinople paieraient un tribut à Saint-Marc. En un mot, tout ce
que les Vénitiens demandèrent, dit Anne Comnène,
ils l'obtinrent (1).

A compter de ce jour, les relations politiques et
commerciales entre les deux États devinrent plus
étroites et plus fréquentes. Un grand nombre de
Vénitiens s'établirent à Constantinople et épousè-
rent des filles de familles distinguées. Venise donna
une plus grande activité à sa marine, et, à l'aide des
priviléges qu'elle avait obtenus, s'empara peu à peu
de tout le commerce de l'empire grec.

Mais la rivalité des autres villes maritimes d'Italie
ne la laissa pas jouir longtemps de ce commerce
exclusif. Vers ce même temps la république de Pise
commençait à couvrir de ses vaisseaux la mer de
Toscane; les marchands pisans visitaient toutes les

(1) *Alexiade*, lib. VI, cap. iv.

îles de la Méditerranée, où ils avaient formé des établissements, défendaient la Calabre contre les Sarrasins de Sicile (1) et combattaient avec succès les flottes des Arabes d'Afrique et d'Espagne. On voyait étalées dans les magasins de Pise toutes les précieuses marchandises de l'Orient, des étoffes de soie, des draps d'or, des toiles fines, des épiceries de l'Inde, et les places publiques étaient pleines de négociants de diverses nations, chrétiens et infidèles (2). Pise avait pris une part active aux expéditions de la Terre-Sainte et gagné de grandes richesses en prêtant ses navires pour le transport des croisés; les conquêtes des Francs en Syrie lui avaient aussi fourni les moyens d'établir des relations nouvelles.

Dans les premières années du xii° siècle, le riche commerce de l'empire grec attira l'attention des Pisans : les grands avantages que Venise retirait de sa position à Constantinople avaient excité leur convoitise. Ils firent offrir leur alliance à l'empereur Alexis Comnène et demandèrent la permission de fonder un comptoir dans la capitale de l'empire ; mais cette faveur leur fut refusée. Alexis avait tou-

---

(1) *Chron. Cavense ad ann.* 1004, ap. Pratilli *Script. rer. longob.*, t. IV. — Tronci, *Ann. Pisan.*, p. 8.

(2) Muratori, *Antiq. Italiæ medii ævi*, diss. 30.

jours traité avec assez peu d'égards la république de Pise, qui ne lui paraissait point redoutable. Irrités de ce refus et du dédain avec lequel on avait accueilli l'offre de leur alliance, les Pisans jurèrent de se faire accorder à main armée les priviléges qu'ils n'avaient pu obtenir par un traité. Ayant fait prisonnier le fils de l'empereur, ils exigèrent pour sa rançon la concession de libertés commerciales semblables à celles dont jouissaient les Vénitiens. L'empereur fut obligé d'en passer par où ils voulurent.

Les marchands pisans obtinrent la faculté de commercer librement dans tout l'empire et d'y introduire toute espèce de marchandises en ne payant qu'un faible droit de douane. Il était convenu qu'ils pourraient avoir une église, une loge, des magasins et des boutiques, qu'un lieu sur le port leur serait assigné pour y décharger leurs marchandises, et que, dans l'église de Sainte-Sophie, ainsi que dans l'hippodrome, aux jours de spectacle, une place d'honneur leur serait réservée (1). Le traité portait aussi que les croisés allant à Jérusalem ou revenant en Europe sur des navires pisans pourraient s'ar-

___

(1) Fanucci, t. I, p. 169 : « Nell' ipodromio o sia circo di Costantinopoli vi sarà dato luogo distinto in cui debbiate sedere, voi Pisani, nei giorni degli spettacoli. »

rêter à Constantinople, et qu'aucun empêchement ne serait mis à leur départ, pourvu que les capitaines des navires leur fissent jurer qu'ils n'y venaient point avec l'intention de nuire à l'empereur. Alexis promettait de s'opposer au pillage des vaisseaux pisans qui feraient naufrage sur les côtes de l'empire: les marchandises et effets quelconques composant la cargaison devaient être rendus à leurs propriétaires, moyennant un léger salaire donné à ceux qui auraient sauvé ces objets. L'empereur s'engageait encore à donner, chaque année, à l'église cathédrale de Pise cinq cents pièces d'or, plus deux tapis brodés, et à faire rendre justice pleine et entière à tout citoyen pisan qui recevrait une injure d'un Grec ou d'un Vénitien. Enfin, il permettait aux marchands établis à Constantinople de vivre sous leurs propres lois et d'avoir des magistrats nationaux (1).

Mais les Comnènes prodiguaient facilement les promesses et ne se faisaient aucun scrupule d'y manquer. Les Pisans ne tardèrent point à l'apprendre à leurs dépens. Leur admission à Constantinople avait été vue de très-mauvais œil par les Vénitiens, qui ne voulaient partager avec personne les bénéfices considérables que leur procurait leur alliance

(1) Fanucci, t. I, *loco citato.*

avec les empereurs grecs (1). Ils firent si bien que ceux-ci, au mépris de la convention jurée, chassèrent les Pisans de Constantinople sous un prétexte frivole et leur enlevèrent toutes leurs relations commerciales dans l'empire. Mais les Vénitiens éprouvèrent bientôt eux-mêmes le même traitement de la part des Grecs. Des hostilités politiques troublèrent la bonne harmonie qui avait subsisté jusqu'alors entre les deux États. Les marchands vénitiens furent obligés de se retirer de Constantinople, et la république défendit à ses sujets de communiquer avec l'empire. Toute expédition mercantile fut sévèrement prohibée.

Après quelques années d'interruption, l'empereur Manuel ayant besoin du secours de la république pour résister au roi Roger II, qui avait envahi la Morée, sollicita la paix et signa, en faveur des Vénitiens, une nouvelle immunité de commerce avec exemption de tribut dans tous les ports de la domination impériale, à l'exception de ceux de Chypre et de Candie (2). Les Vénitiens revinrent en foule à Constantinople; mais ils ne tardèrent pas à se brouiller de nouveau avec l'empereur. La république ayant refusé, en 1171, de se déclarer contre

---

(1) Marin, t. III, p. 24-25.
(2) Marin, t. III, p. 52 et seqq.

Guillaume II, roi de Sicile (1), les relations entre Venise et Constantinople se trouvèrent interrompues une seconde fois. Tous les sujets de Saint-Marc établis dans l'empire reçurent l'ordre de revenir en Italie. Après quelques hostilités sans importance, un navire parlementaire se présenta à l'entrée du port de Venise, à la grande satisfaction des nombreux négociants de cette ville. L'empereur promettait d'oublier ce qui s'était passé et invitait la république à renvoyer ses marchands à Constantinople. Le gouvernement vénitien, qui n'avait aucune raison de se défier de Manuel, consentit à révoquer la nouvelle défense qu'il avait faite de trafiquer avec l'empire. Des navires richement chargés partirent pour Constantinople, où ils furent reçus sans difficulté; mais Manuel n'avait point pardonné aux Vénitiens leur refus de l'aider contre le roi de Sicile. Au mois de mars de l'année suivante, il fit arrêter par une insigne perfidie et jeter en prison tous les marchands qui se trouvaient à Constantinople et dans les autres villes de l'empire. Les maisons et les boutiques qu'ils possédaient furent pillées, et les navires confisqués avec leurs cargaisons (2).

(1) Sabellicus, dec. I, liv. VII.
(2) Dandolo, *Chron. venet.*, p. 291-293.

Ces malheureux, renfermés dans des monastères et traités assez mal, languirent pendant dix ans dans la captivité. Quelques-uns seulement furent assez heureux pour obtenir à prix d'or leur élargissement ; mais ils durent promettre de ne point chercher à retourner à Venise. Leur intention n'était pas de tenir cette promesse, et quelque temps après, une occasion s'étant offerte de s'enfuir de Constantinople, ils la saisirent avec empressement. Un Vénitien avait été exempté par faveur de la proscription générale ; Manuel, qui l'aimait beaucoup et le croyait dévoué à ses intérêts, lui avait même donné le commandement d'un des plus beaux navires de la marine impériale. Touché du malheur de ses compatriotes, cet homme leur fit offrir secrètement de les transporter à Venise sur le vaisseau dont il avait le commandement. Les prisonniers n'avaient garde de refuser, et, la nuit suivante, ils se rendirent à bord du navire, qui mit aussitôt à la voile. On ne s'aperçut de leur fuite, à Constantinople, que lorsqu'ils étaient déjà dans la Propontide. On les poursuivit, mais on ne put les atteindre, et tous réussirent à gagner Venise sains et saufs (1).

Les autres captifs ne furent délivrés qu'après la

(1) Cinnamus, liv. VI, chap. xii-xiii.

mort de Manuel (1). Le gouvernement grec ayant refusé de leur rendre les biens dont il s'était emparé d'une manière si perfide, ils ne cessèrent dès lors de réclamer des indemnités; mais Alexis Comnène et Andronic, qui occupèrent successivement le trône de Constantinople, après leur avoir fait espérer les dédommagements qu'ils demandaient, en éludèrent toujours le paiement sous un prétexte quelconque. Isaac Lange, qui usurpa l'empire sous Andronic, renouvela les priviléges de commerce des Vénitiens; dans une seule année, il leur expédia jusqu'à quatre lettres contenant de nouvelles exemptions (2); mais il ne voulut en aucune façon entendre parler d'indemnités.

Ce ne fut que vingt-huit ans après avoir été injustement dépouillés par l'empereur Manuel, que les Vénitiens purent enfin obtenir d'Alexis Lange quelques dédommagements. Ce prince, qui avait renversé du trône son frère Isaac, avait intérêt à ménager la république de Venise, et, pour l'empêcher de faire cause commune avec ses adversaires, il consentit à lui rendre une partie des biens qui lui avaient été enlevés, en se plaignant toutefois, dans le traité, d'être obligé de se soumettre à cette exigence (3).

(1) Dandolo, p. 309.
(2) Marin, t. III. Pièces justificatives, p. 282-310.
(3) Dandolo, p. 318-319. — Marin, t. III, p. 310.

Toutes ces hostilités nuisirent au commerce des Vénitiens, qui avaient fait jusqu'alors les principales affaires dans les marchés de Constantinople. Les autres villes maritimes de l'Italie, tolérées seulement par les souverains de Byzance, n'avaient pu donner une grande extension à leur commerce dans l'empire grec. Tout changea par suite de ces querelles. Les Vénitiens perdirent la protection des empereurs, et, lorsqu'ils purent enfin rentrer à Constantinople, ils y trouvèrent les Pisans et les Génois solidement établis et jouissant de grandes libertés mercantiles. Les Pisans avaient profité de la mésintelligence survenue, en 1171, entre Manuel et les Vénitiens pour faire leur paix avec l'empire. Une alliance entre les deux États avait été conclue à des conditions très-avantageuses pour la république de Pise. Ses marchands avaient été remis en possession de leur quartier à Constantinople, et toutes leurs franchises dans les ports de la domination grecque leur avaient été rendues. L'empereur s'était même engagé à payer à l'église de Pise les sommes d'argent et les tapis brodés qui lui étaient dus depuis un assez grand nombre d'années (1).

Quant aux Génois, qui devaient un jour s'approprier le monopole du riche commerce de la mer

____

(1) *Chron. Pisan.*, ap. *Script. rer. Ital.*, t. VI, p. 186.

Noire, on ignore à quelle époque ils obtinrent leurs premiers priviléges à Constantinople ; on sait seulement qu'ils y possédaient un comptoir vers le milieu du XIIe siècle. Lorsque la république de Venise se brouilla pour la première fois avec l'empereur Manuel, les Génois prirent le parti des Grecs ; quelques-uns de leurs navires furent même pillés par les Vénitiens (1). Manuel, reconnaissant du secours qu'ils lui avaient prêté, promit d'accorder aux négociants de Gênes des franchises semblables à celles des Vénitiens et de traiter avec la même faveur les marchands des deux nations. Un ambassadeur grec se rendit à Gênes et jura, en présence du peuple, dans l'église de Saint-Laurent, que l'empereur était prêt à ratifier par un traité la promesse qu'il avait faite aux Génois. Manuel s'obligeait de plus à payer tous les ans à la république 500 hyperpères (2) et à faire à la même époque un présent à l'archevêque (3) ; mais il s'écoula bien du temps avant que ces promesses reçussent leur exécution. L'empe-

(1) Sauli, *Storia della colonia di Galata*, t. I, p. 18.

(2) Un hyperpère, appelé aussi *ipre* et *perpre*, valait 16 *solidi* de Gênes. Une once d'or équivalait elle-même à 20 solidi, ce qui faisait, pour 500 hyperpères, 375 onces d'or.

(3) Caffaro, *Ann. genuens.*, ap. *Script. rer. Ital.*, t. VI, p. 265.

reur, s'étant raccommodé avec les Vénitiens peu de temps après, oublia les engagements pris avec les Génois. Ceux-ci se plaignirent et ne cessèrent de lui envoyer des ambassades pour lui rappeler sa promesse; mais Manuel ne voulait point se souvenir. Au bout de quinze ans, ils n'avaient pu encore rien obtenir, et un mémoire qu'ils adressèrent vers le même temps à la cour de Constantinople pour réclamer 56,000 hyperpères, qui leur étaient dus sur leurs traitements arriérés, n'eut pas plus de succès (1). Manuel consentit enfin, en 1180, à écouter les réclamations des Génois. Amico Da Morta, chargé par la république de profiter des bonnes dispositions de l'empereur, pour en obtenir les meilleures conditions possibles, se rendit à Constantinople, et un traité de commerce fut conclu entre les deux nations.

Manuel reconnaissait l'obligation de faire des présents annuels à la république, concédait aux marchands génois, dans Constantinople, une loge, une église et des magasins, *in loco bono et placabili*. leur accordait la liberté de négocier dans tout l'empire, excepté en Russie et dans les ports de la mer d'Azoff, et promettait de les protéger contre toute

(1) Ubertus Foglieta, *Hist. genuens.*, p. 284. — Serra, *Stor. di Genova*, t. IV, disc. IV, p. 183 et seqq.

insulte de la part de ses sujets. De leur côté, les Génois prenaient l'engagement de ne jamais faire la guerre à Manuel, de fournir des marins pour le service des flottes impériales, dans le cas où l'empire serait menacé d'une invasion, et de permettre aux magistrats grecs de juger tout citoyen de Gênes qui causerait du préjudice aux terres ou aux hommes de l'empereur (1). Douze ans plus tard, Isaac Lange confirma ce traité (2).

A peine admis dans l'empire grec, les Italiens s'étaient bien vite aperçus qu'ils pouvaient s'approprier le commerce principal de Constantinople et communiquer avec les diverses nations qui avoisinaient la mer Noire, sans être obligés de recourir à l'entremise des marchands byzantins. Malgré la supériorité de leurs richesses et les avantages de leur position, les Grecs, opprimés par le monopole des empereurs, s'étaient vus forcés de renoncer à tout commerce actif. Ils n'auraient pu d'ailleurs que bien difficilement lutter avec succès contre l'enthousiasme, l'ambition et l'activité des Occidentaux, ces peuples qu'ils appelaient barbares, et qui, jeunes, vigilants et habiles, surent s'élever, par leur in-

_____

(1) Sauli, t. I, p. 21 et seqq. — De Sacy, *Mém. de l'Acad. des Inscript.*, t. III, p. 105. Voir pièces justificatives, n° 4.

(2) De Sacy, *ibid.*, p. 108.

dustrie, au rang des plus grandes puissances de l'époque.

D'abord tolérés, les Italiens devinrent bientôt utiles, puis nécessaires. Dans les premiers temps, leur commerce fut peu considérable; ne connaissant point encore les habitants du pays, ils étaient obligés de le renfermer dans des bornes étroites. Leurs entreprises consistaient à expédier pour le marché de Constantinople les productions de l'Occident, qu'ils échangeaient contre d'autres marchandises. L'affranchissement de droits de douanes et de gabelles leur suffisait alors; mais ces exemptions, quoique très-avantageuses, ne pouvaient assurer l'existence d'un grand commerce. Voyant leurs relations s'étendre chaque jour, les Italiens songèrent à se fixer dans le pays et demandèrent la permission d'y fonder des comptoirs ou factoreries. Ces établissements, qui leur offraient les moyens d'éviter la médiation des commerçants grecs, leur permettaient aussi d'attendre les moments les plus favorables au débit de leurs marchandises.

Ce qui constituait une factorerie, suivant l'esprit du temps, c'était d'abord une église, afin de pouvoir conduire les affaires de commerce sous l'invocation d'un saint, une rue (*ruga*), une place ou loge pour le marché (1), et enfin des bou-

____

(1) *Fonda, piazza, bazarra, sugo, pantchievo.*

4

tiques et de vastes magasins (1) pour y déposer les marchandises. Il n'était pas rare qu'un tel établissement embrassât tout un quartier d'une ville, où les négociants étrangers vivaient ensemble sous leur propre juridiction.

Les commerçants italiens, jouissant de semblables prérogatives, d'une liberté entière et d'exemptions considérables, devaient nécessairement devenir les maîtres du commerce maritime de l'empire grec. Ils ne s'en tinrent pas là et sollicitèrent bientôt le droit d'établir des fabriques pour leur propre compte dans Constantinople même (2). Ils avaient été obligés jusqu'alors d'acheter à un prix très-élevé et souvent arbitraire les tissus de soie et de coton fabriqués par les Grecs ; mais, lorsqu'il leur fut enfin permis d'avoir des manufactures, ils empêchèrent, par leur concurrence, les fabricants de Constantinople de hausser le prix de leurs étoffes.

Les Italiens, dont l'activité était infatigable, s'étaient emparés du commerce de la mer Noire, à l'exception de celui des denrées, dont le gouvernement se réservait le monopole. Les marchands latins visitaient Sinope, Samsoun et Trébisonde. Ils

---

(1) *Fondaco, villa, stazione.*

(2) Muratori, *Antiq. Italiæ medii ævi*, t. I, p. 900. — Nikeph. Gregoras, *Hist. byzant.*, lib. IV, cap. v.

avaient établi des relations mercantiles avec les Russes et les peuples situés au nord du Pont-Euxin.

Le commerce lucratif du Nord-Est avait été long-temps pour les négociants grecs une source inépuisable de richesses. Toutes les marchandises de la mer Noire étaient conduites à Constantinople, où les Italiens venaient les chercher pour les transporter en Europe. Si les empereurs avaient voulu, ils auraient pu empêcher la ruine de ce commerce intermédiaire, il ne fallait pour cela que donner un peu plus d'activité à la marine marchande, et surtout ne point la sacrifier, ainsi qu'on le faisait, à la marine militaire; mais les empereurs se bornaient à recourir à des défenses. Dans les traités avec la cour de Constantinople, les marchands latins devaient promettre qu'ils n'essaieraient point de commercer avec les Russes et les Tartares. Tout rapport avec ces peuples, de quelque nature qu'il fût, leur était formellement interdit, et il leur était défendu de s'avancer au nord de la mer Noire, au delà de l'embouchure du Danube: c'était la limite désignée à leurs navigateurs, qui ne pouvaient la dépasser sans une permission de l'empereur lui-même. Mais les Italiens connaissaient les moyens de se faire accorder cette permission, et, lorsqu'ils ne pouvaient l'obtenir, ils savaient fort bien s'en passer. Les empereurs ayant retiré aux Russes la liberté de venir à Constantinople, dans l'espoir de se ménager de force par cette mesure le droit d'entrepôt, les commerçants latins allaient attendre les négociants de Novgorod et de Kief à l'embouchure du Dniéper (1). Souvent même ils remontaient ce fleuve jusqu'à cette dernière ville. Parmi les négociants étrangers qui trafiquaient à Kief, au xiie siècle, Karamsin nomme les Vénitiens. Les Russes leur permettaient, ainsi qu'aux autres marchands de l'église latine, d'exercer librement les devoirs de leur religion. Il leur était seulement défendu de disputer sur les articles de foi (2).

Les Russes, qui ne pouvaient plus porter leurs marchandises à Constantinople, voyaient d'un œil favorable les Italiens venir les chercher et n'avaient garde de se montrer exigeants. En échange de leurs pelleteries, de leurs cuirs et de leurs bois de construction, ils recevaient des marchands du Midi des vins, des étoffes, des armes et des munitions de guerre.

Ce n'était pas sans fatigues et sans troubles que les Latins avaient pu réunir les moyens d'arriver à cette haute destinée commerciale. Le gouvernement grec ouvrait de temps en temps les yeux sur l'énor-

<hr>

(1) Hüllmann, *Commerce byzantin*, — *Magasin encyclopédique,* 1809, t. II.

(2) Karamsin, *Hist. de Russie*, t. III, ch. III.

mité des priviléges accordés aux Occidentaux et sur l'abus qu'ils en faisaient. Comprenant ce qu'un tel monopole avait d'onéreux pour eux et pour leurs peuples, les empereurs cherchaient à y mettre des bornes, soit en favorisant, comme nous l'avons vu, parmi les nations étrangères, celles qui leur montraient le plus de soumission et les servaient le mieux, soit en employant la violence. Le peuple byzantin, dont l'orgueil égalait la faiblesse, affectait un air de protection sur ces étrangers, privilégiés par lui. Ceux-ci, non moins fiers que les Grecs, mais à plus juste titre, et se sentant d'ailleurs les plus forts, ne voulaient point accepter cette supériorité. La vanité ridicule et la lâcheté des Grecs excitaient leur mépris, et, se confiant trop dans leur courage, ils se vengeaient les armes à la main des moindres torts que l'on avait avec eux. Un peuple nombreux, dit Sismondi, humilié par quelques hommes courageux, sent toujours une haine égale à la crainte que ces hommes lui inspirent. Les Grecs haïssaient profondément tous les Latins sans distinction. La différence de religion aigrissait encore les esprits, et l'animosité, portée au comble, n'attendait que l'occasion d'éclater.

En 1182, tous les Latins qui se trouvaient à Constantinople furent attaqués par surprise, égorgés et pillés. Quelques-uns, prévenus à l'avance, eurent le temps de s'embarquer et réussirent ainsi à échapper à la vengeance des Grecs; mais tous les autres devinrent les victimes de la haine et du fanatisme. Le quartier des Francs fut réduit en cendres, et les femmes, les enfants, les vieillards périrent au milieu des flammes. On massacrait les Latins dans les rues et dans les maisons; ceux qui s'étaient réfugiés dans les églises étaient brûlés avec les églises mêmes. On déterrait jusqu'aux cadavres et on semait leurs os dans les places et dans les carrefours. C'étaient les moines grecs qui dirigeaient le massacre. Ils payaient les assassins et allaient chercher eux-mêmes dans les maisons les malheureux qui s'y tenaient cachés. Ils les traînaient de force hors de leurs retraites et les livraient au peuple furieux. Quatre mille Francs, qui survivaient à la proscription, furent vendus aux Turcs (1). Cinq ans plus tard, sous le règne d'Isaac Lange, les Latins éprouvèrent une nouvelle attaque (2), et, à dater de cette époque, la haine réciproque entre les nations ne fit qu'aller en augmentant. Les Vénitiens surtout étaient en butte aux insultes du peuple, qui ne pouvait leur pardonner leurs grandes richesses. Les Pisans

(1) Nikétas, *In Alex. Man. filium*, cap. XI. — Guill. Tyr., liv. XXII, ch. X-XIII.
(2) Nikétas, *In Isaac. Ang.*, lib. I, cap. X.

étaient seuls assez bien vus à Constantinople, et ils avaient su profiter avec tant d'habileté de la défaveur de leurs rivaux, qu'ils avaient attiré à eux le principal commerce de l'empire. Leur factorerie était la plus riche et la plus florissante (1).

La préférence de commerce accordée aux Pisans blessait la cupidité des Vénitiens. Ils comprenaient qu'ils étaient menacés de perdre leurs relations mercantiles dans l'Archipel et dans la mer Noire, la source la plus abondante de leur fortune commerciale. Cette crainte, qui n'était que trop fondée, les fit penser aux moyens de se délivrer de la concurrence redoutable des Pisans et de se venger en même temps de la perfidie des Grecs. Ils ne trouvèrent point d'autre expédient plus sûr que celui de s'emparer de Constantinople.

La décadence de la nation byzantine leur fit naître ce plan, dont l'exécution leur paraissait facile. Ils avaient été à même d'observer la faiblesse du gouvernement, livré alors à des usurpateurs. La marine grecque n'existait plus que de nom : une économie mal entendue l'avait réduite à rien et les dilapidations des officiers impériaux ôtaient toute espérance de la voir se relever un jour.

En 1202, au moment où les Vénitiens venaient de

____

(1) Nikétas, *In Alex.*, lib. III, cap. viii et ix.

louer leurs navires à une armée de Francs et de Lombards qui partaient pour la Palestine, le jeune prince grec Alexis parut tout à coup à Venise et implora le secours des croisés en faveur de son père, Isaac Lange, qu'Alexis III venait de renverser du trône. Les Vénitiens, saisissant avec empressement cette occasion de venger tous les griefs anciens et nouveaux qu'ils reprochaient à la cour de Byzance, appuyèrent avec force les instances du jeune prince. Les croisés hésitaient à s'engager dans une entreprise désapprouvée par les légats du pape qui accompagnaient l'armée; mais les richesses immenses que leur promettait Alexis pour prix de ce secours les décidèrent enfin à accepter ses offres.

La flotte croisée, au lieu de cingler vers la Terre-Sainte, vint aborder sur les côtes du Bosphore et mit le siége devant la capitale de l'empire d'Orient. Constantinople fut prise, et le trône rendu à Isaac Lange; mais l'inexécution des promesses jurées par Alexis, et bientôt l'usurpation d'un autre prince, armèrent de nouveau les croisés contre Constantinople. Après un siége de trois mois, la ville retomba au pouvoir des Francs, qui, la trouvant bonne à garder, ne pensèrent point cette fois à la rendre.

Dans le partage des dépouilles qui suivit la conquête de l'empire grec, les Vénitiens, qui avaient droit à un quart des possessions byzantines en étendue territoriale, se firent donner les îles de Candie, d'Eubée, de Zante, de Céphalonie, de Corfou, un grand nombre d'autres îles plus petites, et enfin à Constantinople même les trois plus beaux quartiers de la ville. L'installation d'une dynastie latine sur la rive du Bosphore permettait à Venise de faire ce qu'elle voulait du commerce de Constantinople. Les Francs et les Lombards n'y entendaient rien ou fort peu de chose ; ils ne voyaient dans cette ville que la capitale de l'empire et l'abandonnèrent entièrement à l'industrie des Vénitiens.

Considérant les rapides progrès que les Latins faisaient chaque jour dans l'empire d'Orient et se voyant elle-même maîtresse des plus belles possessions grecques, la république de Saint-Marc eut un moment l'idée de faire transporter à Constantinople le siége de la nation vénitienne. Elle craignait que les Latins seuls ne fussent point en état de défendre cette riche conquête. Il y eut à cet effet une longue délibération de tous les ordres de l'État, réunis en conseil; mais la proposition ne fut pas adoptée (1). On se contenta d'établir dans toutes les nouvelles possessions vénitiennes de puissantes colonies. La plus

____

(1) Daru, *Hist. de l'État*, t. VII. Pièces justificatives. — V. Sandi, *Storia civili di Venet.*, t. II, cap. IV. p. 620. La proposition ne fut rejetée qu'à la majorité de deux voix.

importante fut celle de Constantinople, composée de nobles et de citoyens. Le gouvernement l'organisa tout à fait sur le modèle de la métropole, en république aristocratique, avec un sénat de six membres, un conseil et un magistrat suprême appelé *bayle*. Tous les employés civils et militaires étaient soumis à cette juridiction. Au dehors, une force navale, suffisante pour s'opposer aux entreprises des Pisans ou des Génois, protégeait la colonie. Personne, quelle que fût sa condition, ne pouvait se soustraire à l'autorité du bayle, et défense était faite à tout Vénitien qui possédait des immeubles dans Constantinople ou dans les autres villes de l'empire de les vendre ou aliéner à d'autres qu'à ceux de sa nation (1). Un traité formel, passé avec le nouvel empereur romain, reconnaissait l'indépendance de la colonie (2).

Le bayle de Constantinople, chef d'une communauté considérable, ressemblait à un véritable souverain. Il prenait dans ses actes le titre de despote et de seigneur d'un quart et demi de l'empire romain, de même que le doge de Venise, et avait une espèce de cour, composée de juges, de conseillers,

(1) Du Cange, *Hist. de Const.*, liv. I, p. 33. — Heeren, part. II, p. 352.
(2) Marin, t. IV, p. 98.

de deux camerlingues, d'un connétable et d'une foule d'autres officiers subalternes (1). Dans les cérémonies, il portait la chaussure de pourpre, marque de la dignité impériale, arborait, aux jours de fête, l'étendard de Saint-Marc sur les clochers de l'ancien monastère de Pantokrator, où il habitait, paraissait en public toujours entouré de gardes et exerçait les droits seigneuriaux dans le quartier vénitien. Les Juifs et les Arméniens catholiques, établis à Constantinople, reconnaissaient sa juridiction et n'obéissaient qu'à lui. Le bayle était tenu de les protéger ; mais les Juifs devaient payer pour cette protection de très-fortes sommes. De plus, tous les trois mois, ils faisaient un présent au bayle : à Noël, à l'Annonciation, à la Saint-Martin et dans le mois de septembre (2).

Maîtres du passage étroit qui conduit du Pont-Euxin à la Méditerranée, les Vénitiens pouvaient considérer comme leur propriété la mer Noire, ouverte aux seules spéculations de leurs négociants. Ils la connaissaient depuis longtemps et savaient que

(1) Du Cange, liv. 1, p. 32.

(2) Filiasi, *Saggio sull' antico comm. di Venez.*, p. 48-49 : « Nel avvicinarsi dell' inverno presentavano (I Giudei) al Bailo tante paja di stivali che valessero quattro iperperi ; in marzo tante scope da nettare il suo palazzo pel valore di 8 iperperi. »

sa possession était d'une haute importance. Leurs
navires s'avancèrent au nord jusqu'au Palus-Méotide, y pénétrèrent et fondèrent au fond du golfe,
sur l'emplacement de l'ancienne Tanaïs, une colonie qui fit de rapides progrès. La Tana ou Azoff,
comme on appelait indifféremment la nouvelle ville
vénitienne, devint le grand marché des peuples tartares et l'un des plus riches entrepôts du commerce
asiatique (1). A Soudagh ou Soldaïa, dans la péninsule taurique, les Vénitiens formèrent un second
établissement (2). Cette ville était le rendez-vous
des marchands turcs et arméniens qui commerçaient
en Krimée ; un grand nombre de négociants russes
s'y rendaient également de Novgorod et de Moscou.
Les uns y portaient des draps de soie, des toiles de
coton et des épiceries ; les autres du lin, du chanvre
et de précieuses fourrures (3).

Les Vénitiens entretinrent aussi avec les villes
du sud de la mer Noire un commerce considérable. Les factoreries qu'ils fondèrent à l'embouchure du Phase, à Trébisonde et à Sinope, leur
permirent de communiquer facilement avec les peu-

(1) Marin, t. IV, p. 91-92.
(2) *Ibid.*, t. VI, p. 69.
(3) Rubruquis, *Voy. en Tartarie*, ch. 1, ap. Bergeron, t. I.
— Ebn-el-Athir, *Notices et Extraits des Ms.*, t. XIII, p. 272.

ples de la Haute-Arménie et du Caucase. Dans le premier de ces pays, ils s'établirent en grand nombre, se firent accorder les priviléges les plus étendus, et surent se rendre si nécessaires, que les Arméniens, peuple marchand par excellence et voué entièrement aux spéculations mercantiles, les laissèrent s'approprier le principal commerce du pays.

CHAPITRE IV.

COLONIES GÉNOISES DE LA KRIMÉE.

Dans le temps même où les Latins faisaient la conquête de Constantinople et où la république de Venise s'emparait du commerce exclusif de la mer Noire, les Pisans étaient engagés avec les Génois dans une guerre longue et opiniâtre. La rivalité de ces deux républiques était un heureux événement pour les Vénitiens qui, sans cette circonstance, n'auraient pu aussi facilement se rendre maîtres de l'empire grec.

A peine délivrés de cette guerre, les Pisans tournèrent leur attention vers Constantinople. Ils se montrèrent fort mécontents de la révolution qui venait de s'accomplir et se plaignirent hautement de l'ambition des Vénitiens; mais, affaiblis par leurs longues querelles avec les Génois et ne se sentant pas de force à se mesurer avec les nouveaux maîtres de Constantinople, ils se contentèrent de négocier. Un ambassadeur se rendit auprès de l'empereur lafin, l'assura que les Pisans ne lui étaient pas moins dévoués que les Vénitiens, et demanda que les marchands de la république fussent remis en possession des maisons et des boutiques qu'ils occupaient à Constantinople avant la conquête des Francs (1). Les Vénitiens redoutaient les Pisans beaucoup moins que les Génois, dont le caractère hardi et entreprenant excitait leur inquiétude. Il était de leur intérêt de ménager leurs anciens rivaux pour s'en faire des alliés dans le cas d'une guerre avec la république de Gênes, et ils ne s'opposèrent point à ce que les navires pisans fussent admis de nouveau dans les ports de l'empire. Ils leur permirent même de naviguer au delà du Bosphore. Les marchands de cette nation, suivant les traces des Vénitiens, pénétrèrent dans la mer d'Azoff et y fondèrent, sous le nom de *Portus pisanus,* un établissement de commerce qui acquit en peu de temps une grande importance (2).

Les Génois adressèrent à la cour de Constantinople la même réclamation que les Pisans; mais les

(1) Fanucci, t. II, p. 221.

(2) Pegolotti, *Pratica della mercatura,* 39, ap. Pagnini, t. III. — La colonie pisane occupait à peu près l'emplacement de la moderne Taganrog. (J. Potocki, *Nouv. Périple du Pont-Euxin,* p. 18.)

Vénitiens empêchèrent qu'elle ne fût accueillie favorablement. Une haine profonde divisait ces deux peuples, qui s'étaient longtemps disputé dans les échelles de Syrie le monopole du commerce. Ils n'en étaient pas encore venus à une rupture ouverte, mais chaque jour l'animosité devenait plus grande et les griefs s'accumulaient. Cet état de choses ne pouvait durer longtemps, et une guerre était imminente entre les deux républiques rivales. Une entreprise récente des Génois était encore venue augmenter cette haine. L'empire grec, démembré par les Latins, paraissait livré au premier occupant : les Génois avaient essayé de former un établissement dans l'île de Candie et s'étaient emparés de quelques villes dans la Morée ; mais les Vénitiens n'avaient pas tardé à leur reprendre ces conquêtes (1), et, pour se venger de leurs prétentions, ils les avaient fait exclure du Pont-Euxin.

Rien n'alarmait autant les Génois que de voir la république de Venise toute-puissante à Constantinople. Déjà bannis de la mer Noire, ils étaient menacés de perdre encore le commerce et la navigation de l'Archipel. Ils ne cessèrent de susciter des embarras au gouvernement vénitien, l'attaquèrent et le poursuivirent jusqu'à ce que enfin, en 1218,

(1) Contin. Caffari, lib. IV, *Script. rer. Ital.*, t. VI, p. 394-400.

ils fussent rentrés dans leurs anciens priviléges (1). Mais la politique des Vénitiens avait formé comme une chaîne de villes, d'îles et de factoreries le long de la côte maritime, depuis Corfou jusqu'au Bosphore ; leur position à Constantinople et les colonies qu'ils avaient fondées dans la mer Noire leur assuraient le monopole du commerce. Les Génois, assez mal vus à Constantinople par les Latins, qui se laissaient entièrement diriger par le bayle de Venise dans leurs haines ou dans leurs amitiés, ne pouvaient lutter avec avantage contre leurs rivaux. La république de Gênes n'était plus considérée que comme une puissance de second ordre. Ce fut alors qu'elle conçut le projet d'une révolution qui, si elle réussissait, devait lui acquérir, sous le rapport commercial, la supériorité à Constantinople.

Les Grecs, après la prise de cette ville, s'étaient retirés à Nicée, dans l'Asie Mineure, où ils avaient fondé un nouvel empire. Le malheur avait retrempé leur énergie. Battus plus d'une fois par les empereurs de Nicée, les Latins s'étaient vus contraints de leur abandonner toutes les provinces d'Asie, et bientôt même la plus grande partie de celles d'Europe. Les cavaliers grecs venaient fourrager jusqu'aux portes de Constantinople et insultaient

(1) Marin, t. IV, p. 105.

impunément les Francs, cachés derrière les murailles. La république de Gênes résolut de renverser le trône latin de Constantinople et d'y replacer la dynastie grecque.

Une querelle, survenue à Saint-Jean-d'Acre à propos d'une église qui n'avait pas été assignée d'une manière bien précise aux Vénitiens ou aux Génois (1), venait d'allumer une guerre sanglante entre les deux peuples, et les Vénitiens, ligués avec les Pisans, avaient saccagé et réduit en cendres tous les établissements de commerce que leurs rivaux possédaient en Syrie (2). Les Génois n'hésitèrent plus : ils envoyèrent des ambassadeurs à l'empereur grec, Michel Paléologue, et lui offrirent de l'aider à chasser de Constantinople les Francs et les Vénitiens, leurs ennemis communs. L'alliance fut signée à Nicée, le 13 mars 1261 (3).

On ne pouvait imaginer une entreprise plus téméraire. La république de Gênes, en s'alliant à l'empereur grec, condamné par l'Église, contre un prince que protégeait l'autorité papale, surmontait le préjugé le plus puissant qui existât à cette époque :

(1) Contin. Caffari, lib. VI, p. 526.
(2) Fanucci, t. III, p. 13 et seqq.
(3) Contin. Caffari, lib. VI, p. 528. — Giov. Villani, lib. VI, cap. LXXI, ap. *Script. rer. ital.*, t. XIII, p. 202-203.

si elle échouait, il ne lui restait aucun espoir de rétablir jamais ses affaires dans la Grèce; si elle réussissait au contraire, elle soulevait contre elle l'indignation de toute l'église latine et s'attirait les foudres de la cour de Rome; mais rien ne l'arrêta, soutenue qu'elle était par l'espérance de l'humiliation de Venise (1).

L'extrême faiblesse de l'empire latin invitait à l'exécution de ce plan hardi. Baudouin II, qui était alors empereur, était obligé, pour se procurer quelque argent, de vendre les reliques sacrées, c'est-à-dire *les choses qui sont hors du commerce*, selon l'expression d'un historien de ce temps, et de donner son propre fils en ôtage aux marchands vénitiens. Sa détresse était si grande, qu'il faisait démolir les églises et les palais de Constantinople, afin que leur charpente lui fournît du bois à brûler (2). Les seuls défenseurs de l'empire étaient les Vénitiens, et cependant ce fut leur imprudence qui perdit tout. Un nouveau bayle que la république venait d'envoyer à Constantinople, voulant signaler son avénement par quelque action d'éclat, engagea l'empereur à entreprendre le siége de Daphnusie, ville située

(1) Pardessus, *Collect. de lois marit.*, t. III. Introd.
(2) Du Cange, *Hist. de Const.*, liv. V. — Sanuto, *Secreta fidelium Crucis*, lib. II, cap. XVIII, ap. Bongars.

sur les côtes de la mer Noire, à quarante lieues de Constantinople. Baudouin se laissa persuader, et le bayle partit pour cette expédition avec trente galères et les plus braves chevaliers francs (1). Le petit nombre des Latins restés à Constantinople étaient sans forces et sans soupçons; les Grecs, avertis du départ des Vénitiens, saisirent ce moment, s'introduisirent par une issue cachée dans la ville et s'en emparèrent. Les Latins n'essayèrent même pas de résister; ils s'enfuirent tous vers le port, l'empereur à leur tête, et s'embarquèrent sur les navires qui s'y trouvaient.

Maître de Constantinople, Michel Paléologue s'acquitta loyalement de sa dette envers les Génois, et confirma toutes les clauses du traité qui avait été convenu à l'avance. Il promit de la manière la plus solennelle d'avoir toujours les Vénitiens pour ennemis et les Génois pour amis, accorda aux sujets de cette république la liberté de trafiquer dans toute l'étendue de l'empire sans être soumis à aucun droit, et leur permit d'en exporter toutes sortes de productions et de marchandises. Il était expressément stipulé que les autres nations maritimes ne pourraient jamais être exemptées des droits de

(1) Georg. Acropolita, cap. lxxxv, ap. *Script. byzant.*, t. XIV, p. 77.

douanes et que les Génois seuls auraient accès dans les ports de la domination grecque avec des flottes et des armes. L'empereur céda à ses alliés, en face de Constantinople, de l'autre côté du port, le faubourg de Galata, où de nombreux colons se transportèrent d'Italie (1). Il leur permit d'y construire une loge, des églises, des palais, des maisons, des

(1) On l'appelait aussi faubourg de Péra : c'est même le nom que lui donnent habituellement les chroniqueurs latins. Galata n'était point fortifié. Michel, avant d'y installer ses alliés, dont la bonne foi lui était suspecte, avait eu le soin de faire démolir les murailles, et, pour surcroît de précaution, il avait fait jurer aux Génois qu'ils ne chercheraient point à les relever; mais en 1295, sous le règne d'Andronic l'Ancien, les Vénitiens ayant attaqué et pillé l'établissement de Galata, qui ne pouvait leur opposer aucune résistance, les colons génois profitèrent de cet événement pour en rétablir les fortifications. Ils achetèrent toutes les vignes qui se trouvaient aux environs de la colonie, creusèrent des fossés où ils introduisirent l'eau de la mer, et entourèrent Galata d'épaisses murailles avec de fortes tours, qu'ils garnirent de machines de [guerre. Andronic, alors occupé à se défendre contre les Turcs, n'osa point s'opposer aux prétentions des Génois. Quelques années plus tard, il consentit même à leur céder une partie des collines de Péra, que les colons italiens couvrirent aussitôt de châteaux et de retranchements. Protégée par une double enceinte de murailles, la ville génoise n'eut plus rien à craindre des Vénitiens et se regarda dès lors comme indépendante des empereurs de Constantinople. — Pachymère, lib. XII, cap. vi-ix. — Nikeph. Gregoras, lib. XI, cap. i. — Stella, *Ann. Genuens. ad ann.* 1304, *Script. rer. Ital.*, t. XVII.

boutiques, et leur reconnut le droit d'y vivre sous l'autorité d'un *podestat* dont la juridiction s'étendrait sur tous les Génois domiciliés à Constantinople. Une dernière clause, la plus importante, interdisait la navigation de la mer Noire aux Vénitiens et portait que les Génois et les Pisans auraient seuls la faculté d'y entrer pour y commercer à leur volonté (1). De leur côté, les Génois promirent de défendre l'empereur contre tous ses ennemis, de mettre à sa disposition, dans le cas où il aurait besoin de navires, une flotte de cinquante galères, armées et équipées aux frais de la république (2), et de ne

(1) « Promisit quòd non permittet de cætero negotiari inter Majus mare aliquem Latinum, nisi Januensem et Pisanum. » Cet article du traité prouve que les Pisans s'étaient réconciliés avec la république de Gênes avant le retour des Grecs à Constantinople. On peut même présumer qu'ils entrèrent dans le complot qui avait pour but d'en chasser les Vénitiens.

(2) Les hommes de chaque galère devaient recevoir par mois quatre-vingt-dix cantares de biscuit, dix muids de fèves, six cantares de chair salée et une quantité suffisante de vin. La solde était réglée ainsi qu'il suit : au *comite* ou commandant, 6 hyperpères et demi; aux nochers ou pilotes, au nombre de quatre, chacun 3 hyperpères; aux arbalétriers ou hommes d'armes (*supersalientes*, troupe d'embarquement), 2 hyperpères et demi. Ces derniers devaient être au nombre de quarante. Le reste de l'équipage, c'est-à-dire le pitancier ou majordome et les cent huit rameurs, étaient payés à raison de 1 hyperpère et 18 carats.

point faire la paix avec Venise sans son assentiment (1).

Devenus à leur tour les dominateurs de la mer Noire, les Génois étaient bien décidés à la fermer aux Vénitiens; ils n'oubliaient pas que leurs rivaux avaient cherché à les en exclure; mais Michel Paléologue, bien qu'il eût solennellement promis de ne point traiter avec Venise, refusa de s'associer à cette vengeance. L'intérêt lui conseillait de ne point trop se fier aux Génois. Un événement récent lui avait appris que la hardiesse de ces turbulents et fiers républicains ne pouvait être facilement contenue. Se croyant tout permis par leur alliance avec l'empereur, les Génois avaient attaqué le palais de Pantokrator, résidence du bayle vénitien, l'avaient ruiné de fond en comble, et un navire chargé de ses débris avait été envoyé à Gênes, en représailles de ce qu'avaient fait les Vénitiens après avoir détruit un château des Génois à Saint-Jean-d'Acre (2). Michel, pour empêcher le renouvellement de semblables scènes, résolut d'adopter la politique des anciens empereurs, qui toléraient tous

(1) Du Cange, *Hist. de Const. ad finem*. Le même traité se trouve aussi rapporté par Buchon dans ses *Recherches sur la domination française en Orient*.
(2) Marin, t. IV, p. 312.

les étrangers, sauf à se servir des uns contre les autres. En 1265, il fit la paix avec les Vénitiens, et s'engagea à leur rendre dans Constantinople un terrain avec vingt-cinq maisons et une ou deux églises pour le bayle et les marchands.

Le traité qui fut conclu à cette occasion portait que les Vénitiens pourraient aller et venir dans l'empire en toute liberté, qu'ils ne seraient assujettis à aucun impôt, péage ou capitation, et qu'ils auraient la faculté de vendre ou d'acheter toute espèce de marchandises et de denrées, même des grains, en payant les droits reconnus. Il fut aussi convenu que les biens de tout Vénitien qui viendrait à mourir seraient intégralement remis au bayle, et qu'il y aurait sûreté et secours pour les personnes et effets naufragés; mais les Vénitiens durent promettre qu'ils ne chercheraient point à inquiéter les Génois dans le faubourg de Galata, que le bayle ferait rendre bonne et prompte justice à tout habitant grec qui recevrait une injure de la part d'un Vénitien, et qu'en cas de meurtre commis par un sujet de la république sur la personne d'un Grec, ou même d'un autre Vénitien, dans l'enceinte de Constantinople, le coupable serait jugé par les magistrats impériaux (1). De même, si des

______

(1) « Et si acciderit quòd aliquis Venetus de aliquo Græco fe-

corsaires vénitiens faisaient quelques dommages sur les terres de l'empire, le bayle était tenu de dresser une enquête et de faire restituer sans délai les objets enlevés (1).

Michel Paléologue conclut même un traité d'alliance et de commerce avec le soudan du Kaire. Jusqu'en 1204, les Sarrasins avaient possédé une mosquée à Constantinople. Lorsque cette ville tomba au pouvoir des Latins, le temple mahométan fut pillé et livré aux flammes (2). Michel le fit rebâtir, et le soudan Bibars envoya d'Égypte des voiles, des lampes et de riches tentures pour orner la nouvelle mosquée (3).

Les Catalans, en 1290, obtinrent également la permission de commercer dans l'Archipel et au delà du Bosphore, en payant à l'entrée et à la sortie trois pour cent des marchandises qu'ils introduisaient dans l'empire ou qu'ils en exportaient (4).

cerit homicidium, quòd dictus Venetus judicari debeat per ejus imperium et hoc idem fieri debeat si aliquis Venetus occiderit aliquem Venetum in Constantinopoli. »

(1) Marin, t. IV, p. 326.

(2) Nikétas, *In Isaac. et Alex.*, cap. II et III.

(3) Makrisi, ap. Reinaud, *Extraits des auteurs arabes*, p. 484.

(4) Capmany, *Commercio de Barcelona*, t. II. Documents nᵒˢ 240-301. Cet impôt fut réduit d'un tiers dans le siècle suivant.

Les Vénitiens, réconciliés avec l'empereur Michel, visitèrent de nouveau les ports de la mer Noire ; mais partout où ils avaient établi des factoreries, à la Tana, à Trébisonde, à Samsoun, à Sinope, il leur fallut partager avec les Génois, qui s'étaient empressés, à leur exemple, d'y fonder des comptoirs.

Les marchands de Galata dirigèrent principalement leur attention vers les pays situés au nord de la mer Noire. Dans l'espérance d'enlever aux Vénitiens l'une des sources les plus fécondes de leurs richesses, c'est-à-dire le commerce oriental, ils songèrent à former dans le pays un vaste entrepôt pour les marchandises de l'Asie, qui traversaient la mer Caspienne et le khanat de Kipjack. Les Génois se défiaient d'ailleurs de l'empereur grec, depuis qu'il avait refusé d'exclure les Vénitiens du commerce de la mer Noire, et ils voulaient se précautionner contre toute perfidie de sa part. Ce fut l'origine de la colonie de Kaffa, fondée par les marchands de Galata sur la côte orientale de la Krimée.

On cherche vainement dans les écrivains génois l'époque précise de la fondation de Kaffa et l'histoire de ses premières vicissitudes. Occupés des grands événements de l'Italie, les chroniqueurs contemporains oublient de faire connaître ce qui se passait alors dans les possessions lointaines de la république; mais les auteurs grecs nous donnent les détails que nous refusent les historiens de Gênes.

L'année 1269 paraît être l'époque la plus probable des premiers établissements génois dans la Krimée; c'est du moins celle que leur assigne l'abbé Oderico, et il appuie son assertion de raisons qui ont une grande apparence de vérité (1). Les commencements de Kaffa, comme tous ceux des établissements de ce genre, furent obscurs. Deux marchands nommés Baldo Doria et Antonio dell'-Orto, si l'on en croit Agostino Giustiniani, furent les premiers Génois qui se fixèrent en Krimée (2). Dans leurs fréquents voyages au nord du Pont-Euxin, ils avaient remarqué la position avantageuse de la péninsule Taurique, faite pour attirer un peuple actif et industrieux. Séparée du continent par un isthme étroit et s'avançant au milieu de la mer Noire, elle la divisait en deux grands golfes et dominait toute l'Asie Mineure. Le pays était riche et fertile, et les côtes présentaient de nombreux mouillages où les navigateurs pouvaient trouver un asile sûr. La vaste rade et l'heureuse situation de Théodosie avaient surtout attiré l'attention des deux marchands. Quelques ruines étaient tout ce

(1) *Lettere liguriche*, 13.
(2) Ag. Giustiniani, *Hist. genuens.*, lib. IV, f° 136.

qui restait de l'ancienne colonie des Milésiens, autrefois si florissante. On avait oublié jusqu'à son nom; les Tartares de la Krimée ne la connaissaient que sous celui de *Kapha* (1). Les deux Génois demandèrent au khan de Kipjack la permission de fonder un comptoir à Théodosie, et, l'ayant obtenue, ils achetèrent un petit espace de terrain sur le bord de la mer pour y construire quelques maisons et des magasins.

Les Tartares, dépourvus de moyens de transport et presque sans communication avec Constantinople, avaient accumulé en Krimée des marchandises sans nombre. Ils ne pouvaient se procurer qu'à un prix très-élevé les toiles et les draps d'Italie et d'Allemagne dont ils faisaient un grand usage; aussi l'établissement dans leur pays d'un entrepôt des marchandises de l'Occident fut favorablement accueilli par eux. Baldo Doria et Antonio dell'Orto, auxquels s'étaient joints quelques autres marchands de Galata, eurent soin de maintenir les Tartares dans ces bonnes dispositions et mirent tout en œu-

(1) Καφον. C'était le nom d'une forteresse que les Milésiens avaient élevée, à l'entrée de la ville, pour protéger les habitants contre les brigandages des Tauro-Scythes. — Au xᵉ siècle, on désignait déjà par ce nom de Kapha l'ancienne colonie grecque. (Const. Porphyr., *De Adm. Imp.*, p. 252.)

vre pour gagner leur amitié. Ils conclurent avec le khan un traité de commerce. Ce prince leur confirma la possession du terrain qu'ils avaient acheté et leur renouvela la permission d'y construire des maisons, des boutiques, des magasins, en un mot, tout ce qui était nécessaire pour habiter et pour mettre les marchandises en sûreté. Par le même traité, toute autre nation fut exclue du commerce de la Krimée. Le khan reconnut aux Génois seuls le droit d'y introduire les produits des fabriques de l'Occident et de les échanger contre les marchandises de ses sujets, en payant les droits accoutumés d'entrée et de sortie.

Pendant quelque temps les colons de Kaffa furent fidèles au traité, et, de part et d'autre, tout se fit avec une réciproque satisfaction ; mais les marchands italiens, dont le nombre s'accroissait chaque jour, n'étaient pas tranquilles. La petite colonie, sans défense, se trouvait à la merci des Tartares, peuple éminemment pillard et voleur. Les Génois, il est vrai, n'avaient eu jusqu'alors qu'à se louer de leurs relations avec leurs alliés ; mais il suffisait du moindre événement pour troubler la bonne harmonie. Les marchands voulurent se prémunir contre tout accident de ce genre et pensèrent à se fortifier. L'espace de terrain qu'ils avaient obtenu était de peu d'étendue, et les premières maisons qu'ils avaient élevées sans importance. Usant du prétexte que les magasins n'étaient plus assez vastes pour contenir la grande quantité de marchandises, ils en construisirent de nouveaux et empiétèrent peu à peu sur le terrain qui leur avait été accordé. Cette tentative ayant réussi, ils tracèrent autour de leurs habitations un large fossé, et avec la terre élevèrent un parapet. Ces premiers ouvrages étaient peu importants; mais ils mettaient la colonie à l'abri d'un coup de main.

Le prince tartare se plaignit. Il avait été convenu que les Génois ne chercheraient point à se fortifier. Mais les marchands l'apaisèrent facilement; ils lui firent comprendre que ce fossé et ce parapet n'étaient point des fortifications, mais de simples retranchements; qu'ils ne les élevaient pas contre les Tartares, dont la bonne foi leur était connue, mais contre les Vénitiens, leurs rivaux. Le prince se contenta de ces raisons et les laissa faire. A couvert derrière le parapet dont ils avaient entouré leurs habitations, les Génois, qui ne permettaient plus aux Tartares d'entrer dans Kaffa, creusèrent un second fossé plus profond que le premier, et, avec les pierres qu'ils faisaient venir de Galata, construisirent des fortifications régulières, d'épaisses murailles, garnies de tours. L'établissement de Kaffa, qui n'était d'abord qu'un paisible marché, qu'une bourgade ouverte, devint une forteresse et put braver impunément la colère du prince tartare (1). La colonie acquit en peu d'années de si grands développements, qu'elle fut en état d'envoyer en 1289 une escadre au secours de Tripoli de Syrie, menacée par le soudan d'Égypte (2).

La ruine de l'ancienne colonie de Kherson favorisa les progrès du nouvel établissement. Dès le temps de l'empereur Valens, les Khersonites s'étaient élevés dans le Nord à une grande puissance. Ils recevaient de Constantinople, comme auxiliaires des armées romaines, des provisions annuelles consistant en blé pour nourrir mille personnes, fers, huiles, armes et munitions de guerre. Kherson était à cette époque le grand entrepôt des marchandises du Nord; tous les peuples de ces contrées la visitaient fréquemment pour renouveler leurs approvisionnements (3). La permission accordée aux commerçants italiens de naviguer dans la mer Noire avait été le commencement de sa décadence, et bientôt la conquête de Byzance par les Latins avait porté un coup mortel à son commerce. Lors-

(1) Nikeph. Gregoras, lib. XIII, cap. XII.
(2) Contin. Caffari, *Script. rer. Ital.*, t. VI.
(3) Const. Porphyrogénète, *De Adm. imperii*, t. III, p. 72–254-270; édit. in-8°; Bonn, 1828.

que les Grecs rentrèrent à Constantinople, elle essaya de se relever de cet état d'abaissement; mais c'est alors que les Génois s'établirent en Krimée, et leur premier soin fut de se délivrer d'une concurrence qui pouvait devenir redoutable. Tout-puissants à Constantinople, ils arrachèrent à l'empereur Andronic la promesse de ne plus envoyer de navires à Kherson et arrêtèrent tous les navires de cette ville qui se rendaient aux salines et aux pêcheries de la mer d'Azoff.

Abandonnée par les Grecs, Kherson perdit le peu d'importance qu'elle avait conservé, et le commerce lucratif qu'elle faisait avec les Tartares du Dniéper et les habitants des provinces au nord du Danube passa tout entier entre les mains des marchands de Kaffa (1).

Les Vénitiens n'avaient pas vu sans une grande jalousie l'établissement de la nouvelle colonie génoise. Ils déploraient encore le résultat désastreux de la dernière révolution de Constantinople, qui leur avait enlevé le domaine de la mer Noire pour le donner à leurs rivaux. Leur plus précieuse colonie dans cette mer menaçait de leur échapper : Kaffa, par sa position, dominait la navigation de la mer d'Azoff et pouvait entraîner la chute de la

______

(1) Formaleoni, *Navigazione del mar Nero*, cap. xxii.

Tana. Plus rapprochée d'ailleurs de Constantinople, et offrant des moyens de communication plus faciles avec le Kouban, la nouvelle ville génoise devait nécessairement devenir le principal dépôt des marchandises de l'Est et du Nord.

En 1296, vingt-cinq galères vénitiennes, conduites par Giovanni Soranzo, parurent tout à coup devant Kaffa. Les colons n'étaient point préparés à une semblable attaque et ne purent opposer qu'une faible résistance. Maîtres de la ville, les Vénitiens la pillèrent horriblement, brûlèrent six navires génois qui se trouvaient dans le port, mirent le feu aux principaux édifices et obligèrent les habitants à s'enfuir chez les Tartares. Frappés de l'avantageuse situation de Kaffa, ils résolurent de garder cette riche possession ; mais l'hiver qui suivit leur arrivée fut d'une rigueur extrême. Les Tartares, que les colons génois avaient su mettre dans leurs intérêts, refusèrent de communiquer avec les nouveaux venus. Les vivres manquaient, et les navires, bloqués dans le port par les glaces, ne pouvaient sortir pour se procurer des provisions. La disette et le froid réunis firent périr les équipages de neuf galères. Dégoûtés de leur conquête, les Vénitiens l'abandonnèrent au printemps (1).

(1) Dandolo, *Chron. venet.*, p. 406. — Fanucci, t. III, cap. viii.

Les Génois se hâtèrent d'y revenir et eurent bientôt réparé tout le mal qu'avait causé la courte occupation des Vénitiens. Pour se mettre à l'abri d'une seconde attaque de la part de leurs rivaux, ils ajoutèrent de nouvelles fortifications à celles qui existaient déjà et les flanquèrent d'épais bastions et de fortes tours. Kaffa, située sur une montagne qui descendait en pente demi-circulaire vers la rade, s'étendait du midi au nord. Aux deux extrémités de ce demi-cercle, les Génois construisirent deux forteresses, qu'ils munirent de tous les moyens de défense alors en usage. Celle qu'ils élevèrent au midi du port était surtout importante : placée sur une éminence, elle commandait toute la rade qui, trop ouverte, avait permis aux Vénitiens d'approcher de la ville et de s'en emparer (1). Tous les anciens colons étaient revenus à Kaffa. Attirés par les avantages du commerce, un grand nombre de marchands de Galata et de négociants arméniens s'y étaient également transportés avec leurs familles.

— Cette agression coûta cher aux Vénitiens. En 1299, battus auprès de Corcyre-la-Noire (Curzola), dans l'Adriatique, cette mer dont la république de Saint-Marc se disait souveraine, ils furent obligés de signer un traité de paix humiliant qui leur interdisait, pendant treize ans, la navigation de la mer Noire avec des galères armées.

(1) Chardin, *Voy. en Perse*, t. 1, p. 46.

En 1316, le nombre de ces derniers établis à Kaffa était déjà très-considérable. Ils y occupaient tout un vaste quartier, possédaient des églises, des monastères, et avaient un évêque assez riche pour faire construire à ses frais un des principaux aqueducs de la ville (1).

(1) *Impositio officii Ghazariæ*, ap. *Monumenta historiæ patriæ*, t. I. Voir pièces justificatives, nº 5.

CHAPITRE V.

GOUVERNEMENT ET ADMINISTRATION DE KAFFA.

Fondée depuis un quart de siècle à peine, Kaffa présentait déjà l'aspect d'une grande ville (1). Des milliers de maisons s'étaient élevées comme par enchantement, et de vastes magasins, de magnifiques bazars, richement fournis de marchandises, s'étendaient le long du port, animé par un mouvement continuel. C'est alors que fut arrêté d'une manière définitive le gouvernement de la nouvelle colonie. Il ne changea pas pendant tout le temps que les Génois furent établis en Krimée.

Le conseil d'administration se composait d'un consul, de deux assesseurs, d'un chancelier ou notaire des actes, de quatre juges *de la campagne*, de deux clavaires et d'un capitaine de la milice ou châtelain. Un sénat de vingt-quatre personnes,

(1) « Locus insignis, ubertate multiplici hominum et rerum exuberans. » C'est ainsi que la bulle de 1318, qui nomme un évêque à Kaffa, désigne la colonie génoise. — Rainald, *Ann. eccles.*, ann. 1318, nº 13.

renouvelé tous les ans par l'élection que faisaient les membres sortants, représentait la colonie; quatre bourgeois de Kaffa seulement pouvaient en faire partie. Les vingt places qui restaient étaient partagées entre les nobles et les plébéiens, fonctionnaires ou commerçants. Il y avait encore un autre petit conseil composé de six personnes. Le sénat les choisissait, mais hors de son sein. Une place dans ce conseil était réservée aux bourgeois de Kaffa (1).

Le consul, premier magistrat de la colonie, était changé tous les ans. S'il venait à mourir dans l'exercice de ses fonctions, ou si, par suite de guerre ou d'autre événement inattendu, Kaffa se trouvait momentanément privée de communication avec la métropole, le conseil des vingt-quatre avait le droit d'élire un consul provisoire, qui administrait jusqu'à ce que la république en eût envoyé un autre (2). Ce consul provisoire devait être changé tous les trois mois, et il lui était sévèrement défendu de quitter son poste avant l'arrivée du nou-

----

(1) *Impositio officii Ghazariæ.*

(2) Le gouvernement envoyait ordinairement deux consuls à la fois : « Hujus fuerunt exercitûs præsides nobilis Paulus Lercarius et egregius Baptista de Franchis, qui mittebantur pro Caffâ reggendâ consules ut, finito consulatûs anno ejusdem Pauli, succederet ipse Baptista. » (Stella, *Ann. genuens.*, ann. 1411, ap. *Script. rer. ital.*, t. XVII, p. 1238.)

veau consul de Gênes. Avant de quitter l'Italie, ce dernier était tenu de fournir un cautionnement de mille livres rigoureusement exigé, et, à son arrivée dans la colonie, il devait réunir le *parlement* des vingt-quatre (1) et notifier ses pouvoirs. Il prêtait ensuite serment et faisait immédiatement procéder au renouvellement des deux conseils. Il présidait lui-même les élections, mais il n'y avait point voix.

Sans l'assentiment du sénat, il ne pouvait point établir d'impôts, faire des dépenses extraordinaires ni employer les deniers communaux en repas et fêtes non autorisées. Il lui était encore interdit de révoquer les sentences prononcées par ses prédécesseurs, de faire aucune prohibition de commerce dans son intérêt ou dans celui de ses parents, de tenir un établissement de monnaie (*zecca*) pour son compte, soit à Kaffa, soit dans les autres parties de la Ghazarie, et d'affermer les biens de la commune à des particuliers au moyen de conventions secrètes; tout devait se faire par adjudication publique. Son traitement étant réglé et payé par la république (2), il ne devait rien recevoir de qui que ce

(1) « Quando autem consul, iturus in Caffa, illûc applicuerit, teneatur et debeat, quàm citiùs poterit coadunari parlamentum. »

(2) Les appointements du consul étaient de 1,200 aspres par mois; 200 lui étaient donnés par la commune de Kaffa et 1,000

fût (1). Il lui était surtout expressément défendu de se faire *le vassal du seigneur de Kaffa* (2), c'est-à-dire d'accepter de lui quelque faveur, pension ou autre largesse pécuniaire, non-seulement pendant toute la durée de ses fonctions, mais encore pendant un an après qu'il était sorti de charge (3). Toute infraction à cette loi devait être punie d'une amende de 200 livres génoises, et le consul coupable d'avoir ainsi abaissé la dignité de la république était déclaré inhabile à remplir aucune fonction publique pendant dix années. Il était tenu de statuer sans retard sur toutes les causes déférées à son jugement; enfin, lorsque l'année de son consulat était expirée, il devait rendre ses comptes dans le mois de son retour.

autres par les marchands qui commerçaient en Krimée. Ses serviteurs (*domicelli*), au nombre de quatre, étaient payés par la commune et recevaient chacun 50 aspres par mois.

(1) « Quicumque fuerit consul in Caffa teneatur non accipere ab aliquâ personâ aliquod munus nisi forte esculentum vel poculentum, quod non excedat valorem soldorum decem. »

(2) Le khan de Kipjack. Bien qu'il ne possédât plus un pouce de terrain dans Kaffa et que l'usurpation des Génois fût, à cette époque, déjà complète, on continuait à désigner le prince tartare par le nom de seigneur de Kaffa. Les Génois reconnaissaient sa suzeraineté et lui payaient tribut.

(3) « Teneatur etiam juramento quòd non efficietur vassallus imperatoris vel domini de Caffa, quamdiù in ipso consulatûs officio fuerit, nec a die exitus officii usquè ad annum unum. »

Lorsque, plus tard, les Génois fondèrent trois nouveaux comptoirs à l'île de Taman, à Balaklaw et à Soudagh, ils établirent un consul dans chacune de ces villes; mais tous les trois furent subordonnés à celui de Kaffa, qui prit alors dans ses actes le titre pompeux de consul suprême de Kaffa, de toute la mer Majeure et de l'empire de Ghazarie (1). Le choix des consuls de Taman, de Balaklaw et de Soudagh appartenait aux marchands qui y faisaient le commerce (2); celui de Solcat ou Krim pouvait seul être nommé par le grand consul de Kaffa (3).

Les deux assesseurs ou officiers du consulat étaient désignés par le gouvernement de la métropole. Leurs fonctions ne duraient que trois mois. Deux autres personnes, chargées de les surveiller, se tenaient avec eux auprès du consul. La nomination de ces deux derniers fonctionnaires était faite par le conseil des six.

(1) Oderico, 16. — On désignait à cette époque par le nom de Ghazarie la péninsule taurique, que nous appelons aujourd'hui Krimée. C'était le nom de la tribu tartare qui l'avait possédée avant les Komans ou Mongols.

(2) Ils étaient changés tous les trois mois.

(3) *Imposilto.* — Cela dura jusqu'en 1403. A cette époque, la république décida qu'elle choisirait elle-même les consuls de Taman, de Balaklaw et de Soudagh. (Serra, *Stor. di Genova*, t. IV, disc. iv, p. 230.)

Le chancelier, choisi parmi les notaires de Gênes (1), était aussi désigné par la république. Il était tenu, comme le consul, de fournir un cautionnement avant d'entrer en fonctions (2). Tous les actes qu'il dressait lui étaient payés d'après un tarif (3); il les faisait écrire sous ses yeux, et il y apposait lui-même le sceau du consulat; mais, après avoir rempli cette formalité, il était obligé de rendre le sceau au consul, qui devait toujours l'avoir entre ses mains, et à qui il était défendu, sous peine de 25 livres d'amende, de le confier à la garde du chancelier ou de toute autre personne (4).

Les quatre juges de la campagne étaient chargés d'accommoder les différends des Tartares qui, rarement d'accord entre eux et se défiant les uns des autres, avaient demandé aux Génois de leur servir d'arbitres dans leurs fréquentes querelles (5).

Les clavaires étaient les gardiens du trésor et des titres de la colonie. Ils étaient sénateurs et choisis par le sénat lui-même. En sortant de charge, ils étaient tenus de rendre à leurs successeurs un

(1) *Impositio.*
(2) Le cautionnement du chancelier était de 300 livres.
(3) *Impositio.*
(4) *Ibid.*
(5) Ag. Giustiniani, liv. IV, f° 136. — Folieta, *Hist. genuens.,* liv. IX.

compte exact de leur gestion, dont acte était dressé par le chancelier (1).

Le châtelain de Kaffa commandait la garde de la ville, qui était toujours assez considérable. Le gouvernement de la colonie tenait de plus à sa disposition une compagnie d'arbalétriers, composée de cinquante hommes, dont trente Génois et vingt citoyens de Kaffa (2). Tous les officiers de la colonie, grands et petits, jusqu'aux greffiers, devaient être nés à Gênes. C'était une condition expresse, sans laquelle on ne pouvait remplir à Kaffa un emploi public (3).

La haute administration des affaires civiles et criminelles était confiée à un tribunal, dit de la Ghazarie, siégeant à Gênes et composé de huit personnes. L'élection des membres de ce tribunal se faisait de la manière suivante : au mois de décembre, le doge, assisté du conseil des anciens, désignait trente-deux citoyens choisis parmi les

(1) *Impositio.*

(2) Senini, *Mem. ms.*, ap. Sauli, *Stor. di Galata*, t. II, liv. v.

(3) Les colons de la Krimée ne furent admis qu'en 1403 au partage des honneurs publics. Le gouvernement de la métropole consentit enfin à les affranchir de l'espèce de contrainte sous laquelle ils avaient vécu si longtemps, et décida qu'à l'avenir la moitié des emplois de la colonie serait attribuée aux bourgeois de Kaffa. (Serra, *Stor. di Genova*, t. IV, p. 230.)

habitants les plus probes et les plus capables. Leurs noms, inscrits sur des billets séparés, étaient déposés dans une urne que le doge scellait lui-même. On procédait ensuite à l'élection et l'on tirait au sort huit de ces billets. Ceux dont les noms sortaient de l'urne gouvernaient pendant les six premiers mois de l'année. Au bout de ce temps, un nouveau tirage au sort avait lieu. A l'expiration du second semestre, les seize noms qui restaient dans l'urne étaient brûlés, et le doge désignait trente-deux citoyens nouveaux pour composer la législature de l'année suivante (1). Les membres du tribunal de la Ghazaric, qui se réunissaient deux fois par semaine dans le palais de Saint-George, étaient investis du droit de faire tous les règlements qu'ils jugeaient convenables, règlements qui, après avoir été approuvés par le doge et le conseil des anciens, avaient la même force que les lois générales faites par les pouvoirs publics (2). Ils examinaient la conduite des magistrats de la colonie, les punissaient s'ils étaient convaincus de malversation

(1) L'office ou tribunal de la Ghazaric fut constitué pour la première fois en 1313.

(2) « Quicquid autem per D. Ducem et consilium fuerit approbatum et confirmatum, observatur et confirmatur, tanquàm pro propria statuta et capitula communitatis. » (*Impositio officii Ghazariæ.*)

ou d'injustice, et jugeaient en dernier ressort les affaires les plus graves. Sous peine d'une amende de 100 livres, ils ne devaient jamais employer plus d'un mois à la décision d'une affaire.

Le tribunal de la Ghazarie visitait tous les navires qui partaient de Gênes pour la Krimée, et désignait deux marchands sur le nombre de ceux qui étaient embarqués pour dénoncer les contraventions, omissions et négligences qui pouvaient être commises pendant le voyage. Ces délégués, en arrivant à Constantinople, devaient se présenter aux administrateurs de la colonie de Galata. Tout Génois qui voulait armer en course sur la mer Noire ne pouvait le faire qu'après avoir obtenu l'autorisation du tribunal de la Ghazarie, et devait fournir un cautionnement pour sûreté des torts qu'il pouvait causer à des amis ou à des neutres. Les navires destinés pour la mer Noire naviguaient ordinairement de conserve. Le tribunal nommait pour les commander un capitaine supérieur (1). Cet officier, qui recevait 300 livres de la commune, ne pouvait être ni marchand ni armateur, et devait jurer, en présence des membres de la Ghazarie, la main sur les évangiles, de se conduire, en toute occasion, avec justice et de faire

____

(1) Son élection devait être approuvée par le doge et le conseil des anciens.

rigoureusement observer les statuts du tribunal. Il avait pour le servir ou lui faire honneur deux pages, deux trompettes et un timbalier. Les détails de l'administration de l'escadre étaient réglés par un scribe ou commissaire que l'office de Ghazarie choisissait parmi les notaires de Gênes (1). Tout navire qui, pendant le voyage, s'écartait volontairement de la route était passible d'une amende de mille livres.

Lorsque le nouveau consul qui allait à Kaffa partait avec un de ces convois, il était de droit commandant de l'escadre, et, au retour, celui qui sortait de charge. De Kaffa à Tana, lorsque les navires étaient destinés pour la mer d'Azoff, un capitaine nommé par le consul était chargé de diriger l'escadre. L'office des marchands (*officium mercanciæ*), espèce de tribunal de commerce (2), désignait dans ce cas quatre conseillers pour l'assister pendant le voyage. Ces délégués devaient aussi accompagner l'escadre lorsqu'elle repartait pour Gênes (3). Les navigateurs et les marchands qui se rendaient à la Tana ou qui en revenaient étaient toujours

(1) *Impositio.* — Le traitement du commissaire était de 50 livres.
(2) *Impositio*, passim.
(3) *Ibid.*

obligés de relâcher à Kaffa (1). Défense leur était faite de vendre ou d'acheter des marchandises à Soudagh; ils ne pouvaient même s'y arrêter que trois jours (2). Il était également interdit aux négociants de Kaffa de porter des marchandises à Solcat, à l'exception de quelques denrées, telles que du vin et des fruits (3). Il leur était seulement permis d'y séjourner un certain temps pour y faire des achats (4).

La police intérieure de Kaffa, la conservation et l'entretien des fortifications, des quais et du port, étaient réglés avec soin. Les deux conseils de la colonie, réunis en assemblée avec vingt des principaux bourgeois, sous la présidence du consul, nommaient tous les quatre mois un homme probe, intelligent et fidèle, qui était chargé de veiller à ce que les

____

(1) Sous peine d'une amende de 500 hyperpères, il était défendu aux Génois d'hiverner à la Tana. Chaque navire qui relâchait à Kaffa était tenu d'acquitter un droit d'ancrage. Les gros bâtiments et les galères armées payaient 2 hyperpères, les navires de moyenne grandeur 1 hyperpère et les barques ou fustes un demi seulement.

(2) Soudagh, à cette époque (1316), n'appartenait pas encore à la république. La loi fut sans doute modifiée lorsque, cinquante ans plus tard, les Génois prirent possession de cette ville.

(3) *Impositio.*

(4) Cette mesure avait pour objet de forcer les Tartares à venir s'approvisionner à Kaffa.

remparts et les fossés fussent toujours en bon état et les magasins abondamment pourvus de vivres et de munitions. Un espace de cent pas devait rester libre auprès des murs de la ville; il était défendu d'y construire des boutiques ou des magasins. Tout Génois qui achetait un terrain dans l'enceinte de la ville était obligé d'y faire bâtir une maison. Si, au bout de dix-huit mois, les travaux de construction n'étaient pas commencés, le consul, au nom de la commune, pouvait reprendre le terrain en ne payant que la moitié du prix (1).

Venise envoyait également tous les ans dans la mer Noire une escadre de huit ou dix grosses galères qui se partageait à Constantinople en trois divisions : deux galères se rendaient à la Tana, trois à Sinope, où la république entretenait un consul (2), et quatre à Trébisonde. Le gouvernement louait ces escadres à des compagnies moyennant un droit fort léger sur les draps et les étoffes de soie que les galères rapportaient à Venise (3). Les particuliers qui n'étaient pas en état d'armer des navires pour leur

(1) *Impositio.* — Statut de 1403, ap. Serra, t. IV, p. 231.

(2) Filiasi, *Antico commercio di Venezia*, p. 57.

(3) Filiasi, p. 73 : « Dovean nel passare presso alle isole, forti e spiaggie, soggette à Venezia, prendere le lettere, non solo de' respettivi governatori, mà ancora quelle de' privati e portarle ne' luoghi, dove dipoi andavano, ed a Venezia. »

compte trouvaient ainsi les moyens d'expédier à peu de frais leurs marchandises. Cet usage avait encore pour motif d'exercer la marine militaire et d'en tirer parti pendant la paix. La république avait toujours soin de confier ces escadres à des marins habiles, qu'elle choisissait elle-même. Un certain nombre de jeunes nobles étaient obligés de s'y embarquer pour acquérir l'expérience du commerce. Ceux qui étaient pauvres étaient reçus gratuitement; on leur fournissait même les moyens de faire une pacotille (1).

Les Génois ne tardèrent pas à étendre leurs possessions en Krimée. En 1318, le pape Jean XXII érigea en évêché la ville de Kaffa (2). La même année, les Génois s'emparèrent de Cerco ou Kertch (l'ancienne Panticapée) (3), sur le bord du détroit

(1) V. Sandi, *Stor. civ. di Venezia*, liv. VIII, cap. XVI. — Une loi des inquisiteurs d'État, se fondant sur ce que le droit public ne permet pas que celui qui doit être juge puisse être intéressé, interdisait la profession du commerce à la noblesse vénitienne; mais celle-ci ne faisait aucun compte de cette prohibition et prenait part, en son nom et avec ses capitaux, à toutes les affaires de commerce. — Daru, t. V, liv. XXXIX. — T. VI. Pièces justific., *Nouv. statuts des inquis.*, art. 1.

(2) Rainald, *Ann. eccles.*, ann. 1318, n° 13. — Le nouveau diocèse embrassait tout le vaste pays compris entre le Danube et le Volga, jusqu'aux premières possessions russes.

(3) Quelques cartes du moyen âge la nomment *Pandico*. On

qui conduit à la mer d'Azoff. La bourgade de Jeni-Kaleh, point très-important par sa position, qui commande le passage du Bosphore, large à peine d'un mille en cet endroit, fut également occupée par eux. Ils y construisirent une forteresse, une grosse tour carrée, garnie de tourelles (1). Ils s'établirent aussi dans l'île de Taman ou Matrega, sur la rive opposée. Tous les peuples du Kouban et du Caucase se rendaient dans cette ville pour y échanger les produits de leur industrie contre les marchandises de l'Occident.

Taman, entre les mains des marchands italiens, prospéra rapidement et devint le centre d'un commerce très-avantageux et très-actif. La ville fut entourée de murs, et une seconde forteresse, élevée sur la côte, presque en face de Jeni-Kaleh, ne permit plus de passer de la mer Noire dans celle d'Azoff sans la volonté des marchands de Kaffa. Maîtres des deux rives du Bosphore, les Génois n'eurent plus à craindre la concurrence que les Vénitiens établis à la Tana continuaient à leur faire; ils pouvaient fermer à leurs rivaux, quand ils le voulaient, l'entrée de la mer d'Azoff.

l'appelait encore *Bospro*, à cause de sa position sur le Bosphore. — J. Potocki, *Nouv. Périple*, p. 16; Vienne, 1797.

(1) Démidoff, *Voyage en Krimée et dans la Russie mérid.*, ch.

Quelques années plus tard, ils formèrent sur la côte méridionale un quatrième établissement. Les Grecs y avaient conservé le port de Symbolis (1) ; les Génois s'en emparèrent et y fondèrent une colonie, à laquelle ils donnèrent, par corruption, le nom de *Cembalo* (aujourd'hui Balaklaw). Ce nouveau comptoir devint en peu d'années très-important. Le port de Balaklaw, vaste et profond, protégé par de hautes montagnes qui le mettaient à l'abri de tous les vents, était le plus beau de toute cette côte et le plus heureusement situé, celui où l'on pouvait aborder, avec le plus de facilité, de Constantinople et de tous les autres rivages de la mer Noire. Deux pointes de terre, hérissées de rochers, rétrécissaient tellement son entrée, qu'il était impossible à deux navires d'y passer ensemble sans courir le risque de s'entre-choquer (2).

Vers le même temps, les Génois mirent un frein aux brigandages des Turcs qui, maîtres de Sinope, couvraient la mer Noire de corsaires (3). La république était alors à l'apogée de sa puissance; la commune de Gênes comptait six cent vingt-sept

(1) Le *portus Symbolorum* de Strabon et de Pline.
(2) Reuilly, *Voyage en Krimée*, part. II, cap. IV.
(3) Stella, *Ann. genuens.*, ann. 1340, ap. *Script. rer. ital.*, t. XVII.

navires, sans y comprendre ceux des particuliers et les petits bâtiments de commerce; ses marins étaient les plus exercés et les plus habiles du temps (1). Le tribunal de la Ghazarie, ayant défendu de naviguer dans la mer Noire après les kalendes de décembre et avant la mi-mars (2), les marchands de Galata avaient obtenu la permission de construire des navires particuliers qui sillonnaient hardiment, pendant l'hiver, cette mer orageuse, au grand étonnement des habitants de Constantinople : les Grecs n'avaient jamais osé dans cette saison s'aventurer hors des ports (3)

(1) Capmany, *Commercio antiguo de Barcelona*, t. I, liv. II, cap. 1.

(2) *Statuts de Péra*, ch. xv, ap. Pardessus, t. VI, p. 528.

(3) Pachymère, *Hist. byzant.* — Les habitants de Trébisonde, pour parcourir leurs côtes, se servent aujourd'hui encore d'une espèce de longue barque à deux voiles et montée de vingt rameurs, dont l'usage, disent-ils, s'est perpétué dans leur pays depuis l'époque des Génois. (Fontanier, *Voyage en Orient*, part. II, ch. xxi.)

CHAPITRE VI.

HISTOIRE DE LA COLONIE DE LA TANA.

Les Génois, tout en s'occupant d'étendre leur domination dans la Krimée, ne perdaient point de vue la colonie de la Tana. Les Vénitiens, les Pisans, les Florentins, les Catalans, toutes les nations commerçantes de l'Occident avaient des comptoirs dans cette ville; mais les deux principales factoreries étaient celles des Vénitiens et des Génois. La Tana dépendait des khans tartares; mais, en réalité, elle appartenait à ces deux peuples (1). Un traité conclu par les Vénitiens, en 1333, avec Usbeg, souverain du Kipjack (2), nous fait connaître à quelles conditions les Italiens avaient été reçus dans ce pays, et fournit quelques indications sur les objets et la nature du commerce qu'ils faisaient avec les peuples de ces contrées reculées.

(1) Azoff, *ville des Francs* : c'est ainsi que la désigne un voyageur russe qui la visita en 1389. — Karamsin, t. V, ch. I.
(2) Marin, t. IV, lib. II, cap. IV.

Le prince tartare, par ce traité, cédait aux Vénitiens un vaste terrain sur la rive du Tanaïs pour y construire des habitations, des magasins et un petit port fermé où ils avaient la faculté de retirer leurs navires; mais ils devaient payer trois pour cent des marchandises qu'ils introduisaient dans le pays, ou de celles qu'ils en exportaient, telles que cuirs, laines, cire, goudron, bois, chanvre et autres munitions navales. De plus, les navires, à l'entrée et à la sortie, étaient soumis à un droit d'ancrage. Les marchandises qui ne se vendaient pas sur place étaient exemptes d'impôt; les perles, les pierres fines, l'or et l'argent ne payaient également aucun droit. Les Vénitiens avaient aussi la faculté de faire peser sous les yeux d'un de leurs commis les marchandises qui devaient être vendues au poids. L'officier tartare chargé de percevoir *le commerce du prince,* c'est-à-dire les impositions reconnues, fixait, d'accord avec cet agent, le montant des droits à payer. Tout contrat consenti de part et d'autre, et pour lequel des arrhes avaient été données et reçues, ne pouvait plus être rompu sous aucun prétexte. Ce n'était pas peu d'avoir obtenu des Tartares ces deux dernières concessions. Il était encore permis aux taverniers vénitiens de débiter du vin sans payer l'impôt; mais toutes les marchandises de la Chine ou de l'Inde, sans exception, qui traversaient l'empire de Kipjack, devaient acquitter un droit particulier, appelé *tamtago* ou *tamoga* (de l'arabe *tamgha*, sceau). Si une contestation s'élevait entre les marchands vénitiens et les habitants du pays, le consul et le prince examinaient l'affaire ensemble et la décidaient amiablement.

Le consul vénitien de la Tana était entretenu avec une sorte de pompe. Il avait un chapelain, un interprète, deux écuyers, quatre serviteurs et quatre chevaux. Venise, dans les lieux où elle ne dominait pas, avait bien soin d'entourer ses agents d'une grande considération, afin de se concilier la faveur et les égards des étrangers. Deux nobles, choisis parmi les négociants domiciliés à la Tana, remplissaient auprès du consul les fonctions d'assesseurs; ils ne pouvaient s'y refuser sous peine d'une amende de 300 aspres. Lorsqu'il s'agissait de dépenses extraordinaires ou d'affaires qui intéressaient la commune des marchands, le consul devait convoquer le conseil de la colonie et agir d'après ce qui était décidé à la pluralité des voix. De même, lorsqu'il était appelé à la horde par le khan, il ne pouvait s'y rendre qu'après en avoir obtenu l'autorisation du conseil de la commune, qui lui assignait alors, pendant tout le voyage, 30 aspres par jour (1).

(1) Marin, t. IV, lib. I, cap. ix, p. 02-03.

Les Génois, de même que les Vénitiens, avaient obtenu du khan de Kipjack la concession d'un terrain sur la rive du Tanaïs pour y construire des maisons et des boutiques ; ils jouissaient des mêmes prérogatives et payaient les mêmes impôts ; mais ils étaient obligés de permettre la résidence à Kaffa d'un officier du khan pour lever un tribut sur les marchandises qui venaient de la petite Tartarie ou qui s'y transportaient. Ce droit était de trois pour cent sur celles qui étaient vendues. Il n'était rien exigé pour les autres (1).

Les négociants latins étaient établis depuis près d'un siècle à la Tana, au milieu des Tartares, et jamais aucun sujet de plainte ne s'était élevé entre les deux peuples, qui se félicitaient également de leurs relations; mais, en 1343, une querelle particulière vint troubler la bonne union. Un colon génois, s'étant pris de paroles avec un marchand tartare, la dispute s'échauffa tellement que ce dernier osa frapper l'Italien au visage. N'écoutant que la colère, le Génois tira son épée et la passa au travers du corps du barbare (2). Giani-Beg était alors khan de Kipjack. Il était assez mal disposé, depuis quelque temps, en faveur des Génois et des

(1) Pegolotti, *Pratica della mercatura*, 5. — Oderico, 16.
(2) Nikeph. Gregoras, lib. XIII, cap. xii.

Vénitiens, qui, à mesure qu'ils s'enrichissaient, devenaient aussi plus exigeants. La possession du vaste emplacement qu'ils avaient obtenu sur la rive du Tanaïs ne leur suffisait plus; ils demandaient une nouvelle concession de terrain et voulaient que le khan leur permît de se fortifier. Giani-Beg repoussait obstinément toute demande de ce genre. Il devint furieux en apprenant le meurtre du marchand tartare et jura de le venger sur tous les commerçants latins; mais ceux-ci, prévenus, eurent le temps de quitter Azoff et de se retirer en Krimée.

Le khan envoya demander à Kaffa le meurtrier pour le remettre aux parents du mort selon la coutume tartare. Les Génois refusèrent de le livrer. Giani-Beg réunit alors son armée et vint dresser ses tentes sous les murs de Kaffa; mais la ville était forte : elle craignait peu les attaques d'une armée indisciplinée, composée, en grande partie, de cavalerie légère et seulement armée d'arcs et de flèches. Les Génois d'ailleurs, restés les maîtres de la mer, continuaient à communiquer avec la colonie de Galata, qui fournissait abondamment les assiégés de vivres et de munitions.

Le siége durait depuis deux ans, et le khan n'était guère plus avancé que le premier jour. Cependant il ne se décourageait pas; la résistance qu'il rencontrait semblait accroître son opiniâtreté. Il comptait beaucoup sur quelques machines qu'il avait fait construire à grand'peine ; mais les Génois ne lui laissèrent pas le temps d'en faire l'essai. Se fiant dans leur grand nombre, les Tartares se tenaient peu sur leurs gardes. Les habitants de Kaffa, profitant de leur sécurité, firent une brusque sortie, pénétrèrent jusque dans le camp, leur tuèrent quelques milliers d'hommes et incendièrent les machines si péniblement construites. Ce rude échec contraignit enfin Giani-Beg à lever le siége (1). Il se vengea sur le nouvel établissement de Balaklaw du peu de succès de son attaque contre Kaffa. La ville, que les Génois n'avaient pas encore eu le temps de fortifier régulièrement, n'avait pour toute protection qu'un rempart de terre et un fossé. N'espérant pas pouvoir s'y défendre, les colons l'avaient abandonnée au premier bruit de l'approche de Giani-Beg. Les Tartares la saccagèrent et la livrèrent aux flammes (2). Mais l'incendie de Balaklaw leur coûta cher.

Des secours étaient arrivés d'Italie. Le pape Clément VI, sollicité par les Génois, avait promis de s'intéresser en leur faveur. Il venait d'organiser une

(1) Stella, *Ad ann. 1345, Script. rer. Ital.*, t. XVII.
(2) Formaleoni, *Navigazione del mar Nero*, cap. XXII.

croisade contre les Turcs, et il écrivit à Humbert II, dauphin du Viennois, qu'il avait choisi pour commander l'armée chrétienne, d'envoyer quelques troupes au secours de la colonie génoise. Une indulgence plénière, le grand ressort alors en usage pour remuer les peuples, fut aussi publiée au profit de tous ceux qui entreprendraient le saint voyage de Ghazarie (1). Les marchands de Kaffa pénétrèrent dans la mer d'Azoff, dévastèrent toutes les côtes, pillèrent et brûlèrent la Tana, en représailles de la destruction de Balaklaw, et répandirent dans tout le pays une si grande terreur, que le khan fut obligé de revenir au plus vite sur les bords du Tanaïs.

Les Génois ne s'en tinrent pas là. Leurs flottes fermèrent l'entrée du Palus-Méotide, et ne permirent à aucun navire étranger de trafiquer avec les Tartares. Ils pensaient avec raison que la cessation absolue du commerce forcerait bientôt le khan à conclure la paix aux conditions qu'ils imposeraient eux-mêmes.

Les marchands italiens et catalans, chassés de la Tana, s'étaient retirés à Kaffa, où les habitants leur

(1) Rainald, *Ann. eccles.*, ann. 1345. — Voir pièces justificatives, n° 6.

avaient ouvert un asile. Les Vénitiens eux-mêmes s'y étaient réfugiés. Jusqu'alors les Génois avaient soutenu seuls la guerre contre les Tartares; mais ils espéraient que les autres négociants feraient cause commune avec eux. Ils avaient tous éprouvé les mêmes pertes, ils avaient tous également le même intérêt à obtenir du khan la permission de se fortifier dans leurs établissements de la Tana, pour se mettre à l'avenir à couvert des attaques imprévues des Tartares. Les marchands promirent tous de les aider sincèrement et de ne pas faire sans eux la paix avec Giani-Beg. Les Vénitiens s'engagèrent même par un traité à cesser toutes relations avec les Tartares (1); mais, d'abord fidèles à leur parole, ils ne purent longtemps résister à l'attrait des bénéfices que leur offrait le riche commerce du Nord. En 1347, ils rentrèrent dans la mer d'Azoff, sans en prévenir les autres marchands, et conclurent un traité d'alliance avec le khan.

Les Génois les supplièrent de ne point abandonner ainsi la cause commune. Ils offrirent de leur accorder les mêmes droits et les mêmes franchises qu'aux habitants génois, s'ils consentaient à s'établir à Kaffa, en attendant qu'une paix générale, qui ne pouvait être éloignée, leur permît à tous de

(1) Voir pièces justificatives, n° 7.

retourner à la Tana (1). Les Vénitiens ne refusaient pas précisément ; mais ils répondaient que la guerre durait depuis trop longtemps, qu'ils avaient fait des pertes immenses. Ils prétendaient qu'Azoff, plus rapprochée d'Astrakhan, leur permettait de communiquer plus facilement avec cette dernière ville, où ils faisaient alors un grand commerce : à Kaffa, ils étaient obligés de faire venir les marchandises de la mer Caspienne par terre, à travers l'isthme caucasien, ce qui leur occasionnait de grands frais. Les Génois, qui voulaient à tout prix conserver la bonne intelligence, leur promirent en Krimée tous les avantages que pouvait leur offrir la résidence de la Tana ; mais les Vénitiens n'étaient pas de bonne foi : ils continuèrent à fréquenter les ports de la mer d'Azoff, où ils obtenaient des profits d'autant plus grands, qu'ils n'y rencontraient plus de rivaux.

Les Génois, pour maintenir leurs droits de blocus, arrêtèrent alors au passage du détroit et déclarèrent de bonne prise trois navires vénitiens qui revenaient de la Tana chargés de marchandises (2).

Ce fut le signal d'une guerre entre les deux républiques, qui dura cinq ans et fut soutenue avec

____

(1) Matteo Villani, lib. 1, cap. LXXXIII, ap. *Script. rer. ital.*, t. XIV.

(2) *Cron. Estense, ad ann.* 1350, *Script. rer. ital.*, t. XV.

un grand acharnement de part et d'autre. L'empereur grec Kantacuzène, qui avait d'abord refusé de s'allier aux Vénitiens, céda enfin à leurs instances (1), mais il eut bientôt lieu de s'en repentir. Les Génois ayant battu auprès de Constantinople les flottes grecque et vénitienne, contraignirent ce prince de signer un traité de paix dont ils dictèrent toutes les conditions.

Les clauses principales de ce traité étaient les suivantes : Kantacuzène cédait à la république quelques dépendances de l'empire, voisines de la colonie de Galata, accordait aux taverniers génois la faculté de débiter du vin dans Constantinople et permettait à ses sujets d'acheter des négociants de Galata toute espèce de marchandises, sans être assujettis aux droits et aux autres coutumes du fisc. Il promettait encore de ne plus envoyer des navires dans la mer d'Azoff, à moins d'en avoir obtenu la permission du gouvernement génois. Quant à ce qui regardait les Vénitiens, le traité stipulait que tous les ports de l'empire leur seraient fermés et que défense serait faite aux habitants grecs de communiquer avec eux (2).

(1) Nikeph. Gregoras, lib. XXIII, cap. ii.
(2) Sauli, *Storia di Galata*, t. II. — Voir pièces justificatives, nº 8.

Pendant ce temps, la guerre continuait entre les deux républiques. Battus dans une première rencontre, sur les côtes de Sardaigne, par les Vénitiens ligués avec les Catalans (1), les Génois prirent l'année suivante (1354), auprès de Sapienza, une éclatante revanche. La marine vénitienne, dans cette seconde bataille, fut presque entièrement détruite (2). Consternée de cette défaite et incapable de continuer la guerre, Venise consentit enfin à traiter de la paix. Une première trêve de quatre mois, signée le 5 janvier 1355, arrêta les hostilités; au mois de mai suivant, elle fut convertie en une paix solennelle. Venise paya aux Génois 200,000 florins pour les frais de la guerre et promit d'établir à Kaffa un comptoir pendant trois ans. Tout commerce avec le khan de Kipjack fut interdit pendant le même espace de temps aux marchands vénitiens (3).

La faculté laissée à ces derniers de retourner à la Tana à l'expiration de la trêve aurait probablement renouvelé la guerre; mais dans cet intervalle les colons de Kaffa reçurent de Giani-Beg des propositions d'accommodement. L'humeur belliqueuse du

(1) Stella, *Ad ann.* 1353. — Matteo Villani, lib. III, cap. LXXIX.
(2) Matteo Villani, lib. IV, cap. XXXII. — Navagiero, *Stor. Venez.*, ap. *Script. rer. Ital.*, t. XIII, p. 1030.
(3) Matteo Villani, lib. V, cap. XLV.

prince tartare avait fait place au découragement. Sa malheureuse tentative contre Kaffa et le blocus de la mer d'Azoff par les flottes latines lui avaient appris qu'il ne pouvait lutter avec avantage contre les opulents marchands de Gênes. Les Tartares, qui ne pouvaient plus se procurer les draps d'Italie, dont l'habitude leur avait fait une nécessité, se plaignaient hautement, et les grands propriétaires du pays, ne sachant que faire de toutes les marchandises qu'ils avaient accumulées dans les magasins de la Tana, voyaient leurs revenus diminuer chaque jour par l'impossibilité où ils se trouvaient de vendre leurs denrées.

Les représentations des négociants tartares, jointes aux murmures du peuple, décidèrent le khan à faire aux Génois des ouvertures de paix. L'orgueil du barbare, révolté par cette pensée humiliante, avait résisté jusqu'au dernier moment; mais il ne restait plus d'autre alternative. La prompte cessation des hostilités pouvait seule prévenir la ruine de la Tana. Un ambassadeur se rendit à Kaffa et demanda officiellement la paix. Giani-Beg offrait de rétablir tous les commerçants latins sur les bords du Tanaïs et de les dédommager des pertes qu'ils avaient éprouvées pendant la guerre. Il s'engageait, en outre, à laisser les Génois et les Vénitiens se fortifier dans le nouveau quartier qui leur serait assigné. La paix fut conclue à ces conditions, et les négociants italiens et catalans retournèrent à la Tana, où ils furent accueillis par le peuple comme des libérateurs (1).

Le commerce des Latins avec les Tartares à l'embouchure du Tanaïs n'éprouva plus d'interruption. Chacun des deux peuples avait un trop grand intérêt à maintenir la bonne intelligence; mais, en Krimée, de nouvelles difficultés s'élevèrent entre les Génois et les khans de Kipjack. Une inscription conservée au musée de Kaffa nous apprend que, vers cette époque, les colons génois entourèrent la ville de nouvelles fortifications. Kaffa s'était considérablement accrue depuis quelques années. Un grand nombre de familles arméniennes, chassées de leur pays par un tremblement de terre qui avait bouleversé la ville d'Ani, étaient venues se réfugier en Krimée sous la protection de la puissante république de Gênes (2).

Commencée en 1357, sous le consulat de Giofredo de Zoaglio, la nouvelle enceinte de murailles ne fut entièrement terminée qu'en 1386, par Benedetto Grimaldi. La principale tour, située à l'angle

(1) Marin, t. IV, liv. II, ch. IV. — Les Vénitiens obtinrent de Giani-Beg la permission de se fortifier dans un quartier séparé de celui des Génois. (Filiasi, p. 48.)

(2) Saint-Martin, *Mémoires sur l'Arménie*, t. I, p. 114.

le plus élevé des remparts faisant face aux montagnes, reçut des habitants le nom de *tour du pape
Clément,* en mémoire de la croisade prêchée par ce
pontife lors de la dernière guerre avec les Tartares.
Une inscription y fut placée pour rappeler le souvenir de cet événement (1). Le khan de Kipjack
voyait avec un vif mécontentement s'élever ces nouveaux remparts, qui achevaient de faire de Kaffa
une forteresse imprenable; vers ce même temps,
les Génois s'étant emparés de Soudagh, sur la côte
orientale de la péninsule (2), il saisit ce prétexte
pour rompre la paix.

Cette seconde guerre dura aussi longtemps que la
première; mais les historiens génois la mentionnent seulement sans donner de détails. Une entreprise, aussi hardie que téméraire, des habitants de
Kaffa est le seul événement de cette guerre que les
chroniques du temps nous aient transmis. Il mérite d'être rapporté non pour son importance, mais
parce qu'il donne une idée de l'audace extraordinaire des colons génois de la Krimée. En 1374, un

(1) Dubois de Montpéreux, *Voyage autour du Caucase,* t. V,
p. 283-287. — Demidoff, *Voyage en Crimée,* ch. xi. — Stella,
Ann. genuens., t. XVII.

(2) Le 18 juillet 1365. Stella, *Ann. genuens.,* ap. *Script. rer.
ital.,* t. XVII.

noble ruiné, nommé Lucchino Tarigo, et quelques
autres aventuriers, aussi pauvres que lui, conçurent
le projet de refaire leur fortune aux dépens des
Tartares. Ayant armé en course une grande barque,
ils se rendirent à la Tana, remontèrent le Don jusqu'à l'endroit où il n'est séparé du Volga que par
un isthme de quinze lieues, franchirent cet espace
en traînant leur barque comme le faisaient les Tartares (1), et, s'étant de nouveau embarqués sur le
Volga, descendirent ce fleuve jusqu'à la mer Caspienne. Pendant un mois, ils parcoururent cette
mer, pillant tous les navires qu'ils rencontraient.
Ils eurent bientôt amassé un butin considérable ;
mais, comme ils revenaient par terre vers Kaffa, ils
furent attaqués et dépouillés. Ils sauvèrent cependant une assez grande quantité des pierreries qui
composaient la partie la plus précieuse de leur
butin, et parvinrent plus tard à regagner la Krimée
sains et saufs (2). De semblables hommes étaient de
rudes adversaires pour les khans de Kipjack.

(1) Ant. Jenkinson, ap. *Recueil de voyages au Nord*, t. IV,
p. 475-470.

(2) *Itiner. di Ant. Usodimare*, ap. Gråberg, *Ann. di Geogr.*,
t. II, part. II, p. 289-290 : « Lucchinus Tarigus, Januensis, cum
certis aliis, omnes inopes, recesserunt de Caffa cum una fusta
armata et intraverunt in flumen Tanai, super quo iverunt usqué

Un traité, conclu aux trois fontaines de Kaffa, mit enfin un terme à la guerre en 1383. Le khan céda à la grande commune de Gênes la possession de Soudagh et de dix-huit villages qui en dépendaient, se démit en sa faveur de toutes ses prétentions sur Balaklaw, et reconnut, comme lui appartenant, le petit pays de la Gozia (la Gothie), qui s'étendait de Balaklaw à Soudagh. Il fut convenu que le peuple de ce district ainsi que le terrain et les eaux seraient affranchis à l'avenir de toute sujétion envers le khan (1). Les colons de Soudagh obtinrent la faculté de faire paître leurs troupeaux sur les terres des Tartares et d'aller et de venir dans le pays en toute liberté. Les marchands devaient jouir d'une pleine sûreté, et aucun droit ou usage ne pouvait leur être imposé. De leur côté,

in cum locum ubi dictum flumen est vicinum flumini Edil per milliaria 60; et, ubi de flumen ad flumen per terram portaverunt dictam fustam, et per dictum flumen Edil intraverunt in mare de Bacu, in quo mari multa navigia acceperunt; et cum locupletes facti essent, dimissâ fustâ, per terram redicbant, secum portantes multa ex eis quæ acceperant; sed per iter capti fuerunt et depredati. Tamen multa jocalia eis restaverunt, cum quibus sospites redierunt. »

(1) « La Gozia con li soi casai e con lo so povo li quai son cristiani, da lo Cembalo sin in Soldaya, sea de lo grande comune, e sean franchi li sovrascriti casai, lo povo, con li soi terren e le sue ague. »

les Génois promirent d'être fidèles au khan, amis de ses amis et ennemis de ses ennemis, de ne point recevoir dans leurs villes et châteaux ceux qui détourneraient de lui leurs visages et d'accroître sa renommée de tout leur pouvoir. Ils permirent, en outre, à un officier tartare de résider à Kaffa, comme par le passé, pour percevoir le *commerce du prince* sur les marchandises introduites en Krimée (1).

En 1387, un second traité confirma le premier : des hostilités avaient troublé, dans cet intervalle, le bon accord. Les deux parties, par cette nouvelle convention, renonçaient à toute réclamation au sujet des dommages essuyés pendant la guerre ; mais les esclaves et les marchandises devaient être rendus de part et d'autre ; seulement, si les esclaves qui s'étaient enfuis auprès des Tartares étaient reconnus musulmans, ces derniers, au lieu de les rendre, pouvaient en rembourser le prix. Le khan promettait dans le même traité de faire frapper de la monnaie de bon aloi (2).

La nouvelle colonie génoise, Soudagh ou Soldaïa, comme l'appelaient les marchands italiens, était

----

(1) De Sacy, *Notices et Extraits des Mss.*, t. XI, p. 56-57. — *Nouv. Mém. de l'Acad. des Inscript.*, t. III, p. 113-114.

(2) Oderico, *Lettere ligurtiche*, 17. — De Sacy, *Notices*, t. XI, p. 64 et seqq. — *Nouv. Mém.*, t. III, p. 116-117.

située entre Balaklaw et Kaffa. Sa position entre ces deux villes lui donnait une grande valeur. Les Génois pouvaient alors se dire les maîtres de toute la longue côte qui s'étend de Jeni-Kaleh à Aktiar. Soudagh, jusqu'en 1204, avait appartenu aux empereurs de Constantinople; à cette époque, elle était si florissante, que les Grecs avaient donné son nom à tout le territoire qu'ils possédaient en Tauride (1). Lorsque les Génois en prirent possession, ce n'était plus qu'une bourgade; mais, repeuplée par des colons de Balaklaw et de Kaffa, elle recouvra en peu de temps son ancienne importance. Les Génois l'entourèrent de bonnes fortifications et construisirent sur un roc escarpé qui dominait la rade un vaste château défendu par une épaisse muraille.

La forteresse de Soudagh, qui mérite une description particulière, était composée de trois étages : l'inférieur, qui renfermait trois grandes églises, des maisons et des tours surchargées d'armoiries et d'écussons de toute espèce (2); celui du milieu et le

(1) Storch, *Tableau de la Russie*, t. I, p. 172. — Reuilly, *Voy. en Krimée*, part. II, ch. I. — Dans quelques géographes arabes, on trouve la mer d'Azoff désignée sous le nom de mer de Soudagh. — Quatremère, *Notices des Mss.*, t. XIII, p. 272.

(2) Broniovius, *Tartariæ Descriptio*, p. 10 : « Templa tria maxima catholica, domus, muri, portæ ac turres insignes cum textilibus et insigniis Genuensium in arce inferiori visuntur. »

plus élevé. Du côté de la mer, le rocher sur lequel était bâtie la forteresse était coupé à pic et inabordable; mais, du côté de la plaine, il s'abaissait peu à peu jusqu'à une terrasse située à mi-hauteur de la montagne, et dont le talus était bordé d'un rempart flanqué de dix grosses tours, formant un arc irrégulier. La porte d'entrée, qui partageait le rempart en deux parties à peu près égales, était défendue par un ouvrage extérieur et percée dans l'épaisseur d'une haute tour carrée. A l'étage inférieur de la forteresse, de vastes citernes, murées en briques, recevaient les eaux de pluie, que des aqueducs en tubes de terre cuite y amenaient du sommet du rocher.

Il fallut vingt ans pour construire le château de Soudagh, le monument le plus remarquable de la domination génoise en Krimée et le seul que le vandalisme des Turcs ait laissé debout. Il ne fut achevé qu'en 1385, par Jacopo Gorseù, honorable consul et châtelain de la ville (1).

Vers le même temps, le khan des Mongols, Themir-Lenk (2), envahit l'empire de Kipjack et l'*aban-*

(1) Dubois de Montpérenx, *Voy. autour du Caucase*, t. V, p. 350-352.

(2) *Demir*, *Themir* ou *Timour*, en langue tartare, signifie *du fer*, et par extension *cimeterre*. *Lenk* veut dire *boiteux*. On a

donna au vent destructeur de la désolation. Cet événement eut des suites désastreuses pour les colonies italiennes de la Tana. Themir-Lenk, qui voulait, dit Scherefeddin (1), que l'on parlât de lui dans les royaumes de l'Occident, pénétra en Russie avec ses hordes indisciplinées, et, semant la mort sur ses pas, comme l'ange exterminateur, s'avança jusque sous les murs de Moscou (2). En revenant de cette expédition, il se dirigea vers la Tana. Le nom de cette ville opulente était parvenu jusqu'à lui, et les richesses immenses que l'on disait qu'elle renfermait avaient excité sa convoitise. L'approche de l'armée mongole répandit l'épouvante dans tout le pays. Les marchands vénitiens, génois, pisans, florentins et catalans, se réunirent pour aviser aux moyens de détourner l'orage qui paraissait prêt à fondre sur eux. Il fut décidé que l'on enverrait une ambassade au khan des Mongols. Un négociant de chaque nation fut choisi pour la composer.

L'humble députation partit, emportant les vœux de tous les habitants, tartares et italiens, et ren-

confondu, par corruption, ces deux mots en un seul et donné longtemps au conquérant mongol le nom de Tamerlan.

(1) *Hist. de Timour*, l. III, ch. LIV.

(2) Levêque, *Histoire de Russie*, t. II, p. 247. — Karamsin, t. V, cap. II.

contra à quelques jours de marche d'Azoff l'armée mongole, *innombrable comme les feuilles des arbres d'une vaste forêt*, campée sur les bords du Tanaïs. Les marchands, conduits en présence du khan, après s'être dépouillés, selon l'ordre qu'ils en reçurent, de leurs sandales et de leurs capuces, se prosternèrent et baisèrent la terre trois fois. Ils offrirent ensuite à Themir-Lenk les riches présents qu'ils avaient apportés, et lui demandèrent de leur permettre de résider tranquillement à la Tana. Themir-Lenk leur répondit qu'il ne faisait point la guerre aux marchands et promit de respecter leurs établissements de commerce.

Les députés, tout joyeux et se fiant pour leur sûreté à la parole d'un barbare qui ne se souvenait jamais le lendemain des promesses qu'il avait faites la veille, se hâtèrent de revenir à la Tana pour rassurer leurs compatriotes. Un noble mongol reçut l'ordre de les accompagner jusqu'à cette ville, sous prétexte de les protéger pendant le voyage, mais en effet pour examiner le pays. Cet officier, dit une ancienne chronique (1), voulut tout voir, le port, les navires, les chantiers de construction, les riches boutiques et les magasins regorgeant de marchandises. Lorsqu'il eut tout visité soigneusement, il se

(1) *Chron. Tarvis., Script. rer. Ital.*, t. XIX, p. 802.

disposa enfin à retourner au camp des Mongols. En partant, il renouvela aux habitants l'assurance que Themir-Lenk respecterait la Tana. Il acheta même des négociants italiens un assez grand nombre de marchandises et leur vendit quelques pierreries, comme s'il ne devait plus revenir. Tous se crurent sauvés; mais Themir-Lenk ne tarda pas à les désabuser. L'armée mongole, que l'on croyait bien loin, parut tout à coup sous les murs de la Tana. La résistance était impossible, et la ville ouvrit ses portes à la première sommation.

Themir-Lenk, au mépris de sa promesse, fit arrêter tous les habitants. Les musulmans obtinrent la faculté de se racheter; mais tous les chrétiens, sans distinction, furent condamnés à la mort ou à l'esclavage. Le khan abandonna ensuite la ville à ses soldats, et, lorsque les Mongols furent enfin las de tuer et de piller, il ordonna d'y mettre le feu. Quelques Italiens, qui ne s'étaient pas fiés aux promesses de Themir-Lenk et avaient cherché un refuge sur leurs navires, échappèrent seuls à ce grand désastre (1).

(1) *Chron. Tarvis.*, t. XIX, p. 802-808. — Scherefeddin, *Hist. de Timour*, lib. III, cap. LV. — Serra (*Storia di Genova*, t. III, cap. VI) raconte que Themir-Lenk, très-joyeux du riche butin qu'il avait fait à la Tana, voulait, après la prise de cette

La destruction de la Tana, le seul comptoir des Vénitiens dans la mer d'Azoff, porta un coup fatal au commerce avantageux qu'ils faisaient depuis tant d'années avec les peuples du Kipjack. Un grand nombre de marchands furent entièrement ruinés : Pierre Miani, l'un d'entre eux, perdit à la prise de la Tana ses trois fils et 12,000 florins (1). A dater de cette époque, les Vénitiens abandonnèrent à peu près les marchés du Nord-Est et n'essayèrent plus de lutter avec les Génois. Ceux-ci, grâce à leurs colonies de la Krimée, continuèrent à trafiquer avec les Tartares. N'ayant plus à craindre l'active concurrence de leurs rivaux, ils s'emparèrent de tout le commerce de ces riches contrées. Les autres négociants latins s'établirent presque tous à Kaffa, et cette ville, enrichie des dépouilles de la Tana, prit alors des développements si considérables et acquit une si grande importance, qu'elle reçut le nom de *Constantinople de la Krimée* (Krim-Stamboul) des nombreux marchands russes, valaques, turcs et arméniens, qui la visitaient continuellement.

ville, marcher sur Kaffa ; mais un de ses émirs, un renégat génois nommé Aksala (Azzolino), qui se souvenait encore de son ancienne patrie, réussit à détourner le Khan mongol de ce projet et sauva la colonie chrétienne.

(1) *Chron. Tarvis., loco citato.*

Pendant près d'un siècle encore, les Génois conservèrent leurs possessions de la Tauride. Les armes de Mohammed II, le grand empereur des Ottomans, purent seules ébranler cette puissance, née du commerce et fondée aux extrémités de l'Europe par quelques marchands italiens.

CHAPITRE VII.

COMMERCE DE LA KRIMÉE ET DES PAYS AU NORD DE LA MER NOIRE.

Peu de pays sont aussi avantageusement situés que la péninsule taurique pour les relations commerciales. Entourée par la mer Noire et par celle d'Azoff, où le Tanaïs vient se jeter, elle peut recevoir dans ses ports les productions variées du nord de l'Europe et de la Sibérie; et les grands fleuves qui sillonnent ces vastes régions lui permettent de communiquer facilement avec les provinces du centre de l'Asie. A l'époque dont nous nous occupons, toutes les marchandises de ces fertiles contrées, et même celles de la Perse et des Indes, arrivaient dans la Krimée. Les colonies de la Tana, de Kaffa et de l'île de Taman étaient les trois marchés principaux de ce commerce immense. Les Vénitiens et les Génois avaient établi avec les tribus tartares de la Tauride, du Dniéper et du Volga, un trafic d'échange très-étendu et très-lucratif. Les produits des fabriques de l'Italie et de l'Allemagne qu'ils importaient dans le pays étaient généralement de peu de valeur. C'étaient des toiles légères, des draps de toute espèce, mais toujours de couleur éclatante, des peaux d'animaux teintes en pourpre, des colliers, des ceintures, des bracelets et autres objets de toilette pour les femmes. En retour, ils recevaient des grains, des laines, des pelleteries, des cuirs, du feutre ou ketchés, du miel, du crin, de la cire. Toutes ces marchandises, ils les obtenaient presque pour rien et ils les revendaient en Europe à un prix très-avantageux.

Les relations des négociants italiens avec les Tartares ne se bornaient point à un simple commerce d'échange. Ils ne consentaient souvent à leur vendre qu'au poids de l'or leurs marchandises de l'Occident. Ce métal précieux se trouvait en abondance dans le pays; les armées tartares avaient parcouru toute l'Asie et accumulé dans leurs campements du Volga les dépouilles de la Perse, des Indes et de la Chine. Les tribus du Kipjack étaient si riches, qu'on les désignait sous le nom de *horde dorée*. Les marchands réservaient pour elles leurs plus beaux draps, les toiles les plus fines, les peaux de léopard, les oranges et les autres fruits du Midi, dont les Tartares se montraient fort avides (1). Tous

(1) Les fruits du Midi ont toujours excité les désirs des peuples

ces peuples faisaient de fréquents voyages dans les établissements de la Tana et de Kaffa pour y renouveler leurs approvisionnements.

L'île de Taman servait de point de communication avec les populations du Kouban et du Caucase. Les Génois tiraient de ces provinces des pelleteries, des cuirs, de la garance, de la laine, des toiles de coton et du safran, qui avait la réputation d'être très-pur ; mais la principale production du pays était la cire, article très-recherché alors : dans les églises et dans les monastères, il s'en faisait une consommation prodigieuse. La cire de la Circassie était moins nette et moins colorée que celle de la Thrace ; mais on l'y trouvait en plus grande quantité (1).

Les Génois exploitaient aussi des mines d'argent dans les montagnes du Caucase ; on distingue encore leurs travaux (2). Ils avaient remonté le Kou-

du Nord. On dit encore aujourd'hui en Islande : *désirer des figues,* pour désirer quelque chose avec passion. Arūns le Toscan attira les Gaulois dans sa patrie en leur montrant les fruits dorés et les vins précieux de l'Italie. « Aussitôt qu'ils en eurent goûté, dit Plutarque, ils saisirent leurs armes et s'avancèrent vers les Alpes pour chercher cette heureuse contrée, auprès de laquelle toute autre terre leur paraissait stérile et sauvage. »

(1) Pegolotti, *Pratica della mercatura.*
(2) Rasmussen, *Journal asiatique,* t. V, p. 225.

ban jusqu'à deux cent quatre-vingts milles de son embouchure, et fondé, au milieu de ce pays riche et fertile, une colonie qui, en 1427, était régie par un consul (1). Les principaux points de la côte de Mingrélie étaient occupés par eux : à Sebastopoli (l'ancienne Dioscurias, aujourd'hui Isgaour) (2), ils possédaient un comptoir (3), et à Anakria, entre Sebastopoli et le Phase, ils avaient formé un autre établissement très-important, défendu par de bonnes fortifications en pierre qui excitent encore aujourd'hui l'admiration des voyageurs (4). Ils s'étaient même avancés dans l'intérieur du pays, et Khoutaïs, capitale de l'Imereth, où ils avaient élevé une forteresse, était devenue une de leurs colonies (5). Quelques tribus chrétiennes, au nord du Kouban, ont la prétention de descendre des Génois (6). Dans

(1) Serra, *Storia di Genova*, t. IV, disc. i, p. 71.

(2) Dioscurias n'existe plus que de nom. Chardin, en 1672, n'y trouva que quelques huttes de feuillage et pas une maison. — Dubois de Montpéreux, *Voy. autour du Caucase*, t. I, p. 315.

(3) Serra, t. IV, p. 58.

(4) Peyssonel, *Commerce de la mer Noire*, t. II, p. 14.

(5) Lagorio, *Voy. en Mingrélie*, ap. Malte-Brun, *Ann. des voyages*, t. IX, p. 85.

(6) Le nombre des marchands de la Krimée établis sur toute la longue côte qui s'étend de l'île de Taman à Anakria était considérable. En 1475, les Turcs s'étant emparés de Kaffa, les colons génois, qui ne pouvaient plus retourner en Krimée, se fixèrent sur les bords du Kouban. Les traditions du pays et les récits des

tout ce pays et dans la Krimée, le nom de la puissante république de Gênes, la *grande commune*, comme l'appelaient les Tartares, n'est pas encore oublié. Les voyageurs qui visitent ces provinces éloignées sont certains d'être bien accueillis, s'ils ont la précaution de se dire Génois (1).

historiens ne laissent aucun doute à ce sujet. M. Dubois de Montpéreux, dans son savant ouvrage sur les peuples du Caucase, raconte une de ces traditions. « En 1509, sous le règne du prince Inal, les Francs ou Génois habitaient toutes les vallées au nord du Caucase, et vivaient en paix et en bonne amitié avec les naturels du pays. Les demeures des Francs remplissaient principalement la vallée de Kislavodsk ; elles s'étendaient même au delà du Kouban. Cependant un chef des Francs devint amoureux de la femme du chef des Kabardiens et le pria de la lui céder. Le Kabardien ne voulait pas entendre raison ; mais sa femme, qui aimait peut-être le Franc ou qui plutôt voulait servir sa patrie, lui conseilla de la céder au Franc, à condition que celui-ci exécuterait les obligations qui lui seraient imposées trois jours après le mariage. Les Francs se réunirent aux Kabardiens dans l'église qui est derrière le Kouban, vis-à-vis Kamara, et les chefs des Francs et des Kabardiens prêtèrent les serments réciproques, ce qui fut renouvelé auprès des idoles des Kabardiens. Le troisième jour arrivé, le chef des Kabardiens déclara que ces conditions étaient que les Francs repasseraient le Kouban, ce qu'ils furent forcés d'exécuter. Une partie se retira au pied de l'Elbrouz, où elle oublia et sa religion et son origine. » Un proverbe s'est conservé dans le pays qui fait allusion à cet événement : « *Nous avons donné nos femmes pour cette riche contrée,* » disent encore aujourd'hui les Kabardiens.

(1) *Relation du sieur Ferrand,* ap. *Recueil de voyages au Nord,* t. IV, p. 527.

Les marchands italiens fréquentaient également les marchés de la Bulgarie, où ils trouvaient à débiter avec avantage les marchandises des contrées étrangères. Ils exportaient de ce pays du miel qui passait pour être de très-bonne qualité, des cuirs, de la laine et des céréales. La partie du royaume qui borde le Danube était une source inépuisable de grains de toute espèce (1). Les Génois occupaient plusieurs points de la côte, entre autres : Kostriz, auprès de Varna, forteresse importante, et Kilia-Vecchia, à l'embouchure du Danube (2). Ils avaient conclu, en 1387, par l'entremise du podestat de Galata, un traité de commerce très-avantageux avec Yanouka, ban du Dobroutzé (la Bulgarie maritime (3)).

Dans ce traité, le prince bulgare cédait aux marchands génois un terrain convenable pour y établir une loge et une église, leur accordait sûreté et justice dans tous ses États, sur terre comme sur mer, promettait de les protéger en cas de naufrage et consentait à recevoir, à Varna ou dans toute autre ville de sa domination, un consul auquel il recon-

(1) Peyssonel, t. II, p. 170. — Aujourd'hui encore les Turcs appellent ce fleuve le père nourricier de Constantinople.
(2) *Famiglie nobili di Genova*, ms., t. IV, p. 133.
(3) De Sacy, *Nouv. Mém. de l'Acad. des Inscript.*, t. VII, p. 202.

naissait le droit de juger toute espèce d'affaire, tant civile que criminelle, qui pouvait survenir entre Génois ou même entre Génois et Bulgares. Ce consul devait exercer son pouvoir dans toute sa plénitude, et le prince s'engageait à lui donner assistance sur sa réquisition. Il était convenu qu'une audience lui serait accordée toutes les fois qu'il la demanderait et qu'un accueil favorable serait fait à ses réclamations. En cas de guerre entre les deux nations, des navires devaient être fournis aux Génois établis dans le pays pour se retirer avec leurs effets à Kaffa ou à Constantinople; le traité stipulait expressément que les marchands auraient un délai d'un mois pour transporter hors du territoire leurs marchandises légères, et de six mois pour faire sortir les navires. Le paiement d'une dette contractée par un Génois ne pouvait être exigé d'un autre Génois; le débiteur seul pouvait être poursuivi : selon la parole du prophète, *les dents des enfants ne devaient pas être agacées des raisins verts que les pères avaient mangés* (1).

Les Génois pouvaient tirer du pays toute espèce de denrées et de produits, à l'exception des vivres en cas de famine, et même, dans ce dernier cas, si quelque nation étrangère obtenait une permission

____

(1) Ézéchiel, ch. xviii, v. 1.

particulière d'exporter des denrées de première nécessité, les Génois devaient jouir du même privilége. Les négociants, pour le transport de leurs marchandises à travers le pays, ne devaient payer que deux pour cent, dont la moitié à l'entrée et l'autre moitié à la sortie; les navires, l'or, l'argent, les perles vraies et les bijoux étaient exempts de toute taxe (1). De son côté, le podestat de Galata, au nom de la république de Gênes, promettait de bien traiter les sujets du prince bulgare, quels qu'ils fussent, de les accueillir avec amitié dans toutes les terres soumises à la domination de la république, et de leur faire rendre prompte et bonne justice. Une somme de cent mille hyperpères devait être payée par celle des parties qui contreviendrait aux clauses du traité ; les propriétés et les marchandises servaient de garantie réciproque.

(1) « Item promixerunt praedicti nuncii et ambasatores, quod dictus dominus Juanchus salvabit et custodiet omnes et singulas res et merces quorumcunque Jannensium, nec exigere vel colligere, exigi vel colligi facere dictis Januensibus pro eorum rebus et mercibus ibidem portandis vel transmittendis, et tam per mare quàm per terras, nisi duos pro centenario tantùm valoris et existimationis dictarum rerum, videlicet unum pro centenario, pro introitu et alterum pro exitu; non tamen intelligantur in ipsis rebus navigia, aurum, argentum, perlae veraces seu jocalia aliqua. »

Les Vénitiens avaient, ainsi que les Génois, un traité de commerce avec les rois de Bulgarie. Leur consul résidait à Varna, où les marchands possédaient un terrain et une église. Les navires vénitiens pouvaient visiter tous les ports du royaume ; un léger droit était seulement exigé (1). Ackerman, à l'embouchure du Dniester, était l'entrepôt du commerce opulent que la Pologne, alors puissante et riche, entretenait avec les provinces danubiennes. C'était aussi un établissement de pêche très-important. Quelques négociants de Kaffa y avaient fondé une petite colonie. Le port d'Ackerman était peu profond et ne pouvait recevoir que de légers bâtiments ; mais, à quelques lieues de la ville, on trouvait un autre port plus commode, qui présentait un asile sûr aux navires de toute espèce. Dans la Moldavie, à Soukhava, les Génois s'étaient également établis ; on voit encore les ruines de l'église et du château qu'ils y avaient construits (2).

Le commerce que les Italiens faisaient avec la Russie n'était pas moins important. Ce vaste pays était alors le magasin des bois de construction de l'Europe. Les provinces méridionales donnaient en

(1) Marin, t. IV, p. 174-175.
(2) Boskowich, *Voy. de Constantinople en Pologne*, p. 264. Lausanne, 1772, in-8°.

abondance du chanvre et du lin, et la Sibérie fournissait du fer, du cuivre, des planches, de la poix, du goudron et du suif. On tire aujourd'hui ces objets si nécessaires à la navigation de la Baltique et de l'Amérique septentrionale ; mais, au moyen-âge, ce commerce se faisait tout entier par la mer Noire.

Toutes ces marchandises arrivaient des gouvernements de Perm et de l'Oural en suivant le cours du Kama et du Volga jusqu'à Doubowka. Elles franchissaient en cet endroit l'isthme de quinze lieues qui sépare le Volga du Don (1), et, embarquées sur ce dernier fleuve, elles descendaient jusqu'à la Tana. Cette ville, après sa destruction par Themir-Lenk, avait été rebâtie par les marchands italiens. Les Vénitiens y étaient revenus ; mais ils faisaient peu d'affaires (2). Les Génois, à la Tana comme dans tout le reste de la mer Noire, étaient les maîtres absolus du commerce ; la croix rouge de Gênes dominait aux embouchures du Danube, du Tanaïs et du Phase.

(1) Cet isthme, appelé *Portage* par les Russes (Perevoloka), est formé par un large plateau ; mais, comme il est peu élevé au-dessus du niveau des deux fleuves, les habitants du pays le traversent facilement avec leurs barques. Voy. de Lepetchin, ap. *Notices et Extraits des Mss.*, t. XI, p. 353. — *Recueil de voy. au Nord*, t. IV, p. 475.

(2) Serra, t. III, liv. VI, cap. VI ; t. IV, disc. IV, p. 228. — Barbaro, *Voy. à la Tana*, cap. I, ap. Ramusio, t. II.

Une autre branche très-importante du commerce du Nord était le trafic des pelleteries. La Krimée et les provinces du Kouban donnaient quelques peaux de martres et de renards, mais toutes d'une qualité assez inférieure et dont la plus grande partie se consommait dans le pays. Les plus belles fourrures venaient de la haute Russie. Tous les ans, les marchands de Novgorod et de la Biarmie (Arkangel) en apportaient à Kaffa de grandes quantités (1). Les plus estimées étaient celles du renard noir (2), de la martre zibeline ou samour, de l'hermine et du vachak (peau blanche tachetée de noir). Les Génois et les Vénitiens retiraient du commerce des pelleteries les plus grands bénéfices. Les peuples musulmans y attachaient beaucoup de valeur, et, en Chine, elles étaient alors à un prix excessif. Une fourrure de zibeline de première qualité se payait jusqu'à 2,000 piastres (3).

Les Russes, en échange de leurs marchandises, recevaient des draps, de l'huile, des épiceries et des

(1) Amb. Contarini, *Voy. en Perse*, ch. 1, ap. Bergeron, t. II.

(2) Les fourrures de renard noir étaient les plus renommées, mais leur prix était exorbitant. Elles ne pouvaient guère être portées que par des princes. (De Sacy, *Chrestomathie arabe*, t. II, p. 17.)

(3) Malte-Brun, *Hist. de la Géographie*, liv. XX.

vins d'Italie (1) et de Krimée. Les anciens Grecs avaient introduit la culture de la vigne en Tauride; mais, avant l'établissement des Génois dans la presqu'île, elle n'avait jamais eu une grande importance. Propagée par les colons de Kaffa, elle ne tarda pas à leur fournir un nouvel article d'échange considérable. Tout le riche vallon de Soudagh était planté de vignobles, qui produisaient un vin d'excellente qualité.

La pêche, très-abondante dans la mer d'Azoff, avait aussi attiré l'attention des commerçants italiens. A l'embouchure du Tanaïs, les Vénitiens et les Génois avaient établi de nombreuses pêcheries, de grands espaces entourés de pieux, où l'on chassait le poisson pour le tuer ensuite à coups de dards. La quantité d'esturgeons de toute espèce que l'on prenait de cette manière était immense. On en tuait quelquefois qui avaient jusqu'à vingt-six pieds de longueur et pesaient huit à neuf cents livres (2). Les œufs, salés et mis en tonneaux, formaient le caviar, dont il se faisait une grande consommation en Russie, en Grèce et en Italie. Cet

(1) Pegolotti, 42 : « Les vins de la Pouille et de la marche d'Ancône étaient ceux que l'on préférait pour l'importation en Russie. »

(2) Chardin, *Voy. en Perse*, t. I, p. 47.

article, plus estimé que le poisson lui-même, se vendait à un prix très-élevé dans les marchés de Constantinople, de Venise et de Gênes. Un esturgeon du poids de cinq cents livres donnait ordinairement deux ou trois quintaux de caviar.

L'importation dans l'empire grec des poissons de la mer d'Azoff était si considérable, que les droits imposés sur cet article formaient l'un des principaux revenus de l'État (1). En 1343, les Génois, profitant de la guerre qu'ils avaient avec le khan de Kipjack, fermèrent aux navigateurs byzantins l'entrée du Palus-Méotide et s'approprièrent ainsi le monopole de cette denrée (2).

Les colons de Kaffa étaient obligés de partager avec les Vénitiens les bénéfices des pêcheries du Tanaïs; mais le commerce du sel qu'ils récoltaient en Krimée était tout entier entre leurs mains. Ils en tiraient un revenu considérable. Une charge de sel se vendait ordinairement deux pièces d'étoffe de coton (3). A Kertch et auprès de Kaffa, ils possédaient de vastes salines dont l'entretien ne leur

(1) Nikeph. Grégoras, *Hist. byzant.*, lib. IX, cap. vii : « Et ad suum ipsius victum haberet annuum redditum piscationis..... erat autem decies mille aureorum. »

(2) Sauli, *Stor. di Galata*, t. II, p. 216 et seqq.

(3) Rubruquis, *Voy. en Tartarie*, ch. i, ap. Bergeron, t. I.

occasionnait aucune dépense. Au commencement de l'été, on faisait entrer l'eau de la mer dans ces grands lacs; elle s'y congelait en peu de temps et formait un sel blanc de la meilleure qualité. Lorsque la saison était favorable, c'est-à-dire lorsque les pluies ne survenaient pas, le sel était si abondant qu'on n'en tirait guère que la troisième partie (1). Les marchands de Kaffa approvisionnaient de cette denrée les provinces méridionales de la Russie, le Kouban, Constantinople et une grande partie de l'Anatolie. Ils faisaient aussi à peu près seuls le commerce des grains de la mer Noire, qui leur produisait d'énormes bénéfices (2).

Les Génois et les Vénitiens s'adonnaient encore au commerce des esclaves. Ils les achetaient dans le Caucase et les revendaient au soudan d'Égypte. Derbend, dans le Daghestan, était un marché d'esclaves très-important et le rendez-vous des négociants du Ghilan, du Schirvan, de la Ghazarie et d'un grand nombre d'autres pays. On y amenait des esclaves même de la Russie (3). Dans leurs traités

____

(1) Barbaro, *Voy. à la Tana*, ch. x. — Reuilly, liv. I, ch. 7.

(2) Nikeph. Grégoras. lib. XV, cap. vi : « Id sibi probro simul et damno esse arbitrati Galatæi, statim ab frumento Byzantium advehendo abstinent, haud ignari non aliundè Byzantiis istius modi mercem advenire. »

(3) Abou'lfeda, ap. *Journal asiatique*, t. V, p. 218.

avec les rois d'Arménie, les marchands italiens étaient obligés de jurer, en achetant ces malheureux, qu'ils ne les revendraient point aux musulmans (1). Mais ce serment n'était exigé que pour la forme. Les Arméniens eux-mêmes, *gens pires que des musulmans* (2), ne se faisaient aucun scrupule de vendre des esclaves chrétiens aux Turcs de l'Asie-Mineure (3). Reinaud, dans ses extraits des auteurs arabes (4), mentionne un traité des rois d'Arménie avec le soudan Kelaoun qui accordait à ce dernier la faculté d'acheter dans le pays des chevaux, des mulets et des esclaves des deux sexes.

La Tana, où le khalife d'Égypte avait un consul, était, comme Derbend, un des grands marchés de ce trafic honteux et inhumain. En 1432, un noble génois, nommé Imperiali, était, à Kaffa, le pourvoyeur d'esclaves du soudan (5). Par l'entremise des

(1) Saint-Martin, *Not. et Extraits des Mss.*, t. XI, p. 118.

(2) Cristiani Armeni, *gente più cattiva che Machometani.* — *Voy. d'un marchand en Perse*, ap. Ramusio, t. II.

(3) « È una cosa assai lagrimevole a vedere le centinaia di putti cristiani, da padroni cristiani esserno venduti agl' infedeli... Ho molti con proprii occhi veduti vender le proprie mogli a' Turchi, per un leggiero sospetto che fossero streghe, qual cosa più che l'adulterio viene da Mengreli abborrita. (Lamberti, *Relazione della Colchide*, p. 186.

(4) Page 582.

(5) « Le seigneur de Damas me fit venir devant lui avec un

Génois, les souverains du Kaire avaient obtenu de l'empereur de Constantinople la liberté de naviguer dans la mer Noire, et tous les ans ils y envoyaient deux navires. Les cargaisons d'esclaves que ces navires rapportaient en Égypte se composaient, en grande partie, de jeunes garçons circassiens et géorgiens destinés à être enrôlés dans la milice des Mameloucks. Quelques-uns se vendaient volontairement; d'autres étaient vendus par leurs parents; le plus grand nombre par les marchands italiens. Les peuples du Kipjack et du Caucase, dit un ancien auteur arabe, consentaient assez facilement à trafiquer de leurs filles; mais ils ne vendaient leurs fils que lorsqu'ils ne leur restait plus d'autre ressource; ce qui avait lieu dans les temps de disette ou de guerre (1).

Si l'on en croit Formaleoni, un peu suspect (2), les Vénitiens ne faisaient point le commerce des es-

Génois nommé Gentil Imperial, qui était un *marchand de par le soudan* pour aller acheter des esclaves à Kaffa. » (De la Brocquière, *Voy. dans le Levant*, ap. *Mém. de l'Institut, sciences morales et politiques*, t. V, p. 510.

(1) Quatremère, *Not. et Extr. des Mss.*, t. XIII, p. 270-283.

(2) La vieille haine des deux républiques rivales a survécu à la ruine de leur nationalité. L'animosité perce dans les récits des historiens modernes, vénitiens et génois. Lorsqu'on lit leurs écrits, on se croit encore au temps où les deux républiques se disputaient l'empire de la Méditerranée.

claves; ils prêtaient seulement leurs navires pour les transporter en Égypte; mais il est beaucoup plus probable qu'ils suivaient l'exemple des autres négociants. Cette *marchandise*, dont la vente était assurée, se payait au poids de l'or, et les Vénitiens, quoi qu'en dise Formaleoni, n'étaient pas moins avides que les Génois. Chalcondyle affirme que tous les Francs établis sur les bords du Tanaïs faisaient le trafic des esclaves. Les Tartares du Kouban, toujours en guerre avec les tribus circassiennes, enlevaient dans le Caucase des femmes et des enfants, et les amenaient par troupeaux à la Tana, où ils les vendaient pour un peu d'or aux marchands chrétiens (1).

---

(1) Chalcondyle, p. 72 : « Postea, agentes mancipia, ad Mœotim Paludem ea parvo ære vendunt Venetorum et Januensium mercatoribus. » — L'historien Marin, qui cherche quelquefois à déguiser la vérité aussi bien que son compatriote Formaleoni, est en cette occasion plus sincère que lui. Il avoue que les marchands vénitiens allaient acheter des esclaves dans le Caucase et qu'ils les conduisaient en Égypte pour les vendre aux soudans. En 1453, ils faisaient encore cet infâme trafic.

CHAPITRE VIII.

COMMERCE DE L'INDE PAR LA MER NOIRE.

Deux grandes voies commerciales apportaient en Krimée les aromates, les épiceries et les précieuses denrées de l'Inde. Du grand marché de Cambaie, ville célèbre, qui ressemblait, par son industrie manufacturière, à une des grandes cités de la Flandre (1), on les faisait venir à Ormuz, à l'entrée du golfe Persique, où on les débarquait (2). Quoique dépourvue d'eau et presque sans végétation, la petite île d'Ormuz était alors très-peuplée ; c'était le principal entrepôt du commerce de l'Inde avec la Perse. Les récits du faste, de l'opulence et de la vie voluptueuse des habitants d'Ormuz, paraîtraient fabuleux, s'ils n'étaient attestés par des voyageurs dignes de foi.

Sur ce rocher, qui ne produisait guère que du

(1) Barbosa, f° 297, v°, ap. Ramusio, t. I.
(2) Barbaro, *Voy. en Perse*, ch. xx.

sel, s'était élevée une belle ville, *la plus brillante et la plus agréable de l'Orient*, où abondaient les fruits magnifiques de la Perse, les vins parfumés de Schiraz et des vivres de toute espèce. On voyait se promener dans les rues, dont le pavé était recouvert de nattes et de tapis, les riches marchands persans et arabes, vêtus de longues robes de soie ou de brocart, armés à la ceinture de dagues enrichies d'or et portant à la main des arcs dorés et des masses d'armes ingénieusement sculptées. De jeunes pages et de belles filles, instruites, dès l'enfance, dans tous les arts qui varient et augmentent la volupté, leur présentaient des boissons rafraîchissantes dans des coupes ornées d'argent (1). Les habitants d'Ormuz, dont les richesses étaient immenses, étalaient des mœurs si corrompues que les Européens comparaient cette ville à Sodome la maudite.

Il y arrivait sans cesse des négociants de tous les pays, du Bengale, du Guzarate, de l'Arabie, de l'Égypte, de Mombaza, de Tauris, qui venaient y échanger les produits de leur industrie. Il était permis aux marchands étrangers, de quelque religion qu'ils fussent, de pratiquer en toute liberté les devoirs de leur culte. La justice était égale pour tous et la sécurité si grande, que l'île d'Ormuz était sur-

(1) Barbosa, 1° 294.

nommée le séjour de la sûreté (Dâr al aman). Toutes les marchandises et denrées, sans distinction, payaient à la douane le dixième de leur valeur. L'or et l'argent étaient seuls exceptés (1). Les magasins d'Ormuz regorgeaient de marchandises de toute sorte. Cambaie et Kalicut lui envoyaient des épiceries, des pierres fines, des étoffes de coton blanches et peintes, des velours, de l'indigo, de l'opium, de l'encens, des drogues médicinales, du bois de sandal et de brésil. De Malacca et de la presqu'île orientale de l'Inde, elle recevait les épices destinées au commerce de l'Occident ; de Schiraz, des étoffes de soie, des vins précieux et des femmes si belles que Mohammed, disent les Arabes, ne voulut jamais visiter cette ville, dans la crainte de ne pouvoir résister aux séductions de ces sirènes et de perdre ainsi le paradis (2) ; de Kerman et d'autres villes de la Perse, des armes, des tapis fins, de l'alun, des turquoises, ainsi qu'une foule d'autres productions naturelles et industrielles qui lui venaient de la mer Rouge, de l'Arabie et de l'Éthiopie.

(1) Abd-el-Razzat, *Notices et Extraits des Mss.*, t. XIV, part. 1, p. 430.

(2) Ramuzio, t. 1, f° 326 : « Sopratutti vengono laudate le donne di Schiraz, sono discrete e polite, ond' è un proverbio fra Mori che Machometto mai volse andare in Schiraz, perchè s'egli havesse gustato delle delizie di quelle donne dopo morte non saria andato in paradiso. »

Dans le voisinage d'Ormuz se trouvait l'île d'Awal ou de Bahrein, dont les célèbres pêcheries fournissaient une grande quantité de perles, moins blanches que celles de Ceylan, mais plus grosses et très-recherchées également dans le commerce (1). Des marchands de toutes les parties du monde se rendaient dans cette île et y séjournaient pendant des mois entiers, en attendant la saison de la pêche, qui avait lieu vers le mois d'août. Moyennant un salaire fixé d'avance, ces marchands louaient des plongeurs et les emmenaient avec eux aux endroits où l'on avait résolu de pêcher.

A la fin du mois d'août, on revenait à Bahrein. Chaque négociant rapportait renfermées dans une bourse, scellée d'un cachet, les perles qu'il avait obtenues, et il était tenu, en débarquant, de remettre cette bourse au gouverneur. Le jour de la vente, tous les marchands se réunissaient dans le bazar destiné à cet effet ; on apportait les bourses et on appelait par son nom chacun des propriétaires. Les cachets étaient ensuite brisés et les perles versées dans un crible sous lequel était un autre crible, puis un troisième, percés de trous de dimension moindre, afin de donner passage aux petites perles et aux moyennes. Après avoir ainsi séparé les espèces,

(1) Barbosa, f° 169.

on les estimait et on les mettait à prix à haute voix. Il était permis à tout négociant de garder sa marchandise ; mais, s'il préférait la vendre, il le pouvait et en recevait le prix immédiatement (1).

Les marchands d'Ormuz, qui transportaient à Sultanieh les perles de Bahrein et les soies des provinces méridionales de la Perse, se chargeaient de conduire dans cette ville les marchandises de l'Inde. Les caravanes traversaient Kerman et, après avoir franchi un désert, arrivaient à Iezd, l'une des villes les plus commerçantes de la Perse et fameuse tant comme entrepôt que par les produits de l'industrie de ses habitants (2). On y fabriquait des étoffes de soie, connues dans le commerce sous le nom de *soundous* et très-estimées (3). D'Iezd, elles se rendaient à Caswin, puis à Sultanieh. Gonzalès de Clavijo (4), qui nous fait connaître cette ligne de communication, dit que les marchands d'Ormuz partaient vers la fin d'avril et mettaient soixante jours à se rendre à Sultanieh. Il parle assez longuement de cette dernière ville (5), qui faisait alors un

(1) El Edrissi, trad. de M. Am. Jaubert, *Recueil de la Société de Géographie*, t. V, p. 373 et seqq.
(2) Marco Polo, lib. I, cap. xii.
(3) El Bakoui, *Notices et Extraits des Mss.*, t. II, p. 464.
(4) Clavijo, *Hist. del Gran Tamerlan*, f° 32, 1582, Sevilla.
(5) De Sultanieh il ne reste plus aujourd'hui que des ruines, dont l'immense étendue étonne le voyageur.

commerce très-actif. Les Génois y avaient un comptoir pour le trafic des perles. De Sultanieh, les marchandises indiennes étaient portées à Tauris, puis conduites par terre jusqu'à la mer Noire, où on les embarquait pour Kaffa.

Très souvent aussi, au lieu de débarquer les marchandises à l'entrée du golfe Persique, on les transportait jusqu'à Bassora, au fond du même golfe. De Bassora elles étaient dirigées sur Tauris par terre ou en remontant le Tigre. Un grand nombre de directions locales s'embranchaient avec cette route et les commerçants européens de la mer Noire recevaient, par ce moyen, les magnifiques tissus de Mossoul (mousselines) et les brocarts d'or, les damas et les étoffes de soie brochées de Bagdad (1).

La deuxième grande route commerciale de l'Inde faisait un grand détour avant d'arriver à la mer Noire. Les marchandises qui venaient par cette voie remontaient l'Indus jusqu'à l'endroit où il cesse d'être navigable; de là, elles allaient par terre jusqu'à Gaznah, marché célèbre sur la frontière de l'Inde (2); puis, traversant tout le Kandahar, elles étaient conduites à Bokhara. Elles trouvaient dans cette ville

(1) Pardessus, t. II, Introd.
(2) El Edrissi, trad. de M. Am. Jaubert, *Recueil de la Société de Géographie*, t. V, p. 440.

les caravanes de la Bactriane, où se faisait un grand commerce de coton, de laine, de riz, de fruits secs et de safran. Elles continuaient ensemble leur route jusqu'au Dgihoun (l'Oxus), d'où on les chargeait pour Astrakhan sur des chameaux, ou bien on les envoyait à Balk, l'ancienne Bactra, grande ville, très-peuplée, avec de beaux bazars où l'on trouvait toutes sortes de marchandises et de richesses (1), puis à Astrabad, dans le Mazanderan, pour traverser la mer Caspienne. Les marchands qui allaient à Astrakhan s'embarquaient sur le Volga, puis sur le Don, et arrivaient enfin à la Tana ; ceux qui traversaient la mer Caspienne remontaient le Kour, visitaient, en passant, Tiflis, capitale de la Géorgie, qui avait alors une grande prospérité (2), et descendaient le Rioni (le Phase), qui les amenait dans la mer Noire.

La conquête de Jérusalem par les Francs avait fermé aux nations maritimes de l'Italie l'importante route commerciale de la mer Rouge, et, tant qu'avaient duré les haines soulevées par les croisades, les Arabes leur avaient refusé l'entrée des ports de l'Égypte ; mais, en 1202, la république de Venise,

(1) El Edrissi, trad. de M. Am. Jaubert, *Recueil de la Société de Géographie*, t. V, p. 473.
(2) Marco Polo, lib. I, cap. v.

s'étant rapprochée des soudans du Kaire, avait obtenu le renouvellement des anciens traités. Écrasés par le monopole des Génois, devenus les maîtres du commerce à Constantinople depuis la restauration des empereurs grecs, les Vénitiens ne pouvaient contre-balancer la prépondérance de leurs rivaux qu'au moyen de relations permanentes avec l'Égypte. Un traité, conclu en 1302 avec le soudan Khalil, assurait à la république la faculté d'avoir un consul à Alexandrie et le commerce exclusif des marchandises indiennes arrivant en Égypte par la mer Rouge (1).

Cette route, moins longue, était aussi moins dispendieuse, et les relations des Génois avec le centre de l'Asie s'en ressentirent. Cependant, malgré la concurrence terrible que leur faisaient les Vénitiens établis à Alexandrie, les marchands de Kaffa continuèrent le commerce avec l'Inde par les anciennes route de la Boukharie et de Sultanieh (2).

(1) Les bulles des papes et les décrets des conciles prohibaient, sous peine d'excommunication, toutes relations avec les Sarrasins; mais Venise avait obtenu de la cour de Rome l'autorisation de trafiquer avec les infidèles; seulement il était interdit aux marchands de conduire des esclaves en Égypte et d'y porter des munitions de guerre et des armes. Cette interdiction, comme on le pense bien, était fréquemment éludée.

(2) « On ne peut se dissimuler, dit M. Pardessus dans son

S'il faut même en croire Clavijo, les épiceries de la meilleure qualité venaient par cette dernière voie, et quelques-unes, telles que le girofle, la muscade, le macis, ne se rencontraient que dans les marchés de Sultanieh et de Tauris.

beau travail sur les *Lois maritimes au moyen âge*, combien les transports par l'Asie centrale des marchandises destinées à arriver aux ports de l'Arménie ou de la mer Noire étaient coûteux, soit par la longueur ou la difficulté des voyages terrestres, soit par les risques auxquels les caravanes étaient exposées. Cependant, même aux époques où le commerce avec l'Égypte fut le plus libre, ces voies ne furent point abandonnées, parce que les souverains d'Égypte exigeaient dans leurs ports des droits considérables qui compensaient les dépenses occasionnées par les voyages à travers l'Asie. Les mesures prises pour assurer la perception des droits étaient d'une sévérité extrême. Aussitôt qu'un navire était arrivé, les préposés de la douane venaient en enlever la voile et le gouvernail, afin d'être sûrs qu'il ne partirait pas sans la permission du soudan. »

CHAPITRE IX.

Les colonies de la Krimée étendaient les rayons de leur commerce jusqu'en Chine. Des caravanes partaient directement des bords du Tanaïs pour Pe-king. Francesco Balducci Pegolotti, voyageur et associé de la fameuse maison Bardi de Florence, qui visita ces contrées éloignées en 1335, nous a conservé l'itinéraire que suivaient ordinairement les marchands européens (1).

De la Tana, ils se rendaient d'abord à Astrakhan (2): avec des chariots attelés de bœufs, on mettait vingt-cinq jours pour faire ce trajet ; mais on pouvait le parcourir en dix ou douze jours, si les chariots étaient traînés par des chevaux. En chemin, on rencontrait un grand nombre de Mongols armés. D'Astrakhan

(1) *Pratica della mercatura*, cap. 1 et seqq.

(2) En turc, Hadgi-Tarkhan. Pegolotti et Barbaro lui donnent par corruption le nom de Gintarchan.

à Seraï, marché d'esclaves très-fameux (1) et capitale du khanat de Kipjack, située sur la rivière Actuba, à peu près à l'endroit où se trouve aujourd'hui la ville russe de Zarewpod, on ne mettait qu'un jour en remontant le Volga. De Seraï, pour gagner Saratchik ou Sarakanco, ville des Tartares Nogaïs, sur la rivière Jaïk (Oural) (2), il fallait huit jours par eau. On pouvait également y aller par terre, et des deux manières le voyage était fort agréable; mais, lorsque l'on transportait des marchandises, la route par eau était moins dispendieuse. De Saratchik, on suivait les bords de la mer Caspienne jusqu'à Urgenz ou Jorzanich. Vingt jours de marche avec des chameaux étaient nécessaires pour s'y rendre.

Urgenz, bâtie à peu de distance du Dgihoun, était la capitale du royaume de Khwaresm et le centre du commerce de tout ce vaste pays, rempli de villes et de villages, et dont les habitants, dit un auteur arabe, étaient amis du bien, courageux, pleins de

---

(1) Rasmussen, *Journal asiatique*, t. V, p. 309. — Quatremère, *Notices et Extraits des Mss.*, t. XIII, p. 287.

(2) Saratchik est ruinée aujourd'hui. C'était alors une ville florissante et très-peuplée; on voit encore les vestiges de ses anciennes fortifications sur une longueur d'une lieue. Malte-Brun, *Hist. de la Géog.*, liv. XXI.

bonne foi et très-humains envers les étrangers (1). Il s'y faisait un grand trafic de soies de toute espèce: les provinces de la Perse situées sur la mer Caspienne y envoyaient de nombreuses caravanes. Pegolotti conseillait aux marchands de s'y arrêter et leur promettait un débit prompt et avantageux.

Un certain nombre de chrétiens et de juifs avaient obtenu la permission de s'établir à Urgenz. Ils pouvaient y posséder jusqu'à cent maisons; mais il leur était défendu de dépasser ce nombre (2).

En 1397, Themir-Lenk détruisit cette ville de fond en comble. Ce prince, raconte Scherefeddin, pour punir les Khwaresmiens de la guerre qu'ils avaient osé lui déclarer, se rendit à Urgenz et ordonna à tous les habitants de transférer leur domicile à Samarkand avec les richesses qu'ils possédaient: il fit ensuite raser cette grande ville jusqu'aux fondements et commanda d'y semer de l'orge (3).

En sortant d'Urgenz, les marchands remontaient au nord pour gagner Oltrar ou Farab, dans le Turkestan, rendez-vous des négociants de toute la Tartarie et de l'Asie centrale (4). On comptait trente-

_____

(1) El Bakoui. *Notices et Extraits des Mss.*, t. II, p. 513.

(2) Quatremère, *ibid.*, t. XIII, p. 288.

(3) Scherefeddin, *Hist. de Timour-Beg*, liv. III, cap. I. — Arab-Chah, liv. II, cap. IV.

(4) Abou'lfarag, *Hist. dynast.*, ap. Pococke, p. 264.

cinq à quarante jours de marche avec des chameaux. Les voyageurs qui ne voulaient point passer par Urgenz pouvaient se rendre directement de Saratchik à Oltrar. Cette route, préférée par ceux qui ne portaient point de marchandises, ne demandait que cinquante jours. En quittant Oltrar, on traversait tout le Turkestan avec des bêtes de somme et l'on se rendait en quarante-cinq jours à Almalegh, ville du pays de l'Igour, au sud du lac Balkbach. Dans ce trajet, on rencontrait tous les jours des bandes de Mongols qui couraient le pays. Soixante-dix jours étaient nécessaires pour parcourir la distance qui séparait Almalegh de Kamexu ou Khamil, sur la frontière du Tangut, non loin de la grande muraille de la Chine. Il en fallait quarante autres pour se rendre de cette ville sur les bords du Kara-Muren, nom tartare du fleuve Hoang-ho. De là les voyageurs allaient à Cassai (Kinsai), où l'on pouvait vendre avantageusement une partie des marchandises. C'était une des villes de commerce les plus grandes et les plus riches de la Chine (1). De Cassai, aujourd'hui Hang-tcheou, en trente jours, on arrivait enfin à Pe-king (Khan-Balisch) (2), capitale du vaste empire de Kathay et terme de ce long voyage.

(1) Malte-Brun, *Hist. de la Géogr.*, liv. XXI.
(2) La ville du Seigneur.

Cette route était la plus fréquentée; mais il y en avait une autre moins septentrionale. Les marchands qui, arrivés à Urgenz, voulaient suivre cette dernière, traversaient le désert de Kesna pour se rendre à Bokhara; de là ils allaient à Kachgar, pays très-commerçant. La rhubarbe y était à si bon marché que pour six *grossi* on pouvait acheter la charge d'un cheval (1). Ils gagnaient ensuite Khotan ou mieux Koustana où se faisait un grand trafic de perles, de corail, d'encens, de girofle, de musc et de drogues médicinales (2). On y fabriquait aussi de fort belles étoffes qui étaient très-recherchées (3). En quittant Koustana, les voyageurs entraient dans le désert des *sables qui chantent*, séjour des mauvais génies. Il n'y avait dans cette vaste solitude ni eau, ni herbes, et les sables, poussés par les vents, y formaient des flots et des monticules. Souvent il s'élevait un vent chaud qui faisait perdre la respiration aux hommes et aux animaux. On y entendait presque toujours des sifflements aigus, et, quand on cherchait à voir d'où ils partaient, on ne pouvait rien apercevoir (4).

(1) Odéric d'Udine, ap. Bolland., 14 janv.

(2) A. de Rémusat, *Hist. de la ville de Khotan*, trad. du chinois, *passim*.

(3) Klaproth, *Mém. sur l'Asie*, t. II, p. 291.

(4) A. de Rémusat, *Hist. de la ville de Khotan*, p. 64-65.

Les caravanes traversaient ensuite Koua-tcheou et arrivaient à Lop (Lo-pou), située près du lac de ce nom, à l'entrée d'un autre désert, celui de Góbi ou Chamo (1). Les marchands séjournaient quelque temps dans cette ville pour se fournir de vivres; car, pendant un mois après le départ, on ne trouvait aucune provision; la route traversait des steppes sablonneux et des montagnes stériles (2). En sortant du Góbi, après une marche de trente journées, on arrivait à So-tcheou, dans le Tangut; de là on se dirigeait sur Pe-king.

Tout marchand qui entreprenait le voyage de la Chine était obligé de se faire accompagner d'un interprète turkoman et de deux bons domestiques au moins qui connussent les langues tartares. Pegolotti conseillait aussi d'emmener une femme du pays : on était tenu pour être de meilleure condition et plus respecté. D'Azoff à Astrakhan, il fallait se fournir de vivres. On prenait ordinairement pour vingt-cinq jours de poisson salé et de farine. D'Astrakhan à Urgenz, il n'était pas nécessaire d'emporter des provisions; dans tous les lieux de campement, on pouvait s'en procurer à un prix très-

(1) *Góbi*, en mongol, signifie toute plaine dépourvue d'eau et d'herbe; *chamo* veut dire mer de sable.
(2) Marco Polo, lib. II, cap. XXXV.

modéré; mais, en 1405, quelques années après l'invasion du Kipjack par Thémir-Lenk, il ne restait pas une âme vivante des nombreux habitants qui peuplaient ces vastes contrées, et l'on n'y rencontrait plus que des daims et des chèvres sauvages (1).

La dépense totale d'un voyage de la Tana à Peking, y compris le salaire de l'interprète et les gages des domestiques, revenait à peu près à 300 ou 350 florins d'or. Il y avait des marchands qui dépensaient beaucoup plus; mais ceux-là, dit Pegolotti, ne savaient pas économiser. Ces détails prouvent qu'un voyage en Chine, au xive siècle, était beaucoup plus facile que de nos jours et n'avait rien que de fort ordinaire.

En arrivant à Pe-king, les marchands étaient tenus d'échanger leur or contre une monnaie du pays appelée *bubisch* et faite avec l'écorce du mûrier, durcie et coupée en petites pièces rondes portant toutes l'effigie de l'empereur. Avec cette espèce de papier-monnaie les marchands européens pouvaient parcourir les bazars de la ville et acheter partout où ils voulaient de la soie, des épiceries ou toute autre denrée. Quiconque refusait de leur vendre ou essayait de surfaire sa marchandise sous prétexte qu'elle n'était payée qu'en papier, était sévèrement

(1) Arab-Chah, trad. par Vattier, liv. III, ch. xi.

puni. La circulation de ce papier-monnaie produisait de grands bénéfices que recueillait l'empereur. Quatre *babisch* valaient un *sucam* ou lingot d'argent (5 florins) (1).

La route de la Tana à Seraï présentait seule quelques dangers ; mais les marchands avaient soin de voyager par troupes de cinquante à soixante, et, en prenant cette précaution, ils étaient aussi en sûreté au milieu des steppes du Kipjack que *dans leur propre maison* (2). De Seraï au Kathay, la route était très-sûre et l'on pouvait voyager de jour et de nuit sans aucune crainte. Quelquefois les caravanes étaient rançonnées par les Mongols, lorsqu'elles traversaient un pays dont le chef était mort récemment. Sa succession donnait presque toujours lieu à des querelles; mais ces événements étaient rares. Si un marchand mourait pendant le voyage, tout ce qu'il portait avec lui devenait la propriété du seigneur du lieu où il était enseveli. Il en était de même s'il mourait à Pe-king : l'empereur héritait de lui ;

(1) Pégolotti. — Marco Polo, lib. II, cap. XXI. — Barbaro, lib. II, cap. XIX. — Klaproth, *Mém. sur l'Asie*, t. 1, p. 375 et seqq.

(2) « Dalla Tana in Saraï è meno sicuro il cammino che non è tutto l'altro; ma se gli fussono 60 uomini, quando il cammino è in piggiore condizione, andrebbe bene sicuro come per casa sua. »

mais son frère, ou un ami se disant tel, pouvait réclamer les marchandises, qui lui étaient presque toujours rendues (1).

Les négociants européens suivirent pendant longtemps ces deux routes de la Chine; mais, dans les premières années du xv⁰ siècle, ils cessèrent de les fréquenter. Les hordes mongoles parcouraient, à cette époque, le Kipjack, le Khwaresm, le Turkestan, portant en tous lieux la désolation, et non-seulement Urgenz, mais Astrakhan, Seraï, Almalegh, prises et saccagées, furent alors réduites en cendres (2). Toutes ces villes, détruites par l'ordre de Themir-Lenk, étaient les principales stations de la grande route du Kathay, et ce fut sans doute ce qui causa leur ruine. Le conquérant mongol voulait faire de Samarkand, qu'il avait choisie pour le siége de son empire, la première ville du monde et y concentrer le commerce de toute l'Asie : il devait tout d'abord pour cela faire disparaître les autres grands centres de commerce et de population.

Clavijo, qui vit Samarkand quelques mois avant la mort du roi tartare, nous en a laissé la description (3). La ville n'était pas très-grande, mais les

(1) Pegolotti.
(2) Scherefeddin, liv. III, ch. ix.
(3) *Ibid.*, liv. III, ch. xxxi-xlix. — Arab-Chah, liv. V, ch. xiv.

faubourgs et les jardins étaient immenses; ils s'étendaient dans toutes les directions à une grande distance. Themir-Lenk prélevait dans toutes les villes qu'il soumettait à son empire un certain nombre d'habitants pour être envoyés à Samarkand ; les artisans le plus habiles, les maîtres des sciences et des arts étaient choisis de préférence : docteurs de la loi, médecins, peintres, architectes, tisserands en soie, tailleurs d'habits, teinturiers (1). Les émirs avaient également l'ordre d'arrêter toutes les personnes indigentes qui parcouraient le pays et de les conduire dans la capitale de l'empire. Plus de cent cinquante mille hommes y furent transportés de cette manière. Les maisons ne suffisaient pas pour contenir toute cette immense population, et des huttes construites dans les faubourgs servaient d'asile aux habitants les plus pauvres. Ces derniers cherchaient continuellement à s'échapper; mais l'empereur faisait garder soigneusement tous les chemins qui conduisaient au Dgihoun, et sans sa permission personne ne pouvait passer le grand pont de bateaux établi sur ce fleuve (2).

Le commerce de Samarkand était considérable. Les Tartares et les habitants de la Sibérie y appor-

(1) Voir pièces justificatives, n° 9.
(2) Clavijo, *Hist. del Gran Tamerlan*, folios 40-58.

laient des cuirs, des pelleteries et des toiles. De la Chine il y venait des étoffes de soie, du musc, des perles, des pierres précieuses et de la poudre d'or. Elle avait aussi des relations avec l'Inde, d'où elle recevait les épiceries fines, telles que le girofle et le macis (écorce intérieure de la muscade). Clavijo répète à ce sujet l'observation qu'il avait déjà faite à propos du commerce de Sultanieh, que ces sortes d'épices ne se rencontraient pas dans les marchés d'Alexandrie.

Les marchands de Kaffa, ne pouvant plus se rendre au Kathay par Astrakhan et Urgenz, visitèrent Samarkand et se contentèrent de recevoir de seconde main les marchandises de la Chine. Des caravanes partaient tous les trois mois des bords du Dgihoun, se rendaient à Balk, où s'embranchait, comme nous l'avons vu, la route des caravanes qui se dirigeaient vers la mer Caspienne, franchissaient un désert, puis traversaient Nishapore, Caswin, Sultanieh, et arrivaient à Tauris (1). Themir-Lenk avait établi sur toute la route des stations réglées où un certain nombre de chevaux étaient toujours prêts pour le service des voyageurs.

(1) Abou'lféda, *Opus Geogr.*, p. 312-332-330. — Marco Polo, *passim*.

Tauris, *ville aussi fameuse que Paris en France* (1), *merveilleusement grande, célèbre et florissante,* était le premier entrepôt de la Perse. Elle renfermait les plus magnifiques bazars qu'il fût possible de voir, et l'on y comptait jusqu'à trois cents caravansérails ; le *kaiserieh* ou marché royal excitait surtout l'admiration. De toutes les contrées de l'Asie, des caravanes arrivaient à Tauris, et il n'y avait point de marchandises que l'on ne pût s'y procurer (2).

Les Génois possédaient dans cette ville un comptoir très-important qui dirigeait le commerce entre l'Inde et la Krimée. Un consul, assisté d'un conseil de vingt-quatre marchands, administrait la colonie; ses fonctions duraient six mois et sa juridiction s'étendait sur tous les sujets de la république établis dans les provinces de Tauris, de Sultanieh et d'Astrabad (3). Les marchands génois avaient obtenu

(1) « Città cosí famosa come Parigi in Francia. » Ramuzio, t. I, p. 326.

(2) Clavijo, f° 30, v°. — Chardin, *Voy. en Perse*, t. I, p. 255.

(3) *Ordinatio Tauritii.* Voir pièces justificatives, n° 10. — Une des premières obligations du consul était de veiller avec soin à ce que les expéditions des caravanes dirigées de Tauris vers la mer Noire se fissent toujours régulièrement et selon les règles établies. Une ordonnance fixait l'espèce et la qualité des bêtes de somme qui devaient être employées, le nombre des hommes chargés de les conduire et la quantité de marchandises que chaque négociant pouvait expédier.

des khans tartares, maîtres de la Perse, des priviléges commerciaux très-étendus. Non-seulement ils
jouissaient de toutes les franchises accordées habituellement aux chrétiens dans les pays musulmans,
mais, dans un grand nombre d'occasions, ils étaient
exemptés de tribut. La colonie génoise était sous
la protection spéciale du souverain. Les relations de
la Perse avec les nations de l'Occident étaient alors
plus fréquentes qu'elles ne le sont aujourd'hui, et
c'était par le moyen des Génois que les rois tartares
communiquaient avec l'Europe. Ils consultaient
dans toutes leurs affaires les marchands italiens et
les employaient souvent dans des missions diplo-
matiques. Biscarello de Gisulfo, noble génois (1),
fut envoyé deux fois comme ambassadeur en Europe:
la première au pape Nicolas IV par le khan Argoun,
et la seconde, en 1303, aux républiques d'Italie (2).

Les Génois essayèrent de profiter de leur crédit
auprès des khans pour obtenir la permission de se
fortifier dans Tauris. Il paraît que l'un de ces princes, sans trop réfléchir à ce qu'il faisait, leur permit
d'acheter un terrain près de leurs habitations et d'y

(1) Biscarellus de Gisulfo, nobilis vir, civis januensis. *Acta
Rymer.*, t. II, p. 429.

(2) A. de Rémusat, *Mém. de l'Acad. des Inscript.*, t. VIII,
p. 363. — Ch. d'Ohsson, *Hist. des Mongols*, t. IV, p. 71.

bâtir une forteresse; mais il ne tarda pas à se repentir de cette concession, et les marchands, qui avaient déjà commencé leurs travaux de fortification, reçurent tout-à-coup l'ordre de les suspendre. Ils ne tinrent point compte de cette défense et continuèrent à élever leurs murailles. Le khan, prétendaient-ils, ne pouvait leur retirer le droit qu'il leur avait accordé; ce terrain, d'ailleurs, leur appartenait : ils l'avaient acheté assez cher, et ils étaient libres d'y bâtir ce qu'ils voulaient. Le prince leur fit répondre qu'il ne leur défendait point de construire une forteresse sur le terrain qu'ils avaient acheté, il ne niait point le leur avoir permis et il le leur permettait encore; mais, avant toute chose, ce terrain devait être transporté hors du royaume; car, dans ses États, il ne voulait point d'autres forteresses que les siennes. Il ajoutait que, s'ils ne cessaient point à l'instant les travaux qu'ils avaient commencés, il se verrait obligé, à son grand regret, de leur faire couper la tête à tous. Ce dernier argument persuada les Génois, qui n'essayèrent plus de résister à un ordre donné de cette manière (1).

Les marchands de Kaffa expédiaient à Tauris des draps de toute espèce, des velours, des pelleteries et des toiles qui, de cette ville, étaient répandus

(1) Clavijo, f° 30, v°.

dans toute la Perse. Ils recevaient en retour de la soie, du coton, de la rhubarbe, de l'indigo, du bleu d'outremer, de la laque et des perles (1). Toute marchandise introduite et vendue par les chrétiens était taxée à dix pour cent de sa valeur; les musulmans ne payaient que la moitié de ce droit (2). Si l'on en croit Schildberger, le produit des douanes de Tauris excédait les revenus du plus riche souverain de l'Europe (3). En 1460, elles étaient affermées à un entrepreneur qui en tirait plus de 60,000 ducats. Ainsi que chaque prostituée, obligée de payer une certaine somme tous les jours, proportionnée à ses charmes, chaque boutique du bazar devait également acquitter un tribut selon sa valeur. On rencontrait à Tauris un grand nombre d'Arméniens et de Turkomans; on y trouvait aussi beaucoup de juifs, mais ils n'y résidaient pas et s'y rendaient seulement pour affaire de commerce (4).

(1) Pegolotti, 7.

(2) *Voyage d'un marchand en Perse*, ch. vii, ap. Ramuzio, t. II. — En 1335, lorsque Pegolotti visita Tauris, les droits que payaient les marchands européens n'étaient que de cinq pour cent.

(3) Pardessus, t. III, introd., p. 22.

(4) *Voyage d'un marchand en Perse*, ch. vii.

CHAPITRE X.

COLONIES LATINES DE TRÉBISONDE, DE SINOPE ET D'AMASRA.

Une grande route qui traversait l'Arménie conduisait de Tauris à Trébisonde, sur la côte méridionale de la mer Noire; les marchandises de l'intérieur de la Perse et une partie de celles qui venaient par la mer Caspienne étaient dirigées vers cette ville. On comptait à peu près trente jours de marche de Tauris à Erzeroum et cinq à six, à travers les montagnes, d'Erzeroum à la mer Noire. Trébisonde, capitale d'un petit empire grec, indépendant de celui de Constantinople, avait alors une haute importance commerciale. Cette noble ville, dont les habitants sont braves comme des Spartiates, dit un écrivain grec, pleine de savants qui vont méditer sous ses frais ombrages, et d'ouvriers habiles en tous genres (1), était l'entrepôt de toutes les nations chrétiennes qui habitaient la Géorgie,

______
(1) Eugenius, ap. Lebeau, édit. Saint-Martin, t. XX, *ad finem.*

la haute Arménie et l'ancienne Cappadoce. Tous les ans il s'y tenait une foire considérable où se rendaient un grand nombre de musulmans, de Grecs, de Latins et de commerçants de tous les pays (1). On trouvait dans les bazars de Trébisonde jusqu'aux étoffes fabriquées par les Russes (2). Les Génois et les Vénitiens s'y étaient établis, ainsi qu'à Kérésoun, la seconde ville de l'empire. Bâties toutes deux en amphithéâtre et défendues par de bonnes fortifications, Trébisonde et Kérésoun étaient entourées de vergers et de jardins magnifiques. Toute la côte qui s'étendait entre ces deux villes, cultivée avec soin et couverte de vignobles, de prairies et d'arbres superbes, présentait un coup d'œil enchanteur.

Le commerce que faisaient les marchands italiens avec Trébisonde était très-considérable. La république de Gênes avait conclu, à la fin du XIII° siècle, avec le souverain de cet État borné, mais opulent, un traité solennel qui lui assurait la liberté de trafiquer dans tout l'empire et la faculté d'avoir un consul à Trébisonde. Une bulle d'or spécifiait les franchises importantes concédées par

(1) Massoudi, ap. Klaproth, *Magasin asiatique*, 1825, p. 261.
(2) Eln Haukal, ap. Ch. d'Ohsson, *Des Peuples du Caucase*, p. 26.

l'empereur Alexis Commène aux marchands génois. Le texte n'en a pas été publié; mais Marin nous fait connaître celles que les Vénitiens obtinrent, en 1303, du même empereur, et il dit qu'elles étaient semblables à celles des Génois (1).

Le traité portait qu'ils auraient un comptoir principal à Trébisonde et des établissements dans toutes les autres villes de la domination impériale, où ils devaient trouver protection, sûreté et bons traitements. L'empereur leur reconnaissait le droit d'exercer librement toute espèce de négoce dans l'une comme dans les autres, en ne payant que vingt aspres d'imposition pour chaque cargaison de marchandises. Celles importées et vendues aux sujets de l'empire étaient taxées à trois pour cent de leur valeur, plus un et demi pour le pèsement. Les acheteurs devaient le même droit; mais, si acheteurs et vendeurs étaient Génois, ils ne payaient qu'un et demi, et même, s'il s'agissait d'étoffes de soie ou d'autres objets, qu'on n'était pas dans l'habitude de peser, ils payaient seulement un pour cent. Les perles et les pierres précieuses n'étaient soumises qu'à un droit de vingt aspres et pouvaient être introduites dans l'empire, vendues ou en être tirées, ainsi que l'or et l'argent, sans la moindre opposi-

(1) Marin, *Commercio de' Venez.*, t. IV, lib. II, cap. v.

tion. Les marchandises qui restaient emballées, c'est-à-dire qui ne se vendaient pas dans le pays, étaient exemptes de tout tribut. Le même traité réglait ce qu'e devaient payer les marchands qui arrivaient à Trébisonde par la voie de terre (d'Erzeroum et de Tauris) : les droits étaient fixés à 12 aspres d'entrée par charge et un pour cent de toutes les marchandises qui seraient vendues. Une clause expresse permettait aux négociants italiens d'avoir des mesures et des balances particulières.

Un vaste terrain sur le port était concédé par l'empereur à la nouvelle colonie pour y construire des maisons, une fonde et une église, desservie, au choix de la commune, par des prêtres ou des moines. Les marchands avaient également la faculté de désigner l'un d'entre eux pour être consul et rendre la justice. Il était dit que ce magistrat suprême de la colonie aurait la même autorité que le podestat de Constantinople et pourrait tenir dans sa maison des nobles, des domestiques et des trompettes ou timbaliers pour le précéder lorsqu'il sortirait.

Ce traité, renouvelé quelques années plus tard, reçut des modifications; les marchands obtinrent quelques diminutions de droits; mais, dit l'historien Sauli, la prospérité rend les hommes insolents, et les commerçants latins, fiers de leur marine et de leurs grandes richesses, oubliaient souvent que la modération doit être la première vertu de celui qui s'est voué aux opérations commerciales. Les Francs, dont l'arrogance était insupportable, ne tenaient aucun compte des édits et ordonnances des princes grecs ; ils traitaient les habitants de Trébisonde avec tout le dédain des gens enrichis et ne perdaient aucune occasion de leur faire sentir l'espèce de joug mercantile qu'ils leur avaient imposé. De leur côté, les Grecs de Trébisonde, moins avilis que ceux de Constantinople, ne cachaient pas l'indignation que leur causaient les manières hautaines des négociants latins ; à leurs menaces ils répondaient par des menaces, et à leur mépris par le mépris. De là naissaient de fréquentes querelles. Les droits de douane et autres impositions, rigoureusement exigés par l'empereur, qui accueillait bien tous les marchands, mais ne les ménageait pas, ajoutaient encore aux griefs réciproques. Les navires, en entrant et en sortant, devaient se soumettre aux visites des douaniers impériaux qui, à la moindre contravention, mettaient les marchands à l'amende. Peu habitués à un semblable traitement, les commerçants italiens ne supportaient pas, sans se plaindre, les vexations des officiers grecs ; mais on ne les écoutait pas.

Les Génois, plus impatients que les Vénitiens, essayèrent, en 1306, de s'affranchir de ces contributions arbitraires, dont profitait le trésor impérial.

L'empereur de Constantinople leur avait concédé les plus grandes exemptions, et leur dignité s'opposait à ce qu'ils permissent plus longtemps à un petit prince comme celui de Trébisonde de leur dicter des lois. A Galata, ils étaient libres d'aller et de venir sans être obligés de rendre compte à qui que ce fût de leurs actions; leurs marchandises étaient franches de tout droit et leurs navires n'étaient soumis à aucun contrôle. Ils avaient un vaste quartier, défendu par une bonne muraille, où ils pouvaient bâtir des maisons, des boutiques, des magasins, sans en demander la permission et sans rien payer. Ils n'étaient justiciables que de leurs magistrats, et le podestat pouvait seul les condamner lorsqu'ils contrevenaient aux traités (1). A Trébisonde, au contraire, rien ne les protégeait contre la rapacité des officiers impériaux. Chaque jour, c'étaient de nouvelles exigences, de nouvelles impositions, et lorsqu'ils réclamaient, on refusait de les écouter. Cet état de choses ne pouvait durer plus longtemps : ils voulaient les franchises dont ils jouissaient à Constantinople, ou ils menaçaient de quitter Trébisonde.

Le conseil des vingt-quatre marchands (2) se ren-

(1) Sauli, *Stor. di Galata*, t. II, p. 222.
(2) « Officium mercatorum viginti quatuor. »

dit auprès de l'empereur et lui apprit la résolution qui avait été prise en commun. Ils demandaient une forte diminution sur les droits qu'ils avaient payés jusqu'alors, la faculté de n'être jugés dans toutes leurs contestations que par des magistrats nationaux, et un plus vaste emplacement sur le port pour y construire des maisons, des magasins et un château. Si on repoussait leur *juste* réclamation, ils étaient décidés à se retirer à Constantinople et à cesser toute relation avec l'empire.

Le prince de Trébisonde n'était nullement disposé à leur accorder les franchises qu'ils demandaient. Il se trouvait trop bien de la règle de conduite qu'il avait adoptée à l'égard des négociants italiens. Il savait d'ailleurs ce qu'il en avait coûté aux souverains de Constantinople à se fier à ces audacieux marchands. Les Génois avaient exigé que les Grecs renonçassent à tout exercice de navigation ; ils ne leur permettaient même pas de pêcher à l'entrée du port et s'étaient approprié jusqu'aux douanes et aux droits seigneuriaux du Bosphore, dont ils tiraient un revenu de 300,000 florins (1). L'empereur de Trébisonde, qui voulait garder son indépendance, répondit aux marchands qu'il ne changerait rien aux anciennes capitulations ; ils étaient

____

(1) Nikeph. Gregoras, *Hist. byzant.*, lib. XVII, cap. 1.

libres de se retirer à Constantinople, si elles ne leur convenaient plus; mais, avant de partir, il leur conseillait de payer aux officiers des douanes les sommes dues par eux pour les dernières marchandises qu'ils avaient introduites; autrement il se verrait dans la nécessité de s'opposer à leur départ.

Les Génois n'étaient point accoutumés à de semblables réponses de la part des Grecs. Exaspérés par le refus de l'empereur et plus encore par la menace qu'il avait osé leur faire, ils se retirèrent en jurant qu'ils ne paieraient rien, se disposèrent aussitôt à quitter Trébisonde et firent porter sur le port toutes leurs marchandises; mais l'empereur avait résolu de faire respecter son autorité, et les Génois commençaient à peine à embarquer leurs effets, lorsqu'un officier, suivi d'un fort détachement de la garde ibérienne (1), se présenta au milieu d'eux et les somma d'acquitter les droits qu'ils avaient négligé de payer. Sur leur refus, il se mit en devoir de saisir les marchandises. Les Génois voulurent résister, et un combat s'engagea. Moins nombreux que les soldats, ils essayèrent de les détourner en

(1) « Les soldats qui composent l'armée de l'empereur de Trébisonde, dit un historien arabe, sont peu nombreux et mal équipés; mais ce sont autant de héros, autant de lions redoutables, qui ne laissent jamais échapper leur proie. » Quatremère, *Notices des Mss.*, t. XIII, p. 380.

mettant le feu à quelques maisons du faubourg; l'incendie fut terrible et causa beaucoup de dommages aux habitants; le palais de l'arsenal fut brûlé (1); mais, comme si le ciel eût voulu punir les Génois de leur perfidie, un vent violent, qui s'éleva tout à coup, chassa les flammes vers le port, au lieu de les porter vers la ville, et toutes les marchandises furent réduites en cendres.

C'était une perte immense, et les marchands consternés humilièrent leur orgueil; ils demandèrent pardon, s'engagèrent par serment à payer, à l'avenir, avec exactitude les droits reconnus, et promirent de ne plus résister aux ordres de l'empereur. Ce prince consentit à tout oublier (2).

Mais il n'était pas facile de contenir les négociants italiens dans les bornes, que leur opulence et leur fierté naturelle les disposaient trop souvent à franchir. La bonne harmonie ne tarda pas à être troublée de nouveau. En 1348, une nouvelle insolence des marchands génois ayant soulevé contre eux toute la population, l'empereur les obligea de sortir de Trébisonde. Tous les établissements qu'ils avaient fondés sur les côtes de l'empire furent détruits. Les

(1) Michel Panarète, *Chron. de Trébisonde*, ap. Lebeau, édit. Saint-Martin, t. XX.

(2) Pachymère, *Hist. byzant.*, lib. V, cap. xxxix.

Génois se vengèrent, en pillant et brûlant Kérésoun, de la ruine de leurs comptoirs (1). L'année suivante, *après beaucoup de pourparlers, de contestations et de propositions*, la paix vint enfin rétablir les relations commerciales, mais sans rien changer aux anciens traités. L'empereur ne voulut en aucune manière entendre parler des franchises de Galata. Il permit seulement aux marchands italiens de s'établir de nouveau à Trébisonde et d'y faire le commerce comme par le passé. Les Génois ne purent obtenir de lui la moindre garantie pour l'avenir.

Quelques années plus tard, un soufflet, donné à un de leurs négociants, leur valut enfin ces priviléges tant désirés. Megollo Lercari, riche marchand de Kaffa (2), jouant un jour aux échecs dans le palais impérial avec un jeune noble de la cour, une question s'éleva entre eux et le Grec osa souffleter Megollo. Celui-ci demanda justice à l'empereur ; mais le jeune noble était un des mignons du prince, qui refusa toute espèce de satisfaction. Megollo n'insista pas. Il quitta aussitôt Trébisonde et partit pour Gênes. Ses parents et ses amis reçurent à la fois

(1) Michel Panarète, *Chron. de Trébisonde*, p. 488.

(2) Bizarro Sentinati, *Hist. genuens.*, lib. VII, p. 147 : « Megollus Lercarus, inter caeteros, qui Caphæ varias negotiationes exercebant. »

l'avis de son retour et l'invitation de se rendre auprès de lui. Le marchand, vêtu de deuil, les accueillit dans un sombre silence et leur fit signe de s'asseoir autour d'une table recouverte d'un drap noir. Ses parents ne comprenaient rien à une réception si étrange; ils étaient accourus tout joyeux pour le féliciter sur son retour, et ce froid accueil les glaçait. L'un d'entre eux lui demanda enfin ce que signifiaient ces habits de deuil : personne de la famille n'était mort.

« Ce deuil que je porte, répondit Megollo, est celui de mon honneur. A Trébisonde, un misérable a osé me frapper au visage. Vainement j'ai demandé satisfaction : un refus hautain a été la réponse de l'empereur. J'ai résolu alors de me faire justice moi-même. C'est dans cette intention que je suis revenu à Gênes, et je vous ai réunis pour vous associer à ma vengeance. »

Tous approuvèrent sa résolution et promirent de le seconder de tout leur pouvoir. Megollo, avec leur aide, recruta un bon nombre de jeunes volontaires, arma deux galères et remit à la voile pour Trébisonde. Pendant deux ans, il parcourut les côtes de l'empire, le fer et la flamme à la main, arrêtant tous les navires grecs qu'il rencontrait, ruinant le commerce, dévastant, pillant et brûlant les nombreux villages qui bordaient la mer Noire.

Il se plaisait surtout à faire des prisonniers, ordonnait de leur couper le nez et les oreilles, et les renvoyait en cet état à Trébisonde. Les ravages du terrible Génois effrayèrent tellement l'empereur, qu'il consentit enfin à abandonner son favori. Le jeune noble, premier auteur de toutes ces calamités, fut conduit à Megollo, enchaîné comme un criminel.

« Me voici, lui dit-il en se jetant à ses pieds; je suis prêt à expier ma faute, et tu peux faire de moi ce qu'il te plaira. »

Il s'attendait à une mort cruelle; mais Megollo, après l'avoir considéré quelques instants d'un air sombre, lui fit signe de se relever.

« Je ne me suis jamais vengé sur une femme, lui répondit-il; tu es libre. Retourne auprès de ton maître, et dis-lui que j'oublierai le passé s'il consent à accorder à mes compatriotes les priviléges de commerce qu'il leur refuse depuis si longtemps. »

Le *très-invincible* empereur de Trébisonde, le puissant souverain *de toute l'Anatolie, des Ibériens et du pays de l'Euphrate* (1), comme il s'intitulait fastueusement, fut obligé de souscrire aux conditions

____

(1) « Imperator totius Anatoliæ, Iberorum atque regionis circà Euphratem Magnus Comnenus. » — *Codices Mss., Bibl. Taur.* Turin, 1749, in-folio, t. I, p. 227.

que lui dictait un simple négociant. Le texte du traité conclu par Megollo avec l'empereur n'a pas été retrouvé dans les archives de Gênes, et l'on ignore à quelles conditions les habitants de Trébisonde obtinrent la paix de l'audacieux marchand. L'une des principales clauses fut sans doute la permission accordée aux Génois de construire dans la capitale de l'empire, sur le bord de la mer, un lieu fortifié pour servir de dépôt à leurs marchandises. Lorsque l'ambassadeur espagnol Clavijo, se rendant à Samarcand, passa par Trébisonde, en 1404, il remarqua à l'entrée du port deux châteaux sur lesquels flottaient les bannières de Gênes et de Venise (1).

Les négociants latins expédiaient à Trébisonde des draps d'Europe, des tissus de soie et de coton, de l'huile, de la quincaillerie. Ils en exportaient des bois de construction, de la soie écrue, des toiles de lin, dites de Trébisonde, et très-renommées à Constantinople, du kermès, d'une grande importance alors pour la teinture de l'écarlate, et de l'alun, qui passait pour être de première qualité. Pégolotti nous apprend qu'il s'en débitait par an jusqu'à quatorze mille quintaux. Les Vénitiens tra-

____

(1) Une colline, à l'extrémité du port, s'appelle encore aujourd'hui *Montagne des Francs* (French-Hissar).

fiquaient aussi sur le vin, qu'il leur était permis de vendre en gros et en détail; le tonneau dans le pays revenait à peine à un florin (1).

Les marchands italiens tiraient une grande utilité de leur position à Trébisonde. Cette ville leur ouvrait une communication facile avec la Haute-Arménie, où ils faisaient un commerce très-avantageux. Les Vénitiens et les Génois avaient avec les rois de ce pays des traités qui les exemptaient de toute gabelle et les autorisaient à acheter librement ou à vendre toute espèce de marchandises. Ils ne payaient qu'un droit de courtage et quelques autres faibles impositions (2). A Erzeroum, capitale de la province, située à peu de distance de la branche septentrionale de l'Euphrate, cité très-florissante par son industrie et son commerce, à Kars, à Bayazid et dans les autres villes du royaume, ils possédaient des maisons, des boutiques, et jusqu'à des hôtelleries, avaient le droit de battre monnaie et jouissaient de la plus grande franchise pour traverser le pays avec les marchandises qu'ils tiraient de la Perse ou qu'ils y transportaient de la mer Noire (3).

(1) Barbaro, *Voy. en Perse*, liv. II, ch. xxvii.

(2) Saint Martin, *Notices et Extraits des Mss.*, t. XI, p. 97 et seqq.

(3) Filiasi, *Antico Commercio di Venezia*, p. 38-40.

Les marchands, à leur arrivée, n'étaient point tenus d'ouvrir leurs ballots, de les faire marquer et de faire enregistrer leurs effets. Si un Génois ou un Vénitien mourait *ab intestat*, les officiers royaux n'avaient point le droit de s'emparer de ses marchandises; elles devaient être livrées au consul, qui en disposait comme il l'entendait. De même, si un marchand de l'une ou de l'autre nation possédant des biens dans le royaume par don du souverain, mariage ou alliance, venait à mourir sans héritiers, ses biens étaient dévolus à la commune. Les possessions héréditaires étaient seules exceptées; elles revenaient au domaine royal. Les Vénitiens, en Arménie, comme à Trébisonde, avaient la faculté de faire du vin et de le débiter en gros et en détail, sans payer l'impôt. Il leur était aussi permis de se livrer au commerce des métaux; à Karpath, sur la route de Trébisonde à Tauris, ils exploitaient une très-riche mine d'argent (1). Si une contestation s'élevait entre deux marchands italiens, vénitiens ou génois, le roi désignait une personne sage de leur nation pour accommoder le différend; mais la question était décidée par les juges de la cour, si la contestation avait lieu entre un marchand franc et un Arménien.

(1) Marin, t. IV, p. 165.

La soie, le safran, le coton, que l'on cultivait dans le pays, et la laine ou *kamel* des chèvres d'Angora, étaient les principaux objets d'échange. Ce dernier article était très-recherché pour les étoffes lustrées appelées *camelots* (1). La fabrication de ces tissus était permise aux Vénitiens, et les ouvriers qu'ils y employaient étaient exempts de toute contribution (2). Pendant longtemps les marchands de Venise possédèrent seuls le privilége d'exporter cette précieuse marchandise; mais en 1261, lorsque les Génois devinrent à leur tour les dominateurs de la mer Noire, il fallut partager avec eux.

Sinope, située sur une langue de terre qu'un auteur arabe compare à la taille élancée d'une jeune fille, était le grand dépôt des poils soyeux d'Angora. Cette ville, capitale d'une petite principauté démembrée de l'empire de Trébisonde et possédée par un émir, était un point important de communication avec les Turcs de l'Asie-Mineure. Son territoire renfermait de nombreuses mines de cuivre, exploitées par les marchands italiens. Les deux tiers des revenus du prince étaient produits par ces

(1) Formaleoni, *Navigazione del mar Nero*, cap. XXIII.

(2) Filiasi, *Saggio sull' antico commercio di Venezia*, p. 39 : « Concedimus Veneticos in terris nostris texentes Zambellotos sint liberi ab omni regaliâ. »

mines (1). Sinope faisait aussi un grand trafic de munitions navales, de câbles, de cordages, d'huile de poisson et de thonines, qui abondaient dans ces parages. Les Génois possédaient encore sur la côte méridionale de la mer Noire deux autres échelles : Amasra, entre Constantinople et Sinope, et, à l'est de cette dernière ville, Samsoun, où ils avaient un château (2), et où résidait un consul (3).

L'établissement d'Amasra était surtout important. Son commerce par lui-même était peu considérable : des fruits secs et quelques munitions navales étaient tout ce que l'on en tirait; mais sa position entre Constantinople et Trébisonde lui donnait une grande valeur. Elle était comme le centre du commerce entre ces deux capitales grecques. La ville appartenait en toute propriété aux Génois. Située dans une petite presqu'île, elle était protégée à l'est et à l'ouest par un double port; celui de l'ouest ne pouvait recevoir que de petits navires, mais la rade à l'est était praticable pour toutes sortes de vaisseaux. Les Génois avaient entouré d'une forte muraille la partie de la ville construite sur une hau-

(1) Chalcondyle, liv. IX, p. 202.
(2) Clavijo, f° 20.
(3) *Impositio Officii Ghazariæ.*

teur, et jointe seulement au continent par un isthme
fort étroit et très-facile à défendre (1).

(1) Clavijo, L. C : « La villa de Samastro es de Genoveses, é
está en la tierra della Torquia, junta con el mar en un otero
muy alto, e delante deste cerro, mas adentro en el mar, está
otro tan alto, que es junto con el en que está la villa, e cercalos
unos a dos una cerca é del un cerro, que es muy alto; al otro
está un arco muy grande en demasia dó puente por do passan,
e ha dos puertos, uno de un cabo e otro de otro cabo; e la villa
es pequeña e las casas pequeñas. »

CHAPITRE XI.

Le 29 mai 1453, Constantinople, après cinquante
jours de siége, fut emportée d'assaut par les Turcs.
Cette conquête importante mettait entre leurs
mains le domaine de la mer Noire. Maîtres des deux
passages de l'Hellespont et du Bosphore, ils pouvaient à leur volonté permettre ou interdire la navigation du Pont-Euxin.

Lorsque la chute des murailles ouvrit la ville impériale aux Ottomans, les Génois, profitant du moment où le pillage occupait les soldats turcs, abandonnèrent Galata et se retirèrent sur leurs navires
avec ce qu'ils avaient de plus précieux. Un pacha se
rendit auprès d'eux de la part de Mohammed et les
assura qu'ils pouvaient en toute sûreté revenir à
Constantinople. Le sultan promettait non-seulement de respecter leurs propriétés, mais il était
prêt à leur accorder les plus grandes franchises, la
possession du vaste quartier qu'ils avaient occupé

jusqu'alors et l'exemption de toute espèce de droits dans les ports de l'empire. Le plus grand nombre des marchands retournèrent à Galata. Ils se disaient qu'ils s'étaient effrayés à tort et que l'établissement des Turcs à Constantinople ne menaçait point leurs intérêts commerciaux, comme d'abord ils l'avaient cru. L'empire avait changé de nom et de maître, voilà tout ; et la démarche de Mohammed était un sûr garant de ses bonnes intentions à leur égard. Ils pensaient qu'ils en seraient quittes pour un simple hommage de formalité, au moyen duquel le sultan leur confirmerait tous leurs anciens priviléges et même l'indépendance qu'ils s'étaient arrogée. Les principaux marchands de la colonie se rendirent en grande cérémonie auprès du nouvel empereur et lui remirent solennellement les clefs de la ville génoise, le suppliant avec toute sorte de soumissions de vouloir bien les maintenir dans la possession de leurs franchises (1). Ils comptaient que Mohammed leur rendrait les clefs de Galata ; mais celui-ci prit ou feignit de prendre au sérieux ce qui n'était qu'une comédie de la part des Génois. Il garda les clefs et, dès ce moment, considéra Galata comme sa conquête, aussi bien que Constantinople.

(1) Lettre écrite de Péra, le 23 juin 1453, *Notices et Extraits des Mss.*, t. XI, p. 75. — Voir pièces justificatives, n° 11.

Le lendemain, lorsque les mêmes députés se présentèrent pour réclamer l'exécution des promesses que le pacha était venu leur faire, Mohammed les reçut fort mal.

« J'apprends à l'instant, leur dit-il, que, pendant le siége, vous avez aidé les Grecs contre moi (comme s'il ne le savait pas déjà) ; le secours que vous leur avez prêté est la seule cause de la longue résistance qu'ils m'ont opposée. Et maintenant vous venez me demander des franchises !... Je devrais vous faire pendre tous. »

Le sultan jouait aussi la comédie ; mais il savait mieux s'en acquitter que les Génois. Les marchands furent tellement effrayés qu'ils se regardèrent comme fort heureux de pouvoir renoncer à leurs anciennes capitulations et d'accepter le nouveau traité que leur offrait Mohammed. Ce prince leur accordait la liberté de trafiquer dans toutes les villes de sa domination et leur laissait la possession de leurs maisons, de leurs vignes, de leurs moulins, de leurs navires. Il leur permettait même de conserver leurs églises ; mais il défendait de sonner les cloches. Les habitants avaient la faculté d'élire un podestat pour administrer leurs affaires de commerce et ne pouvaient être soumis à aucun droit de douane ni à aucun service forcé. Défense était faite de prendre leurs enfants pour les enrôler dans les *ortas* des janissaires ou pour les convertir à la foi musulmane ; mais, pour prix de ces avantages, ils devaient payer un tribut annuel, consentir à la démolition de leurs murailles et livrer toutes leurs armes (1).

Le sultan se rendit lui-même à Galata, cinq jours après la prise de Constantinople, et fit raser en sa présence toutes les murailles du côté de la terre ; il ne laissa subsister que les fortifications du port (2). La confiscation des biens meubles et immeubles de tous les Génois qui avaient fui fut ensuite prononcée. Mohammed permit seulement de prévenir ceux qui s'étaient retirés à l'île de Khios et s'engagea à leur rendre leurs biens, s'ils revenaient dans un délai de trois mois (3). Considérant dès lors Galata comme un faubourg de Constantinople, le sultan la soumit à la même destinée. Bien qu'il eût promis de protéger et de défendre les habitants comme sa propre personne (4), il ne leur laissa qu'une ombre de liberté. La colonie génoise ne fut pas seulement obligée de payer des contributions de guerre, mais abandonnée encore au pillage des

(1) Sauli, *Storia di Galata*, t. II. — De Hammer, *Hist. des Ottomans*, t. II; pièces justificatives, p. 523 et seqq. — Lettre écrite de Péra.

(2) Dukas, *Hist. byzant.*, liv. XLII, p. 176.

(3) Lettre écrite de Péra, *loco citato*.

(4) *Capitulation de Galata*, ap. de Hammer, t. II, p. 525.

soldats et forcée d'acquitter le tribut honteux des enfants destinés au harem ou au service militaire.

Les Vénitiens ne furent pas mieux traités que les Génois. Tous les marchands de cette nation qui se trouvaient à Constantinople lorsque les Turcs y entrèrent furent arrêtés par ordre du sultan et jetés en prison. Le lendemain, Mohammed, ayant fait amener sur la place du marché aux femmes le bayle, son fils et sept des principaux Vénitiens, leur fit trancher la tête ainsi qu'au consul des Catalans (1). La république ne chercha point à tirer vengeance de la mort de son ambassadeur ; elle essaya, au contraire, par toute sorte de soumissions, de se réconcilier avec le sultan. Le mauvais état dans lequel se trouvaient ses affaires en Égypte dirigeait sa conduite en cette circonstance. Son influence dans ce dernier pays était fort diminuée. Le soudan, par suite d'une brouillerie survenue entre les deux États, avait chassé tous les négociants vénitiens, confisqué leurs propriétés et fait défense à ses sujets de commercer avec eux.

Barthélemi Marcello, chargé par la république de faire la paix avec Mohammed, négocia pendant toute une année. Il obtint d'abord de pouvoir racheter ceux de ses compatriotes qui n'étaient pas

(1) Lettre écrite de Péra, *loco citato.*

morts dans les fers, et le sultan, après de longues hésitations, consentit enfin à signer un traité de commerce et d'alliance.

Il fut convenu que les marchands vénitiens pourraient acheter librement, introduire et vendre dans l'empire toute espèce de marchandises, et que leurs navires seraient reçus dans tous les ports de la domination ottomane. Tout prisonnier chrétien fugitif devait être rendu, à moins qu'il ne se fût fait musulman, et, dans ce cas, une indemnité de 1,000 aspres par tête était promise aux Vénitiens réclamants. Les marchandises provenant de la mer Noire pouvaient être exportées sans aucun empêchement et vendues dans l'empire, en payant un droit de deux pour cent de leur valeur. Les marchands pouvaient aussi tirer des pays qui avoisinaient cette mer autant de *têtes* qu'ils voulaient (sans doute des esclaves), pourvu que ces têtes ne fussent point musulmanes (1). Le sultan permettait à la république d'envoyer un nouveau bayle à Constantinople, avec sa suite accoutumée ; il était stipulé qu'il conserverait toutes ses anciennes prérogatives, pourrait ad-

---

(1) « Item tutte teste che saranno condutte de mar Maior ziandio de nazio cristiana si possano condur per dove li piaxerà liberamente..... Dichiarando che nol se possi condur del dito luogo alcuna testa musulmana. » (Marin, t. VII, p. 286.)

ministrer la justice et exercerait l'autorité civile sur tous les Vénitiens d'une condition quelconque. Le sultan s'obligeait à lui accorder protection et à lui faire donner assistance sur sa réquisition. Il promettait encore d'indemniser tous les Vénitiens des dommages qu'ils avaient éprouvés de la part des soldats turcs dans leurs personnes ou dans leurs propriétés. La république, de son côté, prenait l'engagement d'acquitter un droit de deux pour cent sur la valeur de toutes les marchandises achetées ou vendues. Les navires vénitiens qui passaient le détroit, soit en allant dans la mer Noire, soit en revenant, étaient tenus de toucher au port de Constantinople. Quant aux établissements que la république possédait dans l'étendue de l'empire, elle promettait de payer au sultan une redevance annuelle de 236 ducats. Le traité portait en outre qu'elle ne fournirait aucun secours en hommes, argent, vivres ou munitions aux ennemis de la puissance ottomane (1).

Mohammed jurait par le prophète, par l'âme de son père, par la sienne et par son cimeterre d'exécuter fidèlement les conditions du traité; mais tou-

_____

(1) Marin, t. VII, p. 283-287. — Mouradja d'Ohsson, *Tableau de l'empire ottoman*, t. VII, p. 446. — Daru, *Hist. de Venise*, t. II, liv. XVI.

tes ces promesses rassuraient peu les Vénitiens. Le sultan avait aussi juré l'extermination des chrétiens, et ce serment était le seul dont jusqu'alors il avait paru se souvenir.

Vers le même temps, le soudan d'Égypte, effrayé par les progrès des Turcs, s'étant relâché de sa rigueur envers les Vénitiens, la république s'empressa de renouer avec lui. Elle sut si habilement profiter de ses bonnes dispositions et des inquiétudes que lui inspirait l'ambition de Mohammed, qu'un nouveau traité de commerce, très-avantageux pour les négociants vénitiens, fut conclu entre les deux peuples. Le soudan leur rendit toutes les franchises dont ils jouissaient dans les ports de ses États avant leur expulsion, les remit en possession de leurs maisons et de leurs boutiques dans Alexandrie, et promit de les traiter plus favorablement que tous les autres marchands (1). Rentrés dans leurs anciens priviléges en Égypte, les Vénitiens ne donnèrent plus dès lors qu'une faible attention au commerce de la mer Noire.

Mais les Génois, exclus d'Alexandrie, ne pouvaient recevoir que par Kaffa et Trébisonde les marchandises de la Perse et des Indes. Ils avaient

(1) Sanuto, *Vite de' Duchi*, ap. *Script. rer. Ital.*, t. XXII, p. 1169.

un intérêt immense à se maintenir en possession de la libre navigation de la mer Noire. Les habitants de Galata s'humilièrent devant Mohammed, et supportèrent patiemment les vexations nombreuses des officiers turcs; mais c'était vainement qu'ils opposaient aux violences des vainqueurs une constance et un courage dignes d'un meilleur sort; les Turcs appesantissaient de plus en plus leur joug sur les opprimés (1).

Lorsque la nouvelle de ces événements parvint à Gênes, la république fut épouvantée. Désespérant de sauver la colonie de Galata et les autres établissements de la mer Noire, elle les offrit à la banque de Saint-Georges, qui, *toujours ferme au milieu des révolutions, toujours sage au milieu de la folie et de l'ivresse des factions* (2), avait vu rapidement s'accroître ses richesses. On espérait qu'elle serait plus en état que la république, épuisée par de longues guerres, de défendre contre les Turcs les colonies de la mer Noire. Le doge et les membres du tribunal de la Ghazarie en transmirent solennellement la possession aux protecteurs de la banque et se dépouillèrent en leur faveur de tous leurs droits de souveraineté (3).

(1) Formaleoni, *Navigazione del mar Nero*, cap. xxii.
(2) Sismondi, *Répub. ital.*, t. VI, liv. X.
(3) Foglieta, lib. X, p. 203. — Giustiniani, lib. V, f° 205. — De

Cependant les Génois nourrissaient toujours l'espoir que le sultan leur permettrait de relever les murailles de Galata : c'était ce qu'ils regrettaient le plus; mais ils connaissaient peu Mohammed. Une nouvelle réclamation qu'ils lui adressèrent à cet effet ne fut pas accueillie plus favorablement que la première. Le rusé Turc leur répondit qu'il ne devait Galata ni à la force ni à la trahison; eux-mêmes lui en avaient offert les clefs, et, par cet acte volontaire, ils s'étaient reconnus vassaux de l'empire. Au reste, il promettait de les traiter avec justice; son intention avait toujours été de leur faire du bien plutôt que du mal.

Ce nouveau refus fit perdre patience aux Génois. La duplicité de Mohammed les indignait surtout. Au moment où il parlait de les traiter avec justice, il préparait les moyens de ruiner leur commerce et rassemblait des troupes sur la côte d'Asie. Les Génois n'ignoraient pas que le but secret de cet armement était Amasra. Décidés à ne plus garder de ménagements avec le sultan, ils acceptèrent l'alliance du pape Calixte III, qui s'efforçait alors de réunir dans une croisade contre les Turcs tous les princes de la chrétienté, et reçurent la flotte

Sacy, *Notices et Extraits des Mss.*, t. XI, p. 81 et seqq. — L'acte de cession est du 15 novembre 1453.

des alliés dans leurs colonies de l'Archipel. La république demanda en même temps raison au divan de Constantinople des violences exercées dans Galata par les officiers turcs. Elle exigeait une prompte réparation et voulait une compensation proportionnée au dommage. Sur la réponse négative du sultan, elle lui déclara la guerre.

La marine turque était alors à peu près nulle, et les Génois comptaient sur la supériorité de leurs forces navales. Avec leurs gros navires de haut bord pourvus d'artillerie, ils espéraient s'ouvrir facilement les passages de l'Hellespont et du Bosphore. Le premier de ces détroits n'était pas encore fortifié ; le second n'était défendu que par quelques châteaux à moitié ruinés et incapables de résister au feu d'une flotte entière. Mais l'activité de Mohammed déjoua tous les projets des Génois. Une flotte de cent cinquante navires, équipée en quelques jours, vint bloquer les deux ports d'Amasra, tandis que le sultan lui-même, avec l'armée réunie depuis longtemps à Broussa, l'entourait du côté de la terre. Abandonnée à ses seules forces, la ville n'essaya pas de se défendre : elle se rendit à la première sommation (1). Maître d'Amasra, Mohammed expatria les deux tiers des habitants, qu'il

(1) Chalcondyle, liv. IX, p. 190.

envoya coloniser Constantinople, après avoir prélevé les plus beaux jeunes gens pour son service personnel. Sinope et Trébisonde, successivement attaquées après la ville génoise, capitulèrent comme elle sans opposer de résistance.

Pendant ce temps, les Génois se préparaient à la guerre: mais l'armement de la flotte n'avançait que lentement. La république était alors livrée aux discordes civiles : les deux familles rivales des Adorni et des Fregosi se disputaient le pouvoir, et, au milieu de ce conflit d'ambitions et de haines particulières, on oubliait les colonies du Pont-Euxin.

La perte d'Amasra et des factoreries de Sinope, de Samsoun et de Trébisonde, était un coup terrible porté au commerce des Génois dans la mer Noire. Mohammed, d'une seule fois, venait de leur enlever tout le riche trafic de l'Arménie et de l'Asie-Mineure; mais il leur restait l'important établissement de Kaffa. La Krimée, grâce à sa position, paraissait éloignée du péril d'être attaquée par les Turcs, et la république ne pouvait alors se douter que cette nation barbare, qui n'avait aucune expérience de la mer, deviendrait un jour une puissance maritime ; elle croyait la colonie bien en sûreté (1).

____

(1) Formaleoni, cap. XXII. — Si l'on en croit Bened. Dei, les bourgeois de Kaffa avaient consenti à payer au sultan un tribut

On était aussi persuadé à Gênes que Kaffa était imprenable. Elle l'était en effet pour les Tartares, qui ne l'avaient jamais attaquée qu'avec de la cavalerie; mais les Turcs avaient prouvé à Constantinople qu'un long siège ne les effrayait pas, et qu'ils savaient comment s'y prendre pour faire tomber les plus hautes murailles. Les colons de la Krimée eurent bientôt l'occasion de l'apprendre. Malgré la bonne opinion qu'elle avait de Kaffa, la banque de Saint-Georges n'était pas cependant très-rassurée. Les conquêtes de Mohammed dans la Bulgarie lui donnaient de l'inquiétude, et elle voulut se tenir prête à tout événement. Mais il n'était pas facile d'envoyer des soldats en Krimée : la mer Noire était fermée aux Génois. Le détroit des Dardanelles et celui du Bosphore avaient été récemment fortifiés avec le plus grand soin par ordre de Mohammed, et aucun navire ne pouvait passer sans qu'il le permît (1). La route de terre était longue et périlleuse. Il ne restait cependant que celle-là.

En 1463, Galeazzo, un des principaux magistrats de la colonie, se rendit en Pologne avec la mission

annuel de 5,500 ducats et de 50 faucons. (Pagnini, *Della Decima*, t. II, p. 249.)

(1) Epist. Genuens. ad Callistum papam, Rainald, ann. 1455, N° 34.

d'enrôler des soldats. Il en obtint facilement la permission du roi Kasimir IV et leva cinq cents cavaliers; mais, comme il les conduisait vers Kaffa, en traversant la Lithuanie, ces soldats indisciplinés se prirent de querelle avec les habitants de la petite ville de Braczlaw, tuèrent l'un d'entre eux et brûlèrent plusieurs maisons. Un seigneur du pays nommé Michel Czartorinski, voulant tirer vengeance de cette insulte, rassembla ses vassaux et se mit à la poursuite des Polonais. Il les atteignit au passage du Bug et les massacra tous, à l'exception de Galeazzo et de cinq autres marchands qui l'avaient accompagné (1).

Le mauvais succès de cette tentative déconcerta les Génois, qui avaient compté se fournir à peu de frais de soldats en Pologne. Quelques autres essais qu'ils firent pour augmenter la garnison de Kaffa ne leur réussirent pas mieux (2). Un seul des ren-

(1) Dlugoss, *Hist. polon.*, liv. XIII, p. 318.

(2) « Les fatigues et les dépenses pour conduire des soldats dans la mer Noire, écrivait le sénat de Gênes au pape Paul II, sont excessives; elles font horreur, et ce n'est qu'avec la plus grande peine que nous pouvons y suffire. » En 1468, Alaone Doria, Giuliano Fieschi et Bartolomeo di San-Ambrogio, envoyés en Italie par les habitants de Kaffa pour solliciter le secours des princes chrétiens ennemis des Turcs, ne purent obtenir que de vagues promesses. Le temps des croisades était passé, et Kaffa, abandonnée à elle-même, était destinée à périr. — Serra, *Stor.*

forts dirigés vers la Krimée y arriva heureusement.
Le capitaine d'une petite troupe d'aventuriers offrit
à la banque de Saint-Georges de conduire sa compagnie par terre à Kaffa, si on voulait lui assurer
une solde proportionnée aux dangers d'une entreprise aussi difficile. On lui promit tout ce qu'il
demanda, et le capitaine, avec sa compagnie forte
à peu près de cent cinquante hommes, se mit courageusement en route. Il traversa le Frioul, toute
la Hongrie, une partie de la Pologne, la petite
Tartarie, et, après un voyage de plus de douze cents
milles, il arriva enfin à Kaffa, sans avoir perdu un
seul homme (1).

Mais ce secours était bien faible. Les Génois
n'avaient peut-être qu'un moyen de sauver la colonie : c'était de s'allier franchement avec les Tartares. Ils parurent vouloir suivre cette politique
après la prise de Constantinople; pendant quelques
années, la meilleure intelligence régna entre les
habitants de la Tauride et les colons italiens; mais
la bonne union ne subsista pas longtemps. Les
bourgeois de Kaffa, que les khans de Krimée (2)

di Genova, t. III. — *Mem. sulle colonie del mar Nero*, ap. *Nuovo
Giorn. de' Letterati*, Pisa, 1832, t. 1, p. 185.

(1) Sansovino, *Imperio de' Turchi*, lib. II, f° 160, v°.

(2) Après la destruction de l'empire de Kipjack par Themir-

consultaient dans toutes leurs querelles, s'étaient habitués à se croire les arbitres de ces princes. Jugeant de leur pouvoir par les égards qu'on leur montrait, ils oublièrent la prudence, dont ils avaient un si grand besoin. L'avarice de quelques-uns acheva ce que l'orgueil de tous avait commencé, et la colonie fut perdue.

En 1473, Mamaï, gouverneur du district tartare dans lequel était comprise la ville de Kaffa, étant venu à mourir, le khan lui donna pour successeur Eminek-Beg, un des principaux seigneurs du pays. Les magistrats de la colonie approuvèrent ce choix et reconnurent le nouveau gouverneur; mais le mort avait laissé un fils appelé Scheïtan, et sa veuve mit tout en œuvre pour obtenir la destitution d'Eminek-Beg et faire donner à son fils la place de gouverneur. Elle essaya d'intéresser les Génois en faveur de Scheïtan.

Battista Giustiniani, qui était alors consul, et Gioffredo Lercari, qui lui succéda l'année suivante, ne voulurent en aucune façon se mêler de cette affaire. Ils comprenaient la condition précaire de

Lenk, les chefs tartares s'étaient divisés et avaient formé des souverainetés particulières. Il y avait encore un khan de Kipjack; mais, incapable de se faire respecter par la force, il n'avait que le vain simulacre d'une autorité presque toujours méconnue.

la colonie, que l'on ne pouvait sauver qu'en conservant les bonnes relations avec le khan de Krimée. Ils savaient d'ailleurs que Scheïtan s'était attiré la haine du peuple par ses cruautés. Sa nomination ne pouvait manquer d'exciter des troubles, et, dans les circonstances présentes, la paix était trop nécessaire. La veuve de Mamaï tenta vainement de les séduire : elle leur offrit jusqu'à trois mille sequins; mais ils repoussèrent tous deux ses propositions avec mépris (1).

L'année suivante, Antonio della Gabella remplaça Giofredo Lercari. La mère de Scheïtan lui adressa la même réclamation. Elle avait eu le soin de gagner à l'avance Francesco Fieschi et Uberto Squarciafico, conseillers du nouveau consul, et celui-ci, qui se laissait entièrement diriger par ses deux assesseurs, promit de faire donner à Scheïtan le gouvernement de la province. Il écrivit au khan de Krimée, Mengheli Gheraï, pour lui demander la destitution d'Eminek-Beg. Le khan refusa; il répondit que les magistrats de Kaffa avaient solennellement confirmé la nomination du nouveau gouverneur, et il était étonné qu'ils voulussent maintenant le déposer, lorsque surtout ils n'avaient point à se plaindre de lui. Mais Mengheli se trou-

____

(1) Giustiniani, *Hist. Genuens.*, lib. V, f° 225.

vait à la merci des Génois; il n'était parvenu qu'avec leur aide à triompher de ses frères, qui pendant longtemps lui avaient disputé la possession de la Krimée. Ces jeunes princes étaient alors retenus prisonniers par les bourgeois de Kaffa dans la forteresse de Soudagh.

Craignant de mécontenter le consul, Mengheli consentit à la déposition d'Eminek-Beg. Toutefois, comme il ne pouvait se résoudre à nommer Scheïtan, il proposa un autre chef appelé Kara-Moussa. Le consul feignit d'y acquiescer et invita le khan à se rendre à Kaffa pour cette nouvelle nomination : il promettait solennellement d'abandonner la candidature du fils de Mamaï; mais à peine le prince trop confiant fut-il entré dans Kaffa, qu'il reçut l'ordre d'élire sans délai Scheïtan. Mengheli résista et se plaignit de la mauvaise foi des Génois. Squarciafico ne le laissa pas achever. C'était lui qui avait mené toute cette honteuse affaire.

« N'oublie pas, Mengheli, lui dit-il, que tu es en notre pouvoir. Nous voulons que Scheïtan soit nommé gouverneur. Tu vas à l'instant le faire proclamer comme tel, ou le consul envoie l'ordre au châtelain de Soudagh de mettre tes frères en liberté. »

Le khan fut forcé de consentir à tout; mais, pendant que ces choses se passaient dans Kaffa, Eminek-Beg, qui savait que l'on y tramait sa ruine, prenait ses mesures en conséquence. Kara-Moussa, dans l'espoir d'être nommé gouverneur à sa place, s'était d'abord déclaré contre lui; se voyant joué, il courut le rejoindre avec un autre chef nommé Haïder, qui avait également à se plaindre des Génois. Tous trois réunis soulevèrent les Tartares, et, renonçant à la suzeraineté du khan qui les avait abandonnés, envoyèrent offrir leur soumission à Mohammed II, sous condition qu'il les aiderait à chasser les Francs de la Tauride (1).

La proposition était trop avantageuse pour ne pas être acceptée. Le sultan avait juré la ruine des marchands de Gênes, et, s'il ne les avait pas poursuivis jusqu'en Krimée après la prise d'Amasra, c'est qu'il manquait alors de navires. Depuis quelques années, il avait dépensé des sommes immenses pour se créer une marine, et il y avait réussi. Mohammed comprenait les avantages que le commerce turc retirerait de la possession de Kaffa. La conquête de la Krimée achevait de le rendre maître de toutes les côtes de la mer Noire, et ce motif, à défaut de sa haine, était suffisant pour exciter son ambition.

<hr>

(1) Foglieta, lib. XI, p. 243-244. — Giustiniani, lib. V. — Barbaro, *Voy. à la Tana*, liv. I.

Les envoyés des chefs tartares trouvèrent le sultan au milieu des préparatifs d'un grand armement. Les Turcs étaient alors en guerre avec la république de Venise, et Mohammed avait résolu cette année d'attaquer la colonie de Candie. Quatre cent quatre-vingts navires de toute espèce et de toutes grandeurs se tenaient prêts à voguer vers cette île. Le message d'Eminek-Beg en fit changer la destination. Le grand-vizir Keduck-Ahmed reçut l'ordre de s'embarquer avec vingt mille hommes et de se rendre en Tauride.

Lorsque la flotte ottomane parut en vue de Kaffa, le 1ᵉʳ juin 1475, Eminek-Beg, avec les Tartares, tenait la ville bloquée depuis près de six semaines. Keduk-Ahmed établit aussitôt ses batteries de siége contre les murs de la place. Les fortifications de Kaffa, dont les Génois étaient si fiers (1), battues nuit et jour par l'artillerie turque, ne tardèrent pas à présenter de larges brèches. Pendant trois jours, les habitants se défendirent avec courage; le quatrième, voyant les murailles ouvertes et sentant l'impossibilité de résister à un assaut, ils capitulè-

(1) « Habet Ponticus Caphain, non ambitu quidem moenium, sed populorum multitudine Constantinopoli facilè preferendam. » — Epist. Genuens. ad Callistum papam, ap. Rain., ann. 1445. Nᵒ 34.

rent, sous condition de pouvoir se racheter de la mort ou de l'esclavage. Les propriétés devaient être respectées, et la ville ne pouvait pas être abandonnée au pillage; mais la capitulation ne fut point observée.

Maître de Kaffa, Keduk-Ahmed enjoignit à tous les habitants sans distinction de lui remettre une note exacte de leurs biens. C'était, disait-il, afin qu'il pût faire une juste répartition de l'impôt; il voulait que chacun payât ce qu'il devait, et rien de plus. Mais il changea bientôt de langage : il prétendit d'abord que les esclaves n'avaient pas été compris dans la capitulation et les fit tous prendre par ses janissaires; puis, au bout de quelques jours, feignant de se raviser, il contraignit leurs maîtres à les racheter à grand prix. Le lendemain, il exigea des marchands étrangers vingt-cinq mille ducats, et des habitants génois une somme en or égale à la moitié de tout ce qu'ils possédaient. Enfin, jetant entièrement le masque, il ordonna à tous les Latins domiciliés à Kaffa, Génois, Pisans, Florentins et Catalans, de se tenir prêts à s'embarquer sous trois jours pour Constantinople (1).

<hr>

(1) Malipiero, *Ann. venet.*, ap. *Archivio storico italiano*, t. VII, part. I, p. 111-112. — Benedetto Dei, ap. Pagnini, *Della Decima*, t. II.

Quinze cents jeunes garçons, choisis parmi les plus robustes, furent désignés en même temps pour être enrôlés dans les *ortas* des janissaires, et les plus riches bourgeois, au nombre de trois cents, livrés au supplice (1). Cent soixante-deux marchands de la Valachie que leurs affaires de commerce avaient amenés à Kaffa subirent le même sort, en représailles du massacre des prisonniers turcs à la bataille de Krakowiz (2).

Quelques auteurs prétendent que Kaffa fut livré aux Turcs par trahison. Huit des principaux marchands arméniens avaient promis à Keduk-Ahmed d'exciter un soulèvement en sa faveur et de forcer les magistrats génois à signer une capitulation. Pour prix de ce service, ils devaient être admis au partage du butin (3). Les chroniques de Gênes ne

(1) Giustiniani, lib. V. — Sansovino, lib. II, f° 161. — Epist. Laudiv. Equit. Rhod., ap. Rainald, ann. 1475, n°s 23 et 24.

(2) Dlugoss, *Hist. polon.*, liv. XIII. — L'année précédente, une armée turque, ayant envahi les provinces au nord du Danube et s'étant avancée dans l'intérieur du pays sans trop de précautions, avait été complétement défaite par Étienne, waivode et palatin de Moldavie, et tous les prisonniers, par ordre de ce prince, avaient été empalés ou écorchés vifs.

(3) Siescetroncewiz, *Hist. de la Chersonése taurique*, t. II, ch. xv. — Malipiero, ap. *Arch. stor. Ital.*, t. VII, p. 112. — Dlugoss, *Hist. polon.*, liv. XIII.

parlent point de cette circonstance, et il est permis de s'étonner de ce qu'elles n'en disent rien. C'était une manière d'excuser la prompte reddition de Kaffa. Quoi qu'il en soit, si en effet les portes de la ville furent ouvertes aux Turcs par trahison, ceux qui commirent cette lâcheté en furent récompensés comme ils le méritaient. Quelques jours après la prise de Kaffa, Keduk-Ahmed invita à un grand diner les marchands arméniens qui lui avaient livré la ville. Après le repas, il les congédia en promettant de ne jamais oublier l'éminent service qu'ils avaient rendu à l'empire. La porte de la salle donnait sur un escalier étroit où il n'y avait de place que pour une seule personne, et au dernier degré se tenait le bourreau, qui trancha la tête à tous ceux qui se présentèrent (1).

Peu de jours avant l'arrivée de la flotte ottomane devant Kaffa, Simon, évêque de la ville, était parti pour Kief, où se trouvait alors le comte polonais Gastold, avec un corps de troupes : il voulait implorer son assistance en faveur de la colonie menacée par les Turcs. Le comte, qu'une ancienne amitié unissait à l'évêque Simon, promit en effet de mar-

---

(1) Sieseelreneewiz, *Hist. de la Chersonèse taurique*, t. II, ch. xv. — Maliplero, *Ann. venet.*, ap. *Arch. stor. Ital.*, t. VII.

cher au secours de Kaffa; mais la prompte capitulation de la ville ne lui laissa pas le temps de mettre sa promesse à exécution. L'évêque, en apprenant que les Turcs étaient maîtres de Kaffa, fut saisi d'une si grande douleur qu'il tomba mort aux pieds du messager qui avait apporté cette funeste nouvelle (1).

Toutes les autres possessions des Génois en Tauride furent conquises en peu de mois par les Turcs. Soudagh, la dernière, vit flotter sur ses murs l'étendard de la république et le cavalier armé de Saint-Georges; mais elle céda enfin à la famine (2). Quelques centaines d'habitants, préférant la mort à l'esclavage, refusèrent de capituler et se retirèrent dans une des églises de la forteresse inférieure. Ils s'y défendirent longtemps et se firent tous tuer jusqu'au dernier (3).

(1) Sieseelreneewiz, *loco citato*.

(2) Oderico, *Lettere ligurtiche*, 14.

(3) Broniovius, *Tartariæ Descriptio*, p. 10. — Parmi les possessions des Génois en Krimée, quelques auteurs mentionnent Mankoup (Mangothia). Serra raconte même le siége et la prise de cette ville par les Turcs, et cite Broniovius, qui ne dit pas un mot de cela. Mankoup, comme le prouve un historien contemporain, Mathieu de Miéchow, n'appartint jamais aux Génois. Les Tartares eux-mêmes, lorsqu'ils envahirent la Krimée, ne purent s'en rendre maîtres. Elle demeura sous la domination des Goths jusqu'en 1475. Keduk-Ahmed, après la prise de Kaffa,

Le grand-vizir retourna auprès de Mohammed, emmenant avec lui des milliers de captifs (1), qui servirent à repeupler un faubourg désert de Constantinople, et vécurent confondus au milieu de la foule des esclaves chrétiens. Cent cinquante habitants seulement échappèrent à la servitude des Turcs. Ils s'emparèrent, par un complot habilement conçu, du navire qui les conduisait à Constantinople et vinrent aborder au port de Kilia, à l'embouchure du Danube. De cette ville, ils parvinrent à gagner Gênes et y apportèrent la nouvelle que les colonies de la Krimée n'existaient plus (2).

En 1481, lorsque mourut Mohammed, la banque de Saint-Georges pensa aux moyens de recouvrer l'établissement de Kaffa. Il y eut à cet effet une

s'en empara et fit mourir les ducs de Mankoup, deux frères, restes uniques de la nation des Goths. — Tartari totam insulam Tauricam cum oppidis, pagis et campis occupaverunt, ducibus de Mankoup, qui generis et linguæ Gothorum fuerunt, duntaxat castrum Mankoup retinentibus; postremò Mahomet Tauricam comprehendit, Caffam expugnavit..... binosque duces et fratres de Mankoup, unicos gothici generis ac linguagii superstites, gladio percussit et castrum Mankoup possedit. — Mathieu de Miéchow, *Descriptio Sarmatiarum Asianæ et Europææ*, cap. IX, ap. Mizler, *Script. rer. polon.*, t. I, p. 192.

(1) On comptait à Kaffa, lorsqu'elle fut prise, soixante mille habitants chrétiens. (Bened. Dei, ap. Paguini.)

(2) Foglieta, *Hist. Genuens.*, lib. XI, p. 244.

délibération des membres et protecteurs de la compagnie; mais l'argent manquait, et la chose en resta là (1).

—

(1) De Sacy, *Notices et Extraits des Mss.*, t. XI.

CHAPITRE XII.

PÉRIPLE DE LA MER NOIRE AU MOYEN AGE (1).
— OCCIDENT ET NORD. —

I.

CÔTES DE LA THRACE ET DE LA BULGARIE,
DE CONSTANTINOPLE A VARNA.

CONSTANTINOPLE.

FILLEO, FILLOA,   aujourd'hui OUSKOUM.

MALATIA, MALERO,   — le cap MALITRA.

OMIDIA,   — MIDIAH.

L'ancienne *Salmydessus*. Les Génois y avaient formé un établissement ; on leur attribue les forti-

(1) Je me suis servi, pour composer ce périple, d'une carte vénitienne du xıııᵉ siècle, publiée par Formaleoni ; des cartes génoises de Pietro Visconti (1318) et de Battista (1514) ; de celles de Benincasa (1480) et de Freduce (1497), tous deux Ancônitains, et d'un atlas catalan de 1375, récemment découvert par M. Buchon (*Not. et Ext. des Mss.*, t. XIV, part. 1, p. 80).

fications qui défendent encore la ville. Le golfe d'Omidia, parsemé d'écueils, avait une assez mauvaise réputation, et les navigateurs ne s'y aventuraient qu'avec crainte.

STAGNARIA, SMIGNIRA.

SETOPOLI, GATOPOLI, — AÏABOLI.

Petit port, où les barques de moyenne grandeur pouvaient seules pénétrer. Les marchands de Galata allaient y acheter du bois de chauffage, qu'ils conduisaient à Constantinople. C'était la seule production du pays, dont le commerce était à peu près nul.

VARDIZO, VESICAL, — VORDITZA.

CROPOTOMO, — le cap KRADAR.

STAFIDA, — AKHTEBOLI.

SISOPOLI, SISOPOL, — SEUZEBOLI.

L'antique *Sozopolis* ou *Apollonia*. Cette ville faisait un commerce assez actif. Les Génois et les Vénitiens y portaient des draps d'Italie et d'Allemagne, des toiles, des épiceries. Ils en tiraient des grains, principalement de l'orge, un peu de vin et quelques chargements de bois, les seuls articles d'exportation. La rade était commode et sûre. Les navires de toute espèce pouvaient y aborder et y séjourner pendant l'hiver.

PORITI,   — BOURGAS.

C'était, après Varna, le principal entrepôt du commerce de la Bulgarie. Une route conduisait dans l'intérieur du pays, et la rade, dont l'ancrage était excellent, offrait aux navigateurs un abri assuré. De Kaffa, de Kertsch et des autres ports de la Krimée, on y expédiait du sel, du feutre, du chanvre, des bois et quelques fourrures; de Constantinople, des toiles de coton, des draps, du savon, de l'huile et des fruits. Les habitants de Poriti ne s'occupaient que du commerce des céréales; le pays ne produisait pas autre chose; mais des provinces de l'intérieur on y amenait du riz, du miel, des cuirs, de la laine et une foule d'autres marchandises que les négociants italiens venaient y chercher.

AZILO, LA SIDIO.   — ANIOLOU.

Le petit canton d'Azilo fournissait quelques bois de construction propres à la marine; sur la côte on récoltait un peu de sel.

MEXEMBER, MOSSON,   — MISEVRIA.

La *Mésembrie* des Grecs, où les marchands russes qui se rendaient à Constantinople relâchaient ordinairement. Le vin de Mexember, quoique d'une qualité assez inférieure, formait une branche d'exportation considérable.

LEMONA,   — ADALIMAN.

VEZA, VIZA,   — VIZER.

MAURO,   — ZEÏTOUN-BOURNOU.

Bourgades sans importance, où abordaient seulement de petits bateaux pour y charger du bois et quelques céréales.

GALATO, GALASY,   — GALATA.

Le port était assez bon, mais peu fréquenté. Le voisinage de Varna nuisait au commerce de cette ville.

KRUSTRICI, CATRENI,   — KOSTRIZ.

Lieu fortifié des Génois où ils déposaient les marchandises qu'ils tiraient de l'intérieur du pays, avant de les embarquer pour Constantinople.

VARNA.

Située entre deux promontoires, à l'embouchure d'une rivière qui forme un grand lac, Varna possédait la meilleure rade de toute la côte. C'était aussi le marché le plus considérable de la Bulgarie. Le port, un peu trop ouvert, mais vaste et profond, était bien abrité : de hautes montagnes l'entouraient de tous côtés. Les plus gros bâtiments, et même des flottes entières, pouvaient y entrer et y séjourner en sûreté pendant toute la saison d'hiver. Varna était l'entrepôt du riche commerce de la Valachie. Toutes les marchandises de cette province, destinées pour Constantinople, y étaient conduites. Un grand nombre de marchands grecs et latins la visitaient continuellement; mais les principales affaires étaient faites par les Vénitiens et les Génois. Ces deux peuples avaient des traités de commerce avec les princes du Dobroutzé, et les autres négociants ne pouvaient trafiquer en Bulgarie que sous leur patronage. On portait à Varna du sel, de la quincaillerie, du poivre, des épiceries de toute sorte, qui se vendaient avec un grand bénéfice; des toiles, des draps d'Europe, des tissus de soie, des camelots et des fruits de l'Asie-Mineure. Une partie de ces marchandises était débitée dans le pays et s'y consommait; mais la plus grande quantité allait à Bukarest. La quincaillerie, les épices, les étoffes dites de Venise et les toiles peintes de l'Anatolie formaient le fond du commerce d'importation de la Valachie. Les Génois et les Vénitiens, en échange de leurs marchandises, recevaient des marchands valaques des cuirs de bœufs et de buffles, du chanvre propre à faire toute espèce de cordages, des suifs, de la laine, qui était fort recherchée, des céréales, quelques pelleteries et de la cire d'une très-bonne qualité, l'article le plus considérable du commerce de la Valachie. Le territoire de Varna ne produisait que des grains et des bois de construction.

II.

CÔTES DE LA BULGARIE, DE VARNA A L'EMBOUCHURE DU DNIESTER.

CRAVEA.

CHAVARNA, GAVARI, — KAVARNA.

Le port de Chavarna était excellent, et le commerce y avait un peu d'activité. De Constantinople et de Kaffa on y expédiait à peu près les mêmes marchandises qu'à Varna, en plus petite quantité, et on en exportait du blé, du millet, de l'orge, du maïs et quelques autres denrées.

SIBUCICHO, SASSILUNGA, — GHELEGRA.

La baie de Sibucicho, profonde et bien située, était praticable pour toute espèce de navires. C'était un point de relâche très-connu. Les navigateurs qui allaient commercer à l'embouchure du Dniéper s'y arrêtaient presque toujours.

Panigalia, Pangali, — Mangalia.

Les marchands de Galata et de la Krimée visitaient cette ville, dont le commerce de céréales avait de l'importance. Le port était spacieux et défendu contre les vents du nord et de l'ouest par un promontoire élevé. Le fromage de Panigalia avait une certaine renommée, et de belles vignes qui couvraient tout le pays donnaient de fort bons raisins. On en exportait la plus grande partie.

Caliocra, Caiacra.

Costanza, — Keustendjeh.

Le port, assez mauvais, n'offrait aux navigateurs aucun asile; mais cela n'empêchait pas qu'il fût très-fréquenté. Un grand nombre de navires venaient y charger des grains pour l'approvisionnement de Constantinople. Le territoire de Costanza était un des cantons de la Bulgarie les plus fertiles en blé.

Zuovavarda, Zanava, — Temeswar.

L'ancienne *Tomi*.

Grossea, Grosea, — Sout-Ghbulou.

Lieu désert et sans commerce. La baie, en hiver, ne présentait aucune sûreté; mais pendant l'été les navires qui se rendaient aux embouchures du Danube allaient quelquefois y jeter l'ancre.

SAN ZORZI, une des nombreuses îles formées par les bouches du Danube.

LA SPERA, ASPERA, id.

AVICHIO, STRAUTHO, id.

FEDONXI, FEDONISSI, — ILAN-ADASI.

L'île des Serpents. Elle était placée à l'entrée de la bouche la plus septentrionale du Danube et servait de mouillage aux bâtiments. C'était une excellente relâche; on en pouvait partir en tout temps et avec tout vent. Les navires qui revenaient du Dniéper y relâchaient ordinairement.

LACHOSTOMA, LACHOSTOMA, — KILIA.

Lachostoma, située sur la rive gauche de la principale branche du Danube, était le grand marché des peuples du Boudjiak, qui s'y rendaient fréquemment pour s'approvisionner des marchandises d'Europe. Les Génois y avaient fondé un comptoir et faisaient avec les habitants du pays un commerce très-avantageux. Ils portaient à Lachostoma du savon, de l'huile, du coton filé, des fruits secs, des draps italiens, des camelots et des toiles de Trébisonde. Le trafic de ces deux derniers articles était surtout considérable ; les habitants en consommaient une immense quantité. Le Boudjiak fournissait en abondance aux marchands latins des cuirs, de la laine, du miel, de la cire et des grains. La pêche, à l'embouchure du Danube, était très-importante, et les Génois faisaient à Lachostoma un grand commerce de caviar et de poisson salé. Ce dernier objet était transporté à Constantinople ; mais le caviar, d'une qualité inférieure à celui de la mer d'Azoff, ne trouvait de débit qu'en Moldavie et dans les villes qui bordaient le Danube. La rade de Lachostoma était bonne et bien abritée.

SELINA, SALINE,　　　　　— SUNIEH.

C'était le lieu où les négociants qui commerçaient en Moldavie allaient échanger les marchandises des contrées étrangères contre les productions de cette province. Le port était sûr et commode, et l'on pouvait y passer l'hiver. Le commerce de la Moldavie était le même à peu près que celui de la Valachie. La laine de ce dernier pays, très-nette et d'une grande finesse, était plus estimée ; mais on recherchait, de préférence à ceux de la Valachie, le chanvre et les cuirs moldaves ; la cire de cette province était aussi d'une qualité plus belle. De Selina on exportait beaucoup de viandes salées et fumées, qui étaient répandues dans toute l'étendue de la mer Noire : c'était un article qui donnait de grands bénéfices. La Moldavie fournissait encore du vin et quelques peaux de renards : des forêts de l'intérieur on amenait à Selina de magnifiques bois de construction et des mâtures de toute espèce que l'on obtenait à très-bon marché. Les Génois entretenaient avec les habitants de la Moldavie d'actives relations : à Soukhava, capitale de la province, ils avaient formé un établissement.

FALCONAYRA, FALCONAYRE, — le cap BALABAN.

III.

CÔTES DE LA RUSSIE, D'AKHERMAN A PÉRÉKOP.

MONCASTRO, MAUROCASTRO. — AKHERMAN (le château blanc).

L'ancienne *Tyras* de Ptolémée et l'*Aspron* de Constantin Porphyrogénète, située à l'embouchure du Dniester. Les marchands de Kaffa la fréquentaient ; ils y avaient même un entrepôt pour les grains de la Pologne. A quelques lieues de Moncastro, on trouvait le petit port d'Adgi-Bey, devenu aujourd'hui l'importante ville d'Odessa.

Isole Nogari,   petites îles à l'embouchure
                             du Dniester.

Fium Tarlo, Tirlo.   — le Dniester. (*Turlo*
                             en tartare.)

Langistra, Liginestra,
   Lazinestra,   — Liman-Kagalnik.

Ce mot *Lazinestra* (en italien Sinistra) désignait
évidemment la rive gauche du fleuve.

Mavomero.

Flor de Lisso, Flor de
   Lix.   — Liman-Teligoul.

Golfe à l'embouchure de la rivière Teligoul.

Barbarese, Barbarexe,   aujourd'hui l'île Berksen.

Zagory, Zagori.

Grote de Toni (pêche-
   ries de thons),   — Okzakow.

Zoatri,   — les îles du Dniéper.

Porto de Bo, Porto de
   Bovo (le port du
   Bœuf),   — le lac d'Ovidovo.

L'embouchure du Dniéper (l'ancien Borysthène)
était très-fréquentée. Il s'y tenait de grandes foires,

où les Russes de Novgorod, de Kief, de Moscou, apportaient des pelleteries, du miel, du lin, du chanvre, des munitions navales, et les Tartares de l'Ukraine des cuirs, des cordages, des suifs, des bois et de la laine qu'ils échangeaient contre du sel, des fruits, de l'huile, des vins de Mésembrie et de Krimée, des ornements pour les chevaux, des étoffes et autres objets d'habillement.

PIDEA, PIDEYA,   — KZOGAR.

MEGANICO, MEGATICA, MEGARICHE,   — PILOBA.

LO GOLFO DE NISOPOLA, NIGROPOLI, NIGRO-PILA (νεκρο-πυλη, porte de la mort),   — PERKINIT.

C'était le nom que les anciens Grecs avaient donné à ce golfe, à cause de quelques rochers qui en rendaient l'entrée dangereuse.

NISI (νησος), ISOLA ROSSA, la plus grande île du golfe.

SESSAM, SESCHAM,   — PEREKOP.

Bâtie sur l'étroite langue de terre qui joint la Krimée au continent, Pérékop ou Orkapi servait de porte à la péninsule. L'isthme était coupé par un large fossé (le *Taphros des Grecs*), que défendait un château assez bien fortifié. C'était l'entrepôt de toutes les marchandises qui entraient en Krimée ou qui en sortaient par la voie de terre. A deux lieues au sud de Pérékop s'étendaient de très-belles salines qui donnaient une quantité prodigieuse de sel. Les Russes et les Tartares du Dniéper venaient s'y approvisionner.

CATALUCA,   — KALASETACH.

IV.

CÔTES DE LA KRIMÉE.

MEGA GROSIDA (LA GRANDE GROSIDA).

GROSIDA, LA GROXIDA, LA GROXEA.

CASAVEGA.

VARANGOLIMEN, VARANGIDA, VARACHICHO,   — le lac DONGOUZLAV.

CAO LO ROS, ROSSO TAR,   — ESKI-FOROS.

Trinicha, Trinici, Ter-
mich,   — Tarpantzi.

Le Saline, Solitico,   — Koslov.

C'était la place de commerce la plus importante de la côte occidentale de la Krimée ; mais l'ancrage était mauvais : découverte de tous côtés, la rade était dangereuse, lorsque les vents d'ouest soufflaient. Les navires étaient obligés d'aller chercher un abri dans quelque baie voisine. Les marchands turcs et arméniens faisaient de fréquents voyages à Koslov ; de tous les points de la mer Noire, de Varna, de Constantinople, de Sinope, de Trébisonde, de Sébastopolis, il y abordait des navires ; les négociants russes, lorsque leur pays était en paix avec le khan de Krimée, la visitaient et y apportaient leurs marchandises ; elle était encore le rendez-vous des hordes tartares de l'Ukraine qui allaient y échanger des grains contre du sel. Les étangs de Sak étaient renommés et très-abondants. Koslov livrait au commerce des peaux travaillées, des suifs, de la laine, des cuirs, des tissus de feutre, des pelisses de mouton (*goudjouk*) et des peaux d'agneaux qui servaient à border les bonnets *à la tartare*. Ces peaux formaient l'objet le plus considérable du commerce de sortie ; on les portait à Sinope et à Samsoum, où elles se vendaient très-avantageusement. De Varna,

de Constantinople et de l'Anatolie, on expédiait à
Koslov du riz, de l'huile, du savon, des étoffes de
soie et de coton, des draps, des camelots et des
fruits, principalement des figues sèches, des dattes
(*kara-khourma*, dattes noires), article d'une très-
grande consommation dans le pays, et du *nardenk*,
espèce de raisiné, dont les Tartares étaient très-
friands. Le plus estimé venait de Kérésoun et de
Trébisonde.

LE FETI.

CALAMITA, CALAMIT.

FANAR.

CHORSONA, CERSONA, GI-
RICONDA, GEREZONDA,
ZURZONA.

L'ancienne Kherson.

CEMBALO, CEMBANO,
CEMBARO,   — BALAKLAW.

Le port de Cembalo était magnifique et l'un des
plus beaux qu'il fût possible de voir. Il était vaste
et partout assez profond pour recevoir les plus grands
navires. Le commerce de cette ville était peu considérable ; il consistait en laine, cuirs, feutres, poissons salés et fumés (*koumri*). La laine de Cembalo

était recherchée : elle passait pour la meilleure de la Krimée; mais on n'en recueillait dans le pays qu'une petite quantité. La pêche du koumri, qui avait lieu à la fin de l'été, avait seule quelque importance. La plus grande partie de ce poisson était envoyée à Constantinople et dans tous les ports de l'Anatolie. Les marchands qui se livraient à ce commerce en retiraient de grands profits.

GIA, LAJA, LOIA, LAYA,	—	AÏA-BOUROUN (le promontoire sacré).
LO CAVO SETI TUDARI, SAN TODERO, SANCTO-DERO (SAINT-THÉODORE),	—	le cap AÏ-THODOR.
PANGROPULLE, PANGOPOLI, PAGROPOLL,	—	AÏOU-DAGH (la montagne de l'ours).
ALUSTA, LASTA, LUSTRA, LUSTO,	—	ALOUCHTA.

Ancien établissement des Grecs byzantins; ils y avaient même construit un château. Alusta, bâtie dans une belle position, au pied du Tchâtir-Dagh (montagne de la tente), offrait un coup d'œil charmant. Son canton était le plus fertile de la Krimée. Toutes les cultures, les plus riches et les plus utiles de l'Europe méridionale et de l'Asie-Mineure y réussissaient parfaitement. Le pays produisait du chanvre d'une assez bonne qualité, du safran et un peu de lin.

SCHUTI, SCUTI,   — OUSKOUT.

ATLINO.

SUDAK, SODAVA, SOLDAÏA, — SOUDAGH.

Sudak, comme Alusta, était située à l'entrée d'une vallée couverte de jardins et de vignobles. Le commerce de cette ville était peu actif, et le vin formait à peu près la seule branche d'exportation. Le port était excellent, bien abrité et assez vaste.

MESANO, MEGANONE,   — le cap MEGANOME (la grande habitation).

GALITA, CALISTRA, CAL-
LITTA, CALETRA,   — OTOUZ.

La belle et riante vallée d'Otouz, entourée de montagnes pittoresques, n'était pas moins riche que celles de Sudak et d'Alusta (1). Tout le pays, le long de la chaîne de montagnes qui borde la côte sud-est de la Krimée, présentait un aspect ravissant.

(1) Otouz en tartare signifie *trente*, et ce nom lui venait des trente villages qui peuplaient, dit-on, la vallée. Aujourd'hui il n'y en a plus qu'un seul. (Demidoff, *Voyage en Krimée.*)

Provato.

Pefidima, Pecfidema,   —   Koktebel.

Gafa, Capha, Caffa,   —   Kaffa.

Kaffa était le grand dépôt de toutes les marchandises de la Krimée et de celles que les Génois y portaient de Constantinople et des autres points de la mer Noire pour servir au commerce d'échange. De là, elles se répandaient dans tout le pays. J'ai parlé, dans un chapitre précédent, de quelques-unes des marchandises que fournissait la Krimée, et de celles qu'elle consommait; quelques nouveaux détails sont nécessaires pour faire bien connaître le commerce d'importation et d'exportation de la péninsule taurique aux XIIIe et XIVe siècles, à cette époque la plus belle de son histoire. Parmi les nombreux objets que les Génois expédiaient en Krimée, les étoffes de toute espèce et principalement les draps d'Italie et d'Allemagne, et les toiles peintes ou *basmus* de l'Anatolie, formaient l'une des branches les plus étendues du commerce d'importation. Ce dernier article était surtout important; il était en Krimée d'un usage général. Les marchands de Kaffa allaient acheter ces tissus à Kérésoun et à Sinope, où on les amenait de Tokat et d'Amasieh, villes de l'intérieur très-florissantes par leur industrie. L'huile était de toutes les denrées celle qui se vendait à Kaffa avec le plus d'avantage. La Krimée n'en produisait pas ; la partie septentrionale de la presqu'île était trop froide pour que les oliviers pussent y subsister. Au midi, sur le bord de la mer, on voyait quelques plantations de cet arbre précieux, mais elles étaient négligées : les Tartares ne prenaient aucun soin de leur culture. L'huile que l'on débitait en Krimée venait des îles de l'Archipel. Les limons et les oranges de Khios, le nardenk et les fruits secs de l'Asie-Mineure, dont les Tartares faisaient une grande consommation, étaient un autre article très-important du commerce d'entrée. Les marchands y gagnaient cent pour cent. Les marchandises que les Génois exportaient de Kaffa étaient nombreuses et toutes très-utiles. La Krimée leur fournissait de très-beaux cuirs de bœufs et de buffles, des peaux de moutons et d'agneaux, le plus solide et le plus lucratif objet du commerce de la péninsule, de la cire, du miel, le meilleur de toute la mer Noire et très-recherché à Constantinople où on le préférait à celui de Candie, du suif, des viandes salées et fumées, des céréales et des pelleteries (des peaux d'écureuils et de renards). Les Tartares portaient ces dernières à Kaffa telles qu'ils les tiraient de l'animal, et les Génois les faisaient travailler. Avec une seule peau, on formait jusqu'à six espèces de fourrures : le *boyaz* ou cou, qui servait pour les bordures; le *dyilgava* (la partie qui couvrait la poitrine): c'était la fourrure la plus estimée; le *naf* (les flancs et le ventre), que l'on employait à l'intérieur des pelisses; enfin le *sirt*, le *kaffas* et le *patchas*, fourrures communes, tirées du dos, de la tête et des pieds. La Krimée ne fournissait que des pelleteries assez inférieures, qui presque toutes étaient achetées par les Tartares; on en envoyait seulement quelques-unes à Trébisonde et à Sinope. Les plus belles fourrures, celles de peaux de martre, de renard noir, de *kakoum* ou hermine et de castor, venaient de la Russie. La baie de Kaffa était profonde et spacieuse, mais, mal défendue au nord, elle offrait peu de sûreté aux navires. Pendant la saison d'hiver, ils allaient séjourner dans le port de Kertch ou Bospro, qui était excellent; les bâtiments de toute portée pouvaient y entrer.

Zavida, Avida.

Gonestaxe, Conitato,	—	Kentchek.
Ciprico, Cipreo,	—	le port d'Opouk.
Cavallari, Cinalari,	—	Takil-Bouroun.
Aspromiti, Aspromito, Asperomitri,	—	Nymphée.

Ancienne colonie milésienne.

Bospro, Vospro, Vespero, — Kertch.

Les navires allaient à Bospro charger du sel. Cette ville faisait encore un grand commerce de poissons (esturgeons et morones). La pêche, qui était très-considérable, commençait au mois de mai et durait jusqu'au mois d'octobre. On coupait les poissons par bandes, on les salait et fumait, et on les transportait à Constantinople. Le caviar noir de Bospro était renommé.

Pandico, Pantico, — l'ancienne Panticapée.

Zucalay, — Jeni-Kaleh.

Les habitants de Zucalay s'occupaient de la pêche des esturgeons.

V.

Côtes de la mer d'Azof.

Carchavoni, Carcavo-
esi.

Seche, — Souksou.

Sosiati.

Saline, — le cap Havrilofska.

Comania, Chumania, — Molochtna.

Sancti Georgi, San Zorzo, — le cap Bessarion.

Plotusi.

Tena de Cospori, Tana de Castori, — Outlouk.

Li Porti, Pollizzo, Portetti.

Polonixi, Pelonisi, — Belo-Saraïskaia.

Polastra, Palestra, — Marioupol.

Petit port assez fréquenté, à l'embouchure du Kalmious, où les marchands allaient s'approvisionner de blé. Il en venait de grandes quantités de la Russie méridionale.

Locachi, Locache, — Kaszik.

Papaconio, Papacomi, — Krivaja.

Posgue.

Rogo, lo fiume Rosso, — le fleuve Miouss.

On en exportait des bois de construction. De très-belles forêts couvraient les deux rives du fleuve jusqu'à une grande distance dans l'intérieur du pays.

L'embouchure du Miouss était bien connue des navigateurs qui commerçaient dans la mer d'Azoff; les bâtiments allaient souvent y mouiller.

CHABARDI, CABARDI,   — la rivière BERDA.

PORTO PISANO, PISAN,
   PISAM,   — TAGANROG.

Le principal comptoir des Pisans, situé à l'entrée d'une petite presqu'île. Sa proximité du Tanaïs lui donnait une grande importance et le commerce y était très-actif. Il consistait en blé, cuirs, chanvre, pelleteries, munitions navales, bois de construction, poissons et caviar. Sur toute la côte, de Pérékop à l'embouchure du Don, on se livrait à la pêche.

MAGROMISI, MAGROMIXI,
   MAGEMISSI,   — les îles du DON.

TANNA, LA TANA,   — AZOFF.

L'ancienne *Tanaïs*. Les avantages de la situation de cette ville étaient balancés par quelques inconvénients. Le peu de profondeur de la mer d'Azoff ne permettait pas aux gros navires d'y pénétrer, et les nombreux bancs de sable ainsi que la violence des courants rendaient les traversées longues et dispendieuses; mais l'activité des marchands latins suppléait à tout. Le commerce de la Tana était immense; la navigation du Don et du Volga lui ouvrait des communications faciles avec Moscou, Astrakhan, Serai et Urgenz. Toutes les marchandises du Nord et les productions riches et variées de la Perse et des Indes, apportées par les caravanes du Kathay et de la Boukharie, affluaient à l'embouchure du Tanaïs.

Casal de li Rossi, — village des Russes.

Zataria, Jakaria, — Kabanar.

Papinachi, Cacinachi.

Lo Tar, Tar magno.

Tar parvo, — Akhtara.

Pessio, lo Peco, Pexo, Pesso.

Ce nom semble indiquer un établissement de pêche.

Sancti Georgy, San Zorzo.

Acopa, Locichopa, — Kosadji.

Une des trois bouches occidentales du Kouban ou Psisshé (l'ancien Hypanis). Le meilleur caviar venait de Kosadji. La pêche d'esturgeons à l'embouchure du Kouban était quelquefois si abondante qu'on en laissait perdre une grande partie.

Cici, Locici, Lociciii,   —   l'île Tyrambé.

Copa, lo Cupa,   —   Temrouk.

Les marchands de Kaffa allaient y chercher, ainsi qu'à Kosadji, du poisson salé et du caviar qu'ils transportaient dans les ports de l'Anatolie.

CHAPITRE XIII

TRAFIC DE LA ... FOIRE AU MOYEN AGE
— ORIENT ET OCC. —

Maîtres ayant aux Génois le point de communication avec les tribus tartares qui habitaient au ... depuis au Kouban. On y connaissait une partie des marchandises apportées de Constantinople ... Le commerce d'exportation était considérable ... consistait principalement en laine d'une très-bonne qualité, cuirs, fourrures, miel, cire et poissons.

que les Tartares échangeaient contre des fruits, de la quincaillerie, des objets de parure pour les femmes, des selles de chevaux, des draps d'Europe et autres étoffes. Les bâtiments ne pouvaient point hiverner à Matrega; pendant la mauvaise saison, ils se retiraient dans le port de Kertch.

ANTONISI, ANTONI.

CACI.

MAPA.   — ANAPA.

Mapa, située à peu de distance de l'embouchure du Kouban, était le premier port que l'on rencontrait sur la côte des Sikhes. Il n'y abordait que des petits bâtiments, et le commerce était à peu près nul. Lorsque le vent de terre soufflait avec violence, les navires étaient exposés à être jetés brusquement en mer. La rade n'avait aucun abri.

TENEGIA, TEINICI, TRENISI, TRINQUEBIE.

CHIGA.

CHALOLIMEN, GALOLIMENA (καλὸς-λιμήν, la belle baie).   — ZIMISSÉ ou SOUDJOUK-KALEH (le château des petites souris).

La ville grecque de *Bata*, citée dans le périple d'Arrien. Le port, dont le fond avait une grande solidité, était excellent. Le cap Taouba, qui en fermait l'entrée, le protégeait contre les vents du nord-ouest, et les navires y étaient en parfaite sûreté. Chatolimen était admirablement située comme entrepôt de commerce, et les Génois avaient établi avec les habitants du pays un trafic d'échange extrêmement lucratif. Ils y expédiaient du savon, du riz, du sel (1), du coton brut et filé, de l'encens, du poivre, du gingembre, que les Circassiens mêlaient avec du miel et dont ils composaient une boisson très-forte, quelques épiceries fines, des figues sèches, du nardenk, des draps italiens et des *bocassins*, pièces de toile à faire une chemise. Ce dernier article était la monnaie du pays; tous les contrats se faisaient par bocassins. Les Génois portaient en Circassie jusqu'à des armures et des cottes de mailles, qu'ils vendaient aux nobles tcherkesses. On trouve encore dans le pays des casques et des hauberts avec des inscriptions franques qui en dénotent l'origine. Cet objet n'était pas le moins considérable du commerce d'importation. Les marchands de Kaffa tiraient du pays des Sikhes de la laine, des cuirs de

(1) Cette denrée était d'une impérieuse nécessité. Le pays des Sikhes n'en produisait pas.

bœufs, du miel, de la cire, des peaux de martres, de fouines, de renards (*tilki*) et des pelisses de moutons; mais la principale branche du commerce de la Circassie était les esclaves. Les femmes circassiennes étaient généralement belles, d'une taille svelte et très-séduisantes; les hommes presque tous grands et bien faits. Le prix des esclaves n'était point déterminé : la beauté, l'âge, la force et les divers usages auxquels on les destinait en réglaient la valeur. Les pères avaient le droit de vendre leurs enfants. Les riches les vendaient rarement, à moins qu'ils n'eussent contre eux de graves sujets de plaintes; mais les pauvres gens, pressés par la misère, faisaient souvent usage du droit que la loi leur donnait. Ils cédaient leurs enfants pour quelques pouds de sel. La femme devenue coupable d'adultère était vendue par son mari; un frère pouvait également trafiquer de sa sœur, lorsque tous deux n'avaient plus de parents; mais jamais un Circassien ne vendait un autre Circassien : il craignait la loi du sang (*thil-ouassa*), qui l'atteignait dans toute sa rigueur. Le noble n'avait même pas le droit de condamner son serf à l'esclavage, à moins que ce dernier n'eût commis quelque acte de félonie, et même, dans ce cas, il fallait que l'assemblée nationale eût reconnu la culpabilité du serf. Le Circassien ne vendait que son prisonnier ou son esclave; souvent, par une spéculation odieuse, il le traitait bien et le mariait pour avoir de lui des enfants dont il pût faire son profit. C'était une richesse dont il lui était permis de disposer comme il l'entendait. Ces enfants de prisonniers, lorsqu'ils étaient beaux et bien faits, étaient tous vendus et formaient le fonds principal du commerce des esclaves.

MAUROLACO, MAVROLACO, — GHELINDJIK.

L'ancienne *Toricos*. La baie de Maurolaco, qui renfermait le meilleur port de toute la côte du pays des Sikhes, était très-fréquentée par les marchands italiens. On en exportait les mêmes objets que de Chalolimen.

CHORECA, CARETA,	— KOPETCHAI.
MAVA ZICHIA, MAURA ZICHIA,	— PSCHAD.
FIUME LONDIA, LODIA,	— VOULAN.
PORTO DE LA COS, PORTO D'ZURZUCHI, PORTO DE SUSACHU,	— KÓDDOS.
CHALI ZICHIA, ALBA ZICHIA,	— AOUL DE ZICHE.

Un des points principaux du pays des Sikhes. A

peu de distance s'ouvrait une belle vallée peuplée de charmants villages ; les Vénitiens l'appelaient la *belle Zichie*.

II.

CÔTES DE L'ABASIE.

SANNA.

L'ancienne *Nikopsis*, dont parle Constantin Porphyrogénète.

CHUBA, GUBA,   — le cap CHIMIDTO-
                                        KOUADJE.

CHASTRO, COSTO,   — SOUBETCHI.

Ancienne station navale des Romains. La baie de Chastro, commode et sûre, située à l'embouchure d'une petite rivière de même nom, offrait un bon ancrage aux plus gros navires. Ce port était souvent visité par les commerçants de Venise et de Gênes, mais surtout par les derniers. Il s'y tenait de grands marchés où les affaires étaient très-actives. Les bâtiments génois qui allaient en Abasie chargeaient ordinairement du sel, que les lacs de Kertch leur fournissaient en abondance. C'était pour les Abases la marchandise la plus précieuse ; leur pays, ainsi que celui des Sikhes, n'en produisait pas. Les marchands latins de Trébisonde leur portaient des vins de Sormena, de Tripoli et de quelques autres endroits de la côte méridionale ; le débit de cet article était aussi très-avantageux. Les autres objets qui se vendaient le mieux chez les Abases, et dont se composaient les cargaisons des navires, étaient des draps européens, des colliers et der bracelets pour les femmes, des toiles peintes d'Amasieh et de Tokat, de la quincaillerie et des armes. On trouvait à s'approvisionner à Chastro de toutes les marchandises que le pays des Abases livrait au commerce et qui consistaient en bois de buis, manteaux de feutre, pelisses de renards, de fouines, d'écureuils, peaux de martres, miel et cire. Les marchands qui s'occupaient du trafic des esclaves trouvaient à en acheter autant qu'ils en voulaient et à très-bon compte de tout âge, et de tout sexe. Les Abases, de tribu à tribu, étaient continuellement en guerre, et tous les prisonniers que l'on faisait de part et d'autre étaient impitoyablement vendus. Lorsqu'un chef faisait une incursion sur les terres d'une tribu voisine, tout ce que lui et ses gens pouvaient emporter était considéré comme de bonne prise et n'était jamais réclamé ; mais, s'il ne réussissait pas et tombait entre les mains de ses ennemis, tous ceux qui l'avaient accompagné, sans distinction et même son fils, étaient faits esclaves. Le chef seul ne pouvait pas être retenu prisonnier. La tribu qu'il avait attaquée, après avoir coupé les oreilles et la queue de son cheval en signe de dérision, le renvoyait dans son village. C'était la seule vengeance que les princes tiraient les uns des autres, et cet usage avait pour résultat de rendre les guerres interminables. Les esclaves abases étaient moins estimés que les Circassiens et ne valaient que la moitié du prix de ces derniers dans les marchés de Kaffa et du Kaïre. Le commerce des Génois avec les peuples du Caucase se faisait entièrement par voie d'échange et donnait des bénéfices considérables ; pour un peu de vin, quelques mesures de sel ou quelques étoffes d'une valeur très-médiocre, on obtenait les meilleures productions du pays. Mais les marchands qui trafiquaient dans le pays des Sikhes et en Abasie avaient de grandes précautions à prendre pour éviter les dangers auxquels ils s'exposaient ; ils devaient se tenir constamment en garde contre les habitants, qui attaquaient indistinctement amis et ennemis dès qu'ils en trouvaient l'occasion. Le plus heureux et le plus respecté parmi ces fiers montagnards était celui qui avait les plus belles armes et qui était, par conséquent, le plus grand brigand du pays (1). Quand un navire abordait à

(1) Dubois de Montpéreux, *Voy. autour du Caucase*, t. I.

Chastro ou dans quelque autre port de la côte d'A-basie, le premier soin des marchands devait être d'envoyer un présent au chef du canton en lui demandant sa protection. Moyennant ce léger tribut, on était à l'abri de toute insulte et l'on pouvait débarquer sans aucune crainte pour trafiquer avec les habitants ; mais, lorsqu'on avait terminé ses affaires et que tout était prêt pour le départ, il fallait avoir soin, pour mettre à la voile, de profiter d'un bon vent qui pût, en quelques heures, porter le navire à quinze ou vingt milles au large : les chefs du voisinage et souvent même celui qui avait accueilli les marchands se tenaient toujours aux aguets, attendant la sortie du navire pour l'aborder et le piller. Les Abases du moyen-âge, comme les Héniokes du temps de Strabon, étaient d'audacieux pirates.

AVOGASSIA, ACBACIA (AKH-BASIE), — MAMAÏ.

La rade d'Avogassia, beaucoup plus ouverte que celle de Chastro, était fréquentée seulement en été. Les marchands de Kaffa allaient y échanger du sel contre de beau bois de construction.

LAIACO, AIAZO, LAIASO, — DZIACHE.

Chatari, Cacari, — la rivière Kamou-
chelar.

Sancta Sophia, — Ardler.

Entre Avogassia et Ardler, la côte, très-découpée, offrait plusieurs petits ports visités par les navires génois. On pouvait s'y procurer du bois et des pelleteries. Ardler n'avait qu'une plage défendue par un cap contre les vents du nord.

Giro, Cavo de Giro, — la rivière Kintchouli.

La *baie du Tournant*. Le port de *Nitica* du périple d'Arrien.

Paronda, Peronda, Pe-
zonda, — Pitzounda.

L'ancienne *Pythius*. La rade était très-sûre; les navires pouvaient s'y abriter en toute saison.

Chao de Bux, Cavo de
Bussi, — Bambor.

La *baie du Buis*, ainsi nommée à cause du grand commerce qui s'y faisait de cet article. De magnifiques forêts de cet arbre utile s'étendaient jusqu'aux bords de la mer; mais le meilleur buis était apporté par les Abases des villages de l'intérieur. En aucun autre endroit de la mer Noire on n'en trouvait d'aussi beau, en quantité aussi grande et à si bon marché. Il se vendait en troc du sel, poids pour poids : un chargement de cette denrée donnait ordinairement un chargement de buis. Les Génois, qui faisaient ce commerce, y gagnaient beaucoup. Le sel ne leur coûtait rien, et le buis qu'ils obtenaient en échange était transporté à Constantinople, où il se vendait très-avantageusement. La *baie du Buis* était, après Chastro, le principal marché de la côte des Abases.

NICOFIA, FIUM NICHOLA,
FIUM NICOLA, — ANIKOPI.

On allait y chercher des bois de construction. Dans toutes les petites rades autour de Bambor, on s'occupait activement de ce commerce. Le buis de Nicofia était aussi beau et aussi abondant que celui de Bambor; mais le transport ne pouvant s'en faire qu'à dos d'hommes, sur une distance de plusieurs lieues, cette branche d'exportation y était beaucoup moins considérable.

III.

CÔTES DE LA MINGRÉLIE ET DE L'IMÉRETH.

CATANCHA.

MURCULA, — MARKHOULA.

LAXOPOTAMO,   — GALAZGA.

SAVASTOPOLI, FAVASTA,   — ISGAOUR.

L'ancienne *Dioscurias* ou *Sebastopolis*. Les Génois y avaient un comptoir.

PORTO MENGRELLO,   — SOUKOUM-KALEH.

Le *port Mingrélien* faisait un grand commerce, quoique le mouillage de la rade ne fût pas sans danger. La Mingrélie, couverte de forêts, était remarquable par la fertilité de ses terres et la beauté de sa végétation. Les habitants donnaient beaucoup de soin à l'entretien des abeilles et cultivaient le coton, le lin, le riz, le millet, qui leur procuraient des articles d'échange. On exportait encore du pays du buis, des cuirs, des peaux de castors et quelques autres fourrures. Le commerce des esclaves était considérable : le plus fort vendait le plus faible. Chardin assure que la Mingrélie fournissait par an douze mille esclaves, et ce nombre est loin d'être exagéré, si l'on en croit d'autres voyageurs. Il dit que les jeunes filles mingréliennes étaient recherchées pour leur beauté. Les marchands italiens portaient en Mingrélie des draps, des étoffes, du sel, des armes et des ornements pour les chevaux.

ICABA, CICHABA,   — TSKHABA.

Tamusi, Tamasa, Ta-mansa,	—	Tamiche.
Goto, Gotto, Gota,	—	Kodor.

L'ancien fleuve *Korax*.

Chorobendi, Cortendina, Corerendia,	—	Osgoum.
Megapotemo, Megapomo, Negrapontio,	—	Anakria.

L'*Héraclée* des Grecs, située à l'embouchure et sur la rive gauche de l'Engour (*Singamis*). La rade, petite et assez mal abritée, n'était accessible qu'aux embarcations de grandeur moyenne. Megapotemo était occupé par les Génois, qui avaient entouré la ville de bonnes fortifications en pierres. C'était l'entrepôt de leur commerce avec l'Iméreth. Les productions de ce petit royaume ne différaient point de celles de la Mingrélie, et l'on y importait à peu près les mêmes marchandises. De Kaffa et de l'île de Taman, on y expédiait de forts chargements de poissons salés et fumés (*schienali*, filets d'esturgeons). La possession de Megapotemo était très-importante; elle ouvrait aux Génois une communication facile avec l'intérieur du pays. Les marchands allaient trafiquer à Khoutaïs, capitale de l'Iméreth et centre d'un commerce assez étendu.

Dipotemo, Lipotimo, Li-
gotomo (*Chobus*),   — Knori.

Les navires visitaient cette rade; mais le commerce y était peu actif, à cause de l'insalubrité du climat.

Fasio, Faso, Faxo,   — le Rioni.

Le *Phase* des anciens. Une forteresse, qui appartenait à l'empereur de Trébisonde, commandait la navigation du fleuve. C'était un marché d'esclaves assez fameux; on en amenait beaucoup de la Géorgie, que les marchands achetaient presque pour rien, et qu'ils revendaient en Égypte avec un grand bénéfice. Les esclaves géorgiens étaient estimés. Toute la longue côte qui s'étend de Chalolimen au Phase, découpée par une suite de baies, d'anses ou de rades où les bons mouillages étaient nombreux, était très-fréquentée par les navigateurs de Kaffa. Les Circassiens, les Abases et les Mingréliens se souviennent encore des Génois, qu'ils appellent *Dgenov*. Ils disent qu'ils avaient des établissements sur leurs côtes et les considèrent comme leurs frères (1). Dans les cartes de Visconte, de Benincasa et de Freduce, la partie orientale de la mer Noire est décrite avec assez d'exactitude.

(1) Gamba, *Voy. dans la Russie méridionale*, t. I. — Edm. Spencer, *Travels in the Western Caucasus*, t. I, ch. v.

IV.

CÔTES DU PAYS DES LAZES.

PALOSTOMO, PAHOSTOMA,
PABOSTOMA,   — BALIOSTRON.

L'ancien lac *Paléostome*, assez étendu et très-abondant en poissons. Les pêcheurs, en jetant leurs filets, dit un voyageur moderne (1), croient apercevoir au fond de l'onde limpide des dômes et des colonnades, restes d'une ville antique engloutie, à ce que rapporte la tradition, à la suite d'un tremblement de terre.

CASTRIZ,   — KINTRICHI.

SAN GHIRGORIO, SAN
   GIORGIO,   — GRIGORIETI.

VATI, LO VATI,   — BATOUN.

Le fleuve *Bathys*, dont parle Arrien. Vati n'avait qu'une rade ouverte; mais elle était profonde et assez bien défendue contre les vents d'ouest. Les plus gros bâtiments pouvaient y jeter l'ancre, et ils étaient aussi en sûreté que dans les meilleurs ports.

(1) Rottiers, *Itinéraire de Tiflis à Constantinople*, p. 184.

Le pays autour de Vati était très-fertile : il produisait assez de blé pour suffire aux besoins des habitants, et beaucoup de riz, qui leur fournissait un article d'exportation. Une route conduisait dans l'intérieur de la Géorgie. Cette province, riche par l'agriculture, le nombre de ses troupeaux et la variété de ses productions, offrait de grands avantages au commerce. On en tirait de la soie d'une bonne qualité, quoique inférieure à celle de Perse, de la laine, du coton filé, des peaux de *zerdavas* (martres communes) et de loups-cerviers, une des fourrures les plus estimées, des cuirs de buffles, du miel et de la cire, la principale marchandise du pays. Le commerce des esclaves y était presque aussi considérable qu'en Circassie.

GONEA, GUNEA, GAMEA, — GOUNIEH.

Située à l'embouchure de la rivière Tchoroki, l'ancienne *Akampsis*, Gonea avait quelque importance comme un des entrepôts de la Géorgie; mais l'air y était fort malsain, et les marchands qui fréquentaient ces parages préféraient aller à Batoun. Le territoire de Gonea ne produisait guère que du riz.

ARCHANI, ARTAVI, ARCANI, — ARKHAVA.

L'*Archabis* des Grecs, à dix lieues au sud de Vati.

Les Génois y avaient formé un établissement. Les habitants montrent encore aux voyageurs un château bâti par les marchands italiens sur une haute montagne au nord de la ville.

CHISSA , QUISA , QUIXA ,
    JUISSA ,   — VIGTZEH.

Le fleuve *Pyæites* des Anciens (πυξος, buis). L'abondance de cette espèce de bois y était extraordinaire et fournissait un objet de commerce. C'était à peu près la seule production du pays.

LENTINA, SENTINA,   — SCINDONA.

Leontocastro dans Michel Panarète (1), forteresse importante, cédée aux Génois par l'empereur de Trébisonde en 1349.

RISSO, RIXO, RIZO,   — RIZEH.

L'antique *Rizæum*. Le port, vaste et commode, pouvait recevoir toute espèce de bâtiments. Les marchandises qui constituaient le commerce d'importation de Risso, et qui s'y débitaient avec le plus de profit, étaient des draps d'Europe, des étoffes de laine de toute sorte, du savon, du miel de Krimée, de l'huile, des viandes salées ou *pastur-*

______

(1) *Chron. de Trébisonde*, ap. Lebeau, édit. Saint-Martin, t. XX.

mas et des grains qu'on y expédiait de la Bulgarie et des pays au nord du Danube. Les navires de Kaffa et de Taman y portaient aussi du poisson, du sel et des pelleteries. Ce dernier article se vendait très-avantageusement. Risso livrait au commerce des toiles de lin fabriquées dans le pays et très-recherchées, du chanvre, des fruits et du nardenk.

CAVO DE CROXE,   —   le cap ERIDIMANNI.

STILOS, STILLO.

ZUSMENA, SORMENA, GUR-
     MENA,   —   SOURMENEH.

On en exportait du vin, des figues, des noisettes et quelques autres produits du sol. Sur la côte, la pêche était assez abondante.

FLONDA.

STILIMAÏDAN,   —   GHIAOUP-MAÏDAN.

Un des faubourgs de Trébisonde.

V.

CÔTES DE L'ANATOLIE, DE TRÉBISONDE A SINOPE.

TRABEXONDA, TREBESONDA, — TRÉBISONDE.

De toutes les villes qui bordaient la mer Noire,

Trébisonde était celle dont le commerce avait le plus d'activité et offrait aux marchands latins les plus grands avantages. On y fabriquait des toiles de lin, des basmas, des étoffes de laine et de soie. Le pays, très-bien cultivé, embelli de vignobles et de jardins, produisait en abondance du vin et des fruits excellents, et de nombreux troupeaux qui couvraient les campagnes fournissaient de la laine et des cuirs; les bazars étaient approvisionnés de toutes sortes de denrées et de marchandises, que les caravanes de la Perse apportaient de l'intérieur de l'Asie. Les Génois et les Vénitiens étaient établis à Trébisonde; mais, bien que les deux peuples, traités avec la même faveur par les empereurs, y fussent sur le pied d'une parfaite égalité, le trafic des premiers était beaucoup plus actif et plus étendu. Dans les chapitres précédents, on a vu que les Vénitiens, maîtres absolus du commerce de la mer Noire pendant la première moitié du xiiie siècle, avaient été obligés, en 1261, lorsque les Grecs reprirent Constantinople, d'admettre les Génois au partage de leurs bénéfices. A dater de cette époque, leurs relations avec les peuples de la mer Noire étaient devenues chaque jour moins fréquentes. En 1364, ils ne visitaient plus Trébisonde qu'à de longs intervalles, et l'empereur, qui voyait avec peine les négociants de Venise cesser de venir dans sa capitale, essaya de les y attirer de nouveau par la concession de franchises plus étendues; il abaissa les droits qu'ils avaient payés jusqu'alors et les assimila entièrement aux marchands génois (1). Les Vénitiens revinrent en effet, et, pendant quelques années, leur commerce avec Trébisonde reprit un peu d'importance; mais ils ne pouvaient lutter avec succès contre l'écrasante prépondérance des Génois. J'ai parlé dans le chapitre X des principales marchandises que l'on exportait de Trébisonde et de celles que l'on y expédiait; j'ai dit aussi que cette ville était l'entrepôt du riche commerce de la Haute-Arménie.

PLATENA,   — PLATANA.

L'ancienne *Hermonassa*. La rade ouverte de Trébisonde ne présentait aucun abri; les petits bâtiments ne pouvaient même pas y jeter l'ancre en sûreté; on était obligé de les tirer à terre aussitôt après avoir abordé. Platena, située à deux lieues au sud de Trébisonde, était le port de cette ville.

GIRO.

CORALLA, CAROLA,   — GORILLA.

______

(1) *Codices Mss. Bibl. Taur.*, t. 1, p. 222 et seqq.

Viopoli, Viopoli,   — Biouk-Liman.

La colonie romaine de *Liviopolis*.

Laitos, Lartos.

Tripoli,   — Triboli.

Le vin de Tripoli était renommé et composait une branche importante du commerce de sortie. La plus grande partie était achetée par les marchands génois, qui le transportaient à Kaffa; c'était un des principaux articles de leur trafic d'échange avec les Russes. Le territoire de Tripoli produisait des fruits que l'on exportait dans toute la mer Noire. On y recueillait aussi de la soie fine d'une très-bonne qualité. La rade, découverte de tous côtés, n'offrait aucun asile pendant l'hiver, et le commerce d'importation était à peu près nul.

Zefalo, Cefalo, Zef-
    fanol,   — Tzefri.

Le cap *Zephyrium*.

Giranprivo, Giraprimo,   — Keresoun-Adasi.

L'île *Aretias*. Les navires qui venaient de la Krimée y relâchaient ordinairement.

Chirixonda, Chixondo,   — Keresoun.

C'était la seconde ville de l'empire de Trébisonde

et une des places les plus commerçantes de la côte méridionale de la mer Noire. Les marchands latins y faisaient de fréquents voyages. Le pays fournissait une grande quantité de soie et le commerce des fruits secs était immense. Selon la tradition historique, les premiers cerisiers (*cerasus*) qui furent envoyés à Rome venaient de cette ville.

SAN VASSILI, SAN VASILY, — le cap AÏ-VASSILI.

ONCIDA, ÔMIDIE, — LAZE-LIMAN.

L'ancienne *Cotyora*, citée par Xénophon.

BAZAR, — BAZAR-KALEH.

SCHIFI, CHISSI.

Petit port où se retiraient les navires qui fréquentaient la côte du Djanik (1). Dans la mauvaise saison, lorsque les vents du nord soufflaient, le mouillage des autres ports était dangereux.

SANTOMAO.

PORMON, PORMONE.

LA VONA, LEONA, — VONA.

VATTIZA, VATHIZA, — FATSA.

La rade de Vattiza et celle de la Vona ne présen-

***

(1) Le pays compris entre Kérésoun et le Kizil-Ermak.

taient que des abris mal assurés contre les vents et n'étaient visitées qu'en été par les marchands de Caffa qui venaient y échanger quelques étoffes et du sel contre de la laine, des cuirs et des cordages.

Honio, Homnio,   — Ounieh.

Le fleuve *OEnoe* du périple d'Arrien. L'article le plus important du commerce d'Ounieh était le chanvre, dont la plus grande partie était expédiée à Constantinople. On trouvait encore à s'y procurer de très-beaux cuirs de buffles. Le port d'Ounieh était l'échelle de Tokat. Les toiles peintes, les tissus fins de coton (*bochayram*), les tapis et autres étoffes que l'on fabriquait dans cette ville y étaient transportés et de là répandus dans tous les pays qui avoisinaient la mer Noire. Tokat, la *Comana Pontica* de Strabon, était une des villes les plus riches de l'Anatolie. Elle était le point central de toutes les caravanes de l'Asie-Mineure et le rendez-vous d'une foule de marchands latins, grecs, musulmans et arméniens. Les mines de cuivre que l'on y exploitait étaient renommées. Ounieh appartenait aux Génois. Sur une haute montagne, au sud-est, formant un cône aigu, ils avaient construit une forteresse imprenable, entourée de quatre murailles, dont la dernière couronnait le sommet du mont. Chaque enceinte n'avait qu'une porte, excepté la plus élevée,

qui en avait deux et renfermait de vastes citernes (1).

TARMINE, TAMIRO,   —   THARMEH.
   Le fleuve *Thermodon*.

HIRIOS, LIMONA-LIRIO,
   LIMINIA,   —   l'IÉKIL-ERMAK (le
                              fleuve vert).
   L'*Iris* des anciens Grecs.

CHALO NOVY.

ILIMISSO, SIMISSO,   —   SAMSOUN.

Aujourd'hui déserte, Samsoun, quoique bien
déchue de son ancienne splendeur au temps des
Romains, faisait au moyen-âge un commerce assez
considérable. Elle était fréquentée par les marchands
turcs qui trafiquaient en Krimée; c'était dans son
port qu'ils s'embarquaient pour Kaffa (2). Le voisinage d'Amasieh, l'ancienne *Amasia*, patrie de
Strabon, éloignée seulement de deux journées de
marche, ajoutait à son importance; Samsoun était
l'entrepôt du commerce de cette ville. Amasieh,
très-florissante par l'industrie de ses habitants, pos-

(1) Minas, *Description du Pont-Euxin*, ap. Lebeau, édit.
Saint-Martin, t. XX, p. 436.
(2) Quatremère, *Notices et Extraits des Mss.*, t. XIII, p. 303.

sédait, ainsi que Tokat, des fabriques de toiles peintes et de tapis et son territoire produisait de la soie en abondance. Les négociants italiens la visitaient; ils avaient avec les princes turcs de l'Asie-Mineure des traités qui leur permettaient de commercer dans toute l'étendue du *pays de Roum*. Moyennant un droit de dix pour cent sur les marchandises qu'ils achetaient ou vendaient, ils pouvaient exercer toute espèce de négoce. En cas de naufrage, ils devaient trouver protection et asile, et, lorsqu'ils étaient attaqués en voyageant dans le pays, les habitants étaient tenus de les défendre. A Samsoun, les Génois avaient un consul et ils exploitaient des mines d'argent dans les montagnes voisines (1).

PLATEGONA.

SANTA AMIA.

LAGUSSI, LANGIXI, LANGUISI,   — KOUMDJOUGAZ.

Les habitants de Lagussi s'occupaient du commerce des fruits et cultivaient le chanvre. Les vignes du pays donnaient un peu de vin. De Kérésoun à Sinope, les rivages de la mer Noire étaient couverts d'épaisses forêts dans lesquelles les fruits naissaient

_____

(1) Minas, p. 480.

d'eux-mêmes. Toute cette côte est encore aujourd'hui considérée comme le verger de Constantinople.

LALLI, LALLIS, — le KIZIL-ERMAK (le fleuve rouge).

L'*Halys* des Grecs. La pêche du thon (*tonina*) était très-productive à l'embouchure de ce fleuve.

PANIGERIA, PANGERIO, — ALADJAM.

CHALAMOS, CALLIPO (*Calippos*).

AZURNIS (*Garzubanthum*).

CHARUSA, CAROSA, — GHERZEH.

Les expéditions pour Constantinople consistaient en bois de construction, mâts de navires, planches de chêne, de noyer, de platane. On en exportait aussi du nardenk fort recherché. Le port de Charusa était très-mauvais ; Arrien le cite comme un des plus dangereux de la côte méridionale.

SINOPI, — SINOPE.

C'était, après Trébisonde et Kaffa, la ville la plus commerçante de la mer Noire. Placée à l'entrée d'une presqu'île de quatre lieues de périmètre, Sinope possédait le plus beau port de toute la côte.

La rade était spacieuse et le mouillage sûr ; les plus grandes flottes pouvaient y entrer et y séjourner pendant l'hiver. Les marchands de Galata et de la Krimée faisaient avec cette ville de nombreuses affaires, et des traités leur assuraient un commerce très-lucratif avec les habitants du pays. Ils y portaient des draps, des manteaux de feutre, des épiceries, de l'huile, du savon, de la quincaillerie et des céréales ; le territoire de Sinope produisait du blé, mais en quantité insuffisante pour approvisionner les habitants. De Kaffa, on y expédiait beaucoup de fourrures dont la vente était très-avantageuse. Les munitions navales et les bois de construction étaient les deux principaux articles du commerce d'exportation. Sinope fournissait encore des poissons séchés, du riz, des fruits et quelques cuirs.

VI.

CÔTES DE L'ANATOLIE, DE SINOPE A AMASRA.

ERMIN, PERMINIO,   —   AKLIMAN.

La *Baie Blanche*, l'ancienne *Herménis*, dont parle Xénophon et où débarquèrent les dix mille (1),

(1) Anabase, liv. VI, ch. 1.

située à deux lieues à l'ouest de Sinope. Son port, assez vaste et bien défendu, servait de refuge aux navires que les vents contraires empêchaient de doubler le cap Kerempeh.

LEFETTI, LEFTI (*Lepte*), — le cap INDJEH.

STEFANIO, — ABANA.

Cette ville n'avait qu'un commerce très-borné. Des fruits et quelques bois de construction, que les habitants échangeaient contre des grains et du sel, étaient les seules productions du pays. La baie de Stefanio n'offrait aucun port où les navigateurs pussent aborder en sûreté.

QUINOLI, QUINOPOLI, — KINLA.

ZINOPOLI, GINOPOLI, — ENEBOLI.

La colonie grecque d'*Ionopolis*. C'était l'échelle de Kastamoun, ville de l'intérieur, qui avait des manufactures de camelots et dont le territoire renfermait d'excellentes mines de cuivre. Séparée de Sinope par une chaîne de montagnes, au travers desquelles nulle route n'était tracée et que sillonnaient de profonds ravins, Kastamoun était obligée d'envoyer ses produits à Zinopoli, quoique la rade de cette ville fût mauvaise et l'ancrage difficile. Les bons ports étaient rares sur toute la côte de l'Anatolie, de Trébisonde au Bosphore. Le commerce particulier de Zinopoli était assez considérable : les marchands allaient y acheter des planches de sapin très-estimées, du chanvre, des câbles et autres cordages.

CHARAMIS, CARAMI,   — KEREMPEH.

Le cap *Carambis* des anciens, la pointe la plus septentrionale de l'Asie-Mineure.

GIRAPETRINO,   — SYRTES DE KEREMPEH.

DO CHASTELLI, CASTELLE, — KIDROS.

Les *Deux-Châteaux*, l'ancienne *Cytoros*.

Le port était très-sûr, mais praticable seulement pour les embarcations de grandeur médiocre. Le peu de profondeur de l'eau empêchait les gros navires d'y pénétrer.

**CHROMENO, COMANO
(*Cromna*),   — KAR-AGATCH.**

Le petit canton de Chromeno était en partie couvert de vignobles qui donnaient de très-bon vin et en assez grande quantité. Les autres marchandises que l'on trouvait dans le pays étaient des munitions et des bois propres à la marine. Les habitants échangeaient ces divers objets contre ceux qui leur manquaient, principalement du sel.

TRIPIXILLI, TRIPISILI, — DELI-KILI.

BOSCAM.

SAMASTRO, SAMAFTO, — AMASRA.

L'ancienne *Amastris*. Les Génois y avaient un établissement très-important (1).

VII.

CÔTES DE L'ANATOLIE, D'AMASRA AU BOSPHORE.

PARTHENI, PARTALLI, — BARTIN.

Cette ville, située au milieu d'un pays très-fertile, éloignée de cinq lieues de la mer, mais communiquant avec elle au moyen du fleuve *Parthenius*, expédiait à Constantinople de la cire excellente, des cuirs, des fruits de toute espèce et des bois de construction navale. Sur le penchant des montagnes s'étendaient de vertes forêts de buis qui fournissaient déjà du temps des Romains un article d'exportation considérable. Le commerce d'entrée, consistant en blé, riz, viandes salées, feutre, pelleteries, draps et autres produits de l'industrie italienne, avait de l'activité.

(1) Voir le chapitre X.

Tino, Tinos,   —   Tios.

La colonie milésienne de *Tium*.

Chao Pixili, Cavo Pi-
selo (*Psilla*),   —   Kili-Meli.

Chosina (le fleuve *Oxina*).

Ponta Rachia, Panta-
rachia,   —   Penderaki.

L'*Heraclea Pontica* des anciens Grecs, une de leurs plus puissantes colonies; ce n'est plus aujourd'hui qu'une bourgade. Les Génois y possédaient un comptoir : on voit encore les restes d'un môle dont on leur attribue la construction (1). On portait à Ponta Rachia les mêmes marchandises qu'à Partheni et on en tirait des fruits, de la cire, du lin filé et un peu de soie. Le port, bien abrité, pouvait recevoir toute espèce de navires.

Nipo, Lenippo,   —   Anaplia.

Située au fond du golfe de Ponta Rachia, Nipo

(1) Tournefort, *Voy. dans le Levant*, t. II, p. 184-104. — « Cette opinion n'est point partagée par un voyageur moderne, M. Allier de Hauteroche, qui donne à cette construction une origine beaucoup plus ancienne et la fait remonter au temps des Héracliens. Les raisons qu'il allègue paraissent fondées. » (Jaubert, *Voy. en Arménie et en Perse*, ch. XLV, p. 410.) — Note communiquée.

avait un très-bon port entouré de montagnes ; les navires pouvaient y jeter l'ancre et y séjourner dans toutes les saisons.

LIROS, LIRIO (*Lileum*).

Ancien *Emporium*.

ZAGORY, SAGARI, ZAJAM, —   SAKARIA.

Le fleuve *Sangarius*.

FARNAXIA, FENOSSIA,   —   les îles KEFKEN.

CHARPI, CARPI,   —   KIRPEH.

Le promontoire et le port de *Calpé* dont Xénophon fait une description très-intéressante et où il eut un moment l'idée de fonder une colonie (1).

SILLI (*Psillida*).

DIPOTAMO, DIPOTI.

Petit port à l'embouchure du fleuve *Artanes*, où les navires pouvaient relâcher au besoin.

RIVA,   —   IRVAH.

Le *Rhebas*, cité par Arrien.

ZIRO, GIRO,   —   FANARAKI.

(1) Anabase, liv. VI, ch. IV.

CHAPITRE XIV.

COMMERCE ET NAVIGATION DE LA MER CASPIENNE.

I.

D'ASTRAKHAN A L'EMBOUCHURE DU KOUR.

GINTARCHAN, GITRACAN, AGITARCAM, STRA-CHAN (1), — ASTRAKAN.

Le voyageur vénitien Marco Polo nous apprend que les Génois furent les premiers Italiens qui naviguèrent dans la mer Caspienne. A peine établis en Krimée, les marchands de Kaffa ne tardèrent pas à se montrer aux embouchures du Volga et se lancèrent courageusement sur cette mer inconnue (2). Avant eux, les Vénitiens avaient pénétré

(1) « Nova et universalior orbis cogniti Tabula Joanne Ruysch elaborata, ap. Geogr. Ptolemæi a Marco Beneventano correcta. »

(2) « Per questo mar de Abac nuovamente i mercatanti genovesi han cominciato a navigare, e di qui si porta la seta della Ghellie. » Lib. I, cap. v.

jusqu'à Astrakhan; mais ils n'avaient point osé se hasarder au-delà de cette ville, et il fallut que leurs rivaux plus hardis vinssent leur donner l'exemple. La fertile province du Ghilan, où l'on récoltait la meilleure soie de toute la Perse, fut la première visitée par les marchands européens; mais bientôt ils étendirent leurs relations commerciales et communiquèrent avec tous les peuples qui avoisinent la mer de Bacù (Bakou) (1). Astrakhan, déjà célèbre au temps de Massoudi (940) sous le nom d'*Athel* (2), était le grand dépôt de toutes les marchandises de la mer Caspienne qui, de cette ville, étaient envoyées à la Tana et en Krimée. De Derbend et de Bakou, on y expédiait de l'orge, du riz, du safran, de la garance; des provinces maritimes de la Perse, de la soie, du coton et des objets manufacturés; de la côte des Turkomans, des peaux de mouton, des tapis de feutre, des drogues médicinales et quelques autres produits de l'industrie des Tartares. Le

(1) Les voyageurs italiens du moyen-âge désignaient ainsi la mer Caspienne (*kasp*, montagne). Les Grecs byzantins et les Arabes l'appelaient mer des *Khazars* et les Persans mer de *Kolzoum*. Elle était encore connue sous les noms de mer de *Sarra* (Seraï), d'*Astrakhan*, de *Derbend*, de *Ghilan* ou *Djil*, de *Thabaristan*, d'*Hyrcanie* et de *Gourghen*.

(2) Klaproth, *Magasin asiatique*, 1825. — El Ouardi, ap. *Notices et Extraits des Mss.*, t. II, p. 47.

sel que l'on récoltait dans les lacs d'Astrakhan et les pêches du Volga, qui étaient considérables, fournissaient aux marchands de cette ville des articles d'échange avec les peuples des côtes méridionales. Au xive siècle, l'importance d'Astrakhan était immense : traversée par les caravanes du Kathay et maîtresse de la navigation de la mer Caspienne, elle voyait accourir dans ses murs un grand nombre de négociants de tous les pays. Les Génois et les Vénitiens y avaient formé des établissements de commerce, et les Russes de Moscou, qui venaient s'y approvisionner de sel (1), y portaient des pelleteries, du chanvre, du lin et toutes les productions variées des contrées septentrionales; mais, dans les premières années du siècle suivant, Themir-Lenk ayant envahi l'empire de Kipjack, toute la splendeur d'Astrakhan, saccagée et brûlée par les hordes mongoles, s'éclipsa en un jour. Les marchands italiens l'abandonnèrent pour Derbend, dont le commerce prit alors une grande activité ; les Russes seuls continuèrent à fréquenter la vieille métropole du Volga; mais ils ne purent lui rendre son ancienne opulence. En 1476, lorsque Contarini visita Astrakhan, elle commençait à peine à se relever de ses ruines (2).

(1) Barbaro, *Voy. à la Tana*, ch. xii.
(2) Contarini, *Voy. en Perse*, ch. vii, ap. Bergeron.

BACHANTI.

MONDASI.

COTABA.

FABINAGI.

CUBENE.

Ces divers noms, que l'on trouve mentionnés dans l'*Atlas catalan* publié par M. Buchon, indiquaient sans doute des camps de Tartares nomades. D'Astrakhan à l'embouchure du Térek, le rivage occidental de la mer Caspienne n'offrait qu'une longue steppe désolée, privée de bois et presque entièrement dépourvue d'eau. Sur toute cette côte, il ne se faisait aucun commerce. La principale occupation des tribus qui l'habitaient consistait à élever des chevaux, des moutons et des chèvres qu'ils allaient vendre à Astrakhan.

TERCHI,   — TERKI.

Massoudi et les auteurs arabes du xe siècle lui donnent le nom de *Semender* (1). Le commerce de Terki, aujourd'hui ruinée et qu'il ne faut pas confondre avec la moderne Tarkhou (2), était assez

(1) Klaproth, *Magasin asiatique*, p. 266.
(2) *Memoirs of P. H. Bruce*, liv. VIII.

considérable. Les marchands trouvaient à y acheter de la soie, de la laine et surtout du coton que l'on y apportait de l'intérieur. Les vignes du pays produisaient du vin. Kisliar, située sur la rive gauche du Térek, à quinze lieues de son embouchure, doit en partie son importance actuelle aux anciens habitants de Terki, qui s'y retirèrent lorsque leur ville fut détruite.

GOLF DE TERCHI,	—	golfe d'AGRAKHAN.
CICIE,	—	la rivière Koï-sou.

L'ancien fleuve *Gerrhus.*

GOBAZO,	—	TORKALI-OUZEN.
BURCHA,	—	MANASH.
MACHI,	—	ARGHI.
ADSERACH,	—	BOINAK.
FASACH,	—	KOUYZ.
DERBENT, DAROUBANDI,	—	DERBEND.

L'antique *Albana,* fondée par Alexandre, s'il faut en croire les habitants et les relations des voyageurs italiens (1). Derbend ou Themir-Capi (2), comme

(1) « Derbent è una città grande, e siccome per le lor croniche e memorie si vede, fù fabbricata dal magno Alessandro. » (*Voy. d'un marchand en Perse,* ch. XII.)

(2) Ces deux mots signifient *porte de fer.* La ville a reçu son

l'appelaient les Tartares, était située dans la position la plus favorable pour le commerce. Entourée du Daghestan et du Schirvan, provinces remarquables par la fécondité de leur sol et la variété de leurs productions, elle était le point d'union entre les contrées placées au midi et au nord du Caucase. On trouvait dans les bazars, richement fournis, toutes les marchandises et les précieuses denrées de l'Asie. Le vin de Derbend était très-estimé, et son territoire, d'une fertilité extraordinaire, déjà célèbre du temps de Strabon, produisait toutes sortes de grains et de fruits; il donnait surtout de l'orge, du riz, du coton et du safran qui avait la réputation de n'être mêlé d'aucune substance étrangère. On recueillait aussi de la soie, mais en moindre quantité, et sur la côte, la mer abondait en nombreuses espèces de poissons. Les marchands latins entretenaient d'actives relations avec Derbend. Ils allaient y vendre des draps d'Europe, des étoffes de Venise, des ceintures, des colliers, des pelleteries, et ils en exportaient des céréales, du safran et des *bocassins* (1). Le port de Derbend n'était pas sûr pendant toute l'an-

nom de l'étroit passage auprès duquel elle est bâtie, et qui est formé par une branche orientale du Caucase et par la mer.

(1) Rasmussen, *Journal asiatique*, t. V. — Contarini, *Voy. en Perse*, ch. vi. C'était un important marché d'esclaves. Voir le chapitre VII.

née. En hiver, les côtes du Daghestan étaient dangereuses à cause des îles de glace qui y flottaient ; mais en été, du mois de mai au mois de septembre, les navires pouvaient sans aucune crainte jeter l'ancre dans le port et y séjourner. Dans cette saison, les vents du nord soufflaient rarement. Aujourd'hui, la navigation de Derbend est à peu près nulle. La mer s'est retirée peu à peu, et le port qui déjà, lorsque les Italiens le fréquentaient, perdait chaque jour de sa profondeur (1), ne peut plus recevoir que de petites embarcations. Hanway qui, en 1746, visita Derbend, hésite à lui donner le nom de port (2).

CARAOL,   —   ROUBAS.

MUMOR,   —   la rivière SAMOUR.

    L'*Albanus* des anciens.

NIZABAT,   —   NISOVAÏA.

    Les navigateurs visitaient ce port où l'on pouvait

---

(1) Angiolello, *Vita e Fatti del signor Ussun-Cassan*, ch. XVI, ap. Ramusio, t. II : « A Derbent vi sono infinite abitazioni per esser porto di mare, dove, stanno molti navili, e già solevano aver navili grandi d'ottocento botte ; ma ora ne tengono solamente di dugento. »

(2) *Hanway's historical account of the british trade over the Caspian sea*, t. 1 ; part. IV, ch. LIX.

mouiller en sûreté. On en exportait les mêmes objets que de Derbend.

Xamay, Samaran, Se-
bran,   — Chabran.

Chabran, habitée par un grand nombre de juifs (1), était l'échelle de Kouba. Cette dernière ville, située à dix lieues à l'ouest dans l'intérieur du pays, livrait au commerce des grains de toute espèce, du riz (2), du coton et de la garance. Ses habitants, très-industrieux, s'occupaient de la fabrication de tapis et d'autres tissus. Le territoire de Kouba était si fertile que les Persans l'avaient surnommé le *paradis des roses*. Il produisait toute sorte de comestibles d'excellente qualité.

Barmachu,   — le mont Barmach (3).

Barg,   — Tourchagaï.

Cap de Preala (Pira-
lagaï),   — cap Abcheroun.

Abac, Bachau, Bacu;   — Bakou (4).

(1) Rubruquis, *Voy. en Tartarie*, ap. Bergeron.
(2) Les Voyages de Jean Struys, t. II, p. 152.
(3) Adam Olearius, *Voy. en Moscovie et en Perse*, liv. IV, p. 544.
(4) *Bad-kou*, la montagne du Vent.

18

Bakou, située sur la presqu'île d'Abcheroun ou d'Okoressa, qui forme le prolongement le plus oriental de la chaîne du Caucase, était, après Astrakhan et Derbend, la ville la plus commerçante de la mer Caspienne. Sa position était moins favorable que celle de Derbend; mais elle avait l'avantage d'offrir aux navigateurs un asile assuré contre les vents dans toutes les saisons. Son port, fermé par deux petites îles (1), était le meilleur de la mer Caspienne; c'était même le seul qui méritât véritablement ce nom (2). Bakou était fréquentée par les commerçants italiens qui, de cette ville, allaient à Chamaki (3), capitale du Schirvan (*Servan*). Grande et riche, entrepôt des marchandises de tout le pays et rendez-vous de nombreux négociants (4), Chamaki faisait un commerce considérable. Le passage des caravanes qui se rendaient de Bakou à Tiflis et de l'intérieur de la Perse à Derbend lui procurait

(1) Les îles de *Narguin* et de *Voulf*.

(2) Hanway, liv. IV, ch. LIX : « This may be denominated the best if not the only true port in the Caspian sea. » — Angiolello, ch. XVI : « Bacù, bonissimo porto. »

(3) *Samag, Sumacchia, Sumacht* (l'ancienne *Camechia*).

(4) « Città grande e ricca, porto e fonte di mercanzie e di mercatanti. » (*Voy. d'un marchand en Perse*, ch. XIV.) — Shamaki *emporium* (Nasr-Eddin, *Tabula geographica*, ap. Hudson, t. III, p. 101.)

de grands avantages (1). On tirait de la province du Schirvan du chanvre, du coton et une espèce de soie appelée *talamana*, assez estimée (2). Les vignes qui couvraient le pays donnaient le meilleur vin du Caucase; les montagnes renfermaient des mines où l'on exploitait le fer, et le long des rivières s'étendaient de gras pâturages qui nourrissaient un grand nombre de buffles, de moutons et de chèvres (3). Dans le territoire de Bakou on cultivait le safran, qui passait pour avoir beaucoup plus de force que celui d'Europe et formait une des principales branches du commerce d'exportation. La récolte de cette plante se faisait au mois de mai. Les lacs salés de la presqu'île fournissaient une grande quantité de sel (4), et les sources de naphte, sorte de pétrole qui abondait dans tout le pays autour de Bakou et dans les îles voisines, donnaient une substance liquide qui s'exportait en Perse. On s'en servait, malgré l'odeur forte qu'elle exhalait, pour s'éclairer pendant la nuit et pour oindre les chameaux (5). Les

(1) Détruite par Nadir-Châh dans le siècle dernier, Chamaki a été rebâtie de nos jours par les Russes; mais elle n'a pu recouvrer son ancienne splendeur.

(2) Contarini, *Voy. en Perse*, ch. vi.

(3) Les Voyages de Jean Struys, t. II, p. 154 et seqq.

(4) El Bakoui, ap. *Notices et Extraits des Mss.*, t. II, p. 510.

(5) *Mirabilia descripta*, per fratrem Jordanum, ap. *Recueil*

habitants de la province du Ghilan , qui presque tous s'occupaient de l'éducation des vers à soie, faisaient un grand usage de cette substance; ils prétendaient que le naphte était la seule matière que l'on pût brûler dans les maisons sans nuire à cet insecte utile qui faisait la richesse du pays (1).

ZELO,　　　　　　　— JILOÏ.

Petite île à peu de distance du cap Abcheroun, où les navires trouvaient un bon ancrage et un abri contre les vents du nord (2). Elle était habitée par quelques familles de pêcheurs dont toute l'industrie consistait à prendre des phoques (3).

COSTAZI,　　　　　　　— SALIAN.

de la *Société de Géographie*, t. IV, p. 60. — Barbaro, *Voy. en Perse*, ch. xxvii : « Bacû, presso la quale è una montagna che butta *olto negro di gran puzza*, il qual si adopera ad uso di lucerne e ad unzione de camelli. » — Plusieurs provinces des bords de la mer Caspienne n'ont pas d'autre combustible que le naphte : pétri avec un peu de sable ou de terre, il remplace le bois à brûler. On l'emploie encore avec succès pour recouvrir les toits plats des maisons. C'est une excellente défense contre la pluie. (J. Cooke, *Travels through the Russian empire*, t. II, p. 379.)

(1) Biberstein, *Tableau des provinces occidentales de la mer Caspienne*, p. 25.

(2) Hanway, *loco citato*.

(3) El Dakoui, p. 510. — Malte-Brun, *Géographie physique*, ch. xLV.

Située au point où le Kour se partage en deux bras principaux, Salian était fameuse par le commerce des esturgeons. Les pêches qui avaient lieu au printemps, en été et en automne, étaient considérables et composaient la principale richesse des habitants de cette partie du Schirvan. Celle du printemps, dont se tirait le caviar, était la plus abondante; à elle seule, elle fournissait les trois quarts du produit annuel. Le nombre des poissons était immense, et souvent on se contentait de leur couper le ventre et d'en arracher les œufs, puis on les rejetait comme inutiles. Les esturgeons que l'on prenait en été et en automne étaient découpés, salés et séchés. Une partie servait à la consommation des habitants, le reste était envoyé à Tauris. Un voyageur italien vante les morones que l'on pêchait à l'embouchure du Kour; il dit qu'ils étaient meilleurs que la chair des faisans (1).

ARAZ,　　　　　　　— ARAS.

L'ancien *Araxes* ou *Phasis* (2). Il n'est mentionné ici que pour mémoire. Quelques géographes du moyen-âge, prenant le bras méridional du Kour

(1) « Migliori che la carne de' fagiani. » (*Voy. d'un marchand en Perse*, ch. vii.)

(2) Barbié du Bocage, *Carte des marches et de l'empire d'Alexandre.*

pour la continuation de l'Aras, placent l'embouchure de ce dernier fleuve dans la mer Caspienne.

Cor, Cur,   — Kour.

Le Cyrus des anciens Grecs.

MAUMUTAGA, MAUMETAVAR.

Ce port, qui n'existe plus aujourd'hui, était l'entrepôt du commerce maritime de Tauris. Il n'est pas facile de déterminer d'une manière certaine le lieu qu'il occupait. Les relations italiennes disent seulement qu'il était éloigné de huit journées de Tauris ; c'est à peu près la distance que l'on compte de cette ville à la baie de Kizil-Agadj, et le *château* de Maumutaga était sans doute situé sur l'une des branches méridionales du delta que forme le Kour à son embouchure. Ce port avait une grande activité. D'Astrakhan on y expédiait de la laine, des peaux de moutons, des cuirs préparés et non préparés, du caviar de la mer Noire, plus estimé par les Persans que celui de la mer Caspienne (1), des draps, des toiles peintes et des fourrures ; des provinces orientales de la Perse, les navires de Sari et d'Astrabad y apportaient des tapis, des étoffes de soie et de coton, des manteaux de feutre, des mousselines, de la laque, de l'indigo, de la rhubarbe, de

____

(1) *Voy. d'un marchand en Perse, loco citato.*

la poudre d'or et des pierres précieuses. Toutes ces marchandises allaient à Tauris ou remontaient le Kour et se répandaient dans la Géorgie (1).

II.

DU DÉSERT DE MOGHAN A ASTRABAD.

ANMAGA, MOUKANIAH (2), — MOGHAN.

Vaste plaine, longue de vingt-cinq lieues et large de dix, qui s'étend de l'Aras à la mer Caspienne. Elle est bornée au nord par le Kour et au midi par la chaîne des montagnes du Ghilan. La steppe de Moghan renfermait d'excellents pâturages où des tribus nomades venaient dresser leurs tentes pendant l'hiver ; en été, elle était infestée par un grand nombre de serpents qui empêchaient d'y pénétrer (3). Plutarque raconte qu'une armée romaine, com-

(1) Angiolello, cap. XVI : « Ismaïl andò a Maumutaga, che sta sopra la riva del mar Caspio ed è porto di Tauris, lontano otto giornate. » — *Voy. d'un marchand en Perse*, ch. XIII : « Questo castello di Maumutaga è molto ricco per esser porto e scala del mar de Bacù ; tutte le navi che vengono da Stravi e da Sara, e cariche di mercanzie si discaricano in quel luogo. »

(2) Massoudi, ap. Klaproth, *Magasin asiatique*, 1825.

(3) Mirabilia descripta per fratrem Jordanum, *loco citato*. — Carte de Sanudo, *Secreta fidelium crucis*, ap. Bongars, t. II, p. 284 : « Planities de Mogah, in quo Tartari yemant. » — Hanway, part. IV, ch. LVIII.

mandée par Pompée, ayant voulu traverser ce désert pour se rendre à la mer Caspienne, fut arrêtée par la multitude des reptiles venimeux qui couvraient la terre, et obligée de revenir sur ses pas. Rubruquis, en 1254, à son retour de la Tartarie, visita cette plaine, à laquelle il donne le nom de *Moan*.

DOIAYO,　　　　　　— KIZIL-AGADJ.

LAYAM,　　　　　　— LENKERAN.

Petit port qui servait d'entrepôt au commerce que Ardebil (1), ville de l'intérieur, située à une journée de marche, entretenait avec Astrakhan et Derbend. Les Persans la surnommaient le *séjour de la félicité* (2), à cause de son heureuse situation au sud des montagnes qui bordent de ce côté la mer Caspienne et qui défendaient la ville contre les vents pestilentiels du littoral. Les bazars d'Ardebil, traversée par les caravanes qui, de Sultanieh et d'Iezd, allaient à Tiflis, étaient toujours bien approvisionnés. Les habitants étaient riches et tout le pays jouissait d'une grande prospérité (3). On y récoltait de la soie, du riz et du coton.

(1) *Ardovil* dans les relations italiennes.
(2) Jaubert, *Voy. en Arménie et en Perse*, ch. XVIII.
(3) Ad. Olearius, liv. IV, p. 630 et seqq. — Les Voyages de Jean Struys, t. II, p. 225.

RENCHU,   —   ASTARA.

Ce port était fréquenté par les navires d'Astrakhan, qui en exportaient du blé et des fruits.

COXINAM,   —   LAVANDAVIL.

SANGRA,   —   SANGAR-HASSARA.

GELLAM,   —   la côte du GHILAN (le pays des anciens *Gelæ* (1).

Le Ghilan (*Chilan*) était la plus riche des provinces voisines de la mer Caspienne et celle qui faisait le plus grand commerce. Les Génois et les Vénitiens avaient de fréquents rapports avec les habitants de ce pays, où ils allaient acheter de la soie, principale richesse de la contrée. Ce négoce était très-lucratif pour les marchands européens. Le Ghilan, au temps où les Italiens y trafiquaient, était divisé en quatre cantons ou districts : le Foumen (*Al Foum* (2)), le plus étendu et celui qui fournissait la soie la plus estimée : on trouvait à s'y procurer un grand nombre d'objets manufacturés; le canton de Recht (3), capitale de la province et

(1) D'Anville, *Mém. sur la mer Caspienne*, p. 13.
(2) Massoudi.
(3) *Husom*, dans la table géographique de Nasr-Eddin, ap. Hudson, t. III, p. 107.

le rendez-vous le plus considérable, qui donnait en abondance de l'orge, du riz et de la soie : on y fabriquait aussi des étoffes recherchées dans le commerce, quoique moins belles que celles d'Iezd ; le district de Kaskar, l'un des plus fertiles, qui nourrissait de nombreux troupeaux de buffles et de chèvres et produisait des fruits, du chanvre et toute sorte de grains ; enfin le petit pays de Taoulim, canton assez pauvre, où l'on ne récoltait que du riz (1). Les voyageurs du moyen-âge qui parlent du Ghilan le comparent à un vaste jardin. Ils vantent surtout l'extrême fécondité du sol : les meilleures denrées s'y vendaient à des prix très-modiques ; dans les champs, embellis par des buissons de chèvrefeuilles, d'églantiers et de rosiers, les fruits naissaient sans culture, et d'immenses ceps de vigne, groupés autour des villages, laissaient pendre leurs grappes colorées de la cime des ormeaux et des platanes ; de vertes forêts, remarquables par leur forte végétation, couvraient les montagnes ; elles s'étendaient jusque dans la plaine, sillonnée par une infinité de ruisseaux, et fournissaient d'excellent bois de charpente et de très-beau buis en quantité prodigieuse (2). Mais si le Ghilan était le pays le plus

(1) Quatremère, *Notices et Extraits des Mss.*, t. XIII, p. 262.
(2) Hanway, part. III, ch. XLI. — Ad. Olearius, liv. VI, p. 999.

fertile de la Perse, son climat, en revanche, était fort malsain et bien différent de celui des autres provinces de cet empire. Les nombreux marais produits par les inondations de la mer Caspienne, les champs de riz fréquemment couverts par les eaux, et le voisinage des montagnes boisées, contribuaient à l'insalubrité de l'air. Le printemps était la saison la plus saine de l'année et celle que choisissaient les marchands latins d'Astrakhan et de Derbend pour se rendre à la côte du Ghilan. Ils y portaient de la quincaillerie, des draps, des cuirs, du safran, des pelleteries, et recevaient, en échange, du riz, une quantité immense de soie, des bois de construction et quelques peaux de loutre.

TEMELDET,　　　　　—　KHAMATSAR.

CILLAM,　　　　　—　ENZELI.

Enzeli ou Zinzili était le port de Recht, éloignée de deux lieues de la mer. La baie sur laquelle il était situé, longue de six lieues et large de quatre, était protégée contre les coups de mer par un promontoire couvert d'arbres qui s'avançait assez loin ; mais, peu profonde et contenant un grand nombre d'îles entre lesquelles il était dangereux de s'engager sans connaître les passes, elle ne pouvait recevoir que des embarcations de moyenne grandeur.

En été, le port d'Enzeli était animé par un grand mouvement.

RICHABESANTE,	—	PIRBASAR OU PERIBASAN.
ACHDIO,	—	golfe de CHAKALINSK.
BECIZET,	—	KIZIL-OUZEN OU SEFIL-ROUD.

L'*Amardus* des anciens. Entre tous les poissons qui peuplaient les eaux du Ghilan, le plus remarquable était une espèce de saumon, appe'é *Azoud* et très-estimé, que l'on prenait dans cette rivière. La pêche, qui se faisait au mois de mars, était considérable. Tous les ans, à cette époque, plusieurs navires d'Astrakhan se rendaient à l'embouchure du Kizil-ouzen et en emportaient des cargaisons entières. On conservait facilement ce poisson en le salant légèrement et on l'exportait jusqu'en Russie.

NOPAYA,	—	LENGHEROUD.

Le commerce de ce port, situé sur une rivière de même nom (1), à deux lieues de la mer, avait de l'importance. Les habitants étaient tous commer-

----

(1) *Lengher-roud,* la rivière du mouillage.

çants ou pêcheurs. La mer, à l'embouchure du fleuve, abondait en excellents poissons particuliers à ces parages, et le pays qui entourait Lengheroud, produisait la soie la plus belle de toute la province. Cette partie du Ghilan était aussi moins malsaine que le reste du littoral; les champs de riz étaient plus rares, et les arbres moins nombreux permettaient à l'air de circuler plus librement. Les ports de Lengheroud et d'Enzeli étaient les deux seuls points de la côte où les navires pussent aborder en sûreté.

CAP DE CILAM.

AMIXANDARAN, MASANDRA, — le MAZANDERAN ou THABARISTAN (1).

Cette province ressemblait beaucoup au Ghilan par la nature de ses productions. La principale marchandise que fournissait le pays et la plus recherchée était le coton cultivé par tous les habitants. Les Génois et les Vénitiens en enlevaient tous les ans de grandes quantités. On récoltait aussi de la soie; mais elle était moins abondante et moins bonne que celle du Ghilan. Dans les manufactures du pays, on la mêlait avec du coton et on en fabriquait des étoffes, que les marchands italiens ache-

(1) Nasr-Eddin, *Table géographique, loco citato.*

taient à très-bon compte et qu'ils revendaient aux Tartares. La soie que produisait le territoire d'Astrabad, connue sous le nom de *seta stravage*, était la seule qui s'exportât brute. Le riz du Mazanderan, d'une excellente qualité, passait pour le meilleur de la mer Caspienne; il formait un autre article du commerce extérieur. Sur la côte, à l'ouest, la pêche était productive, et on y recueillait un peu de sel. Les navires de Derbend chargeaient pour le Mazanderan du safran et du blé, et d'Astrakan on y importait des fourrures, des draps, des objets de quincaillerie et du fer. La province renfermait des mines; mais elles étaient mal exploitées, et leurs produits suffisaient à peine aux besoins des habitants. La côte du Mazanderan n'offrait aux navigateurs que des rades ouvertes, et pas un seul hâvre sûr et commode. Les bons ports étaient rares dans la mer Caspienne, et cette circonstance, jointe aux brusques variations des vents, en rendait la navigation difficile et périlleuse. Les barques ne se mettaient jamais en mer avant le mois de mars, et naviguaient rarement après le 1er novembre; en hiver elles se retiraient dans les ports. Le commerce maritime se faisait presque tout entier par les marchands italiens, comme il se fait aujourd'hui par les Russes. Les Persans du moyen âge ne redoutaient pas moins la mer que ceux du temps d'Hérodote; ils avaient pour elle une aversion presque invincible et la portaient à un tel point qu'ils préféraient la traversée des déserts les plus arides et les plus dangereux à la plus courte navigation (1). Ils n'osaient se hasarder à quelque distance du rivage que dans les temps les plus calmes. Leurs navires, grossièrement construits, ouverts et mal gréés, étaient d'ailleurs incapables de résister à la fureur des vagues et aux tempêtes fréquentes qui bouleversaient la mer Caspienne (2).

SARA, SARI,　　　　　— SARI.

Capitale du Mazanderan et principal marché de la province, Sari était le centre d'un commerce étendu. Elle avait de beaux bazars, bien entretenus, où l'on trouvait à acheter toutes sortes de denrées et de marchandises (3).

GOLF DE MASANDRA,　　　　— golfe d'ASTRABAD.

---

(1) Jaubert, ch. xxxii. — Ad. Olearius, liv. IV, p. 613.
(2) G. Forster, *Voy. du Bengale à Saint-Pétersbourg*, t. II.
(3) Cherefeddin (*Vie de Timour*, liv. III, ch. xix) parle de la richesse des habitants de Sari et du grand nombre de marchands étrangers qui la visitaient, ainsi que *Mahanassar*, détruite, en 1402, par les Mongols. Le pillage de cette dernière ville dura plusieurs jours, et le butin fut si considérable, *que les plus habiles mathématiciens*, dit l'auteur arabe, *auraient eu de la peine à en supputer la valeur.*

Strevi, Strava, Is-
tarba (1), — **Astrabad.**

Le commerce de cette ville était peu considérable, mais elle avait une grande importance comme entrepôt des marchandises de l'Inde et de la Boukharie, que l'on y embarquait pour traverser la mer Caspienne (2). Astrabad avait des manufactures de soie et de laine.

Lahazibeth.

Mandradani.

Petits ports dont parle Barbaro dans son *Voyage en Perse* (3). Ils étaient situés sur le golfe d'Astrabad, et on en exportait de très-bonne soie, la meilleure du Mazanderan.

(1) Hudson, *Geogr. min.*, t. III, p. 5.
(2) Voir le chapitre VIII.
(3) Lib. II, cap. xxii : « In sul lido del predetto mare si trovano più terre, cioè Strava, Lahazibeth, Mandradani, e in queste terre sono le migliori sete che venghino di quel luogo. »

III.

DE L'EMBOUCHURE DU GOURGHON A SERAÏ.

DEYSTAM, — DAHISTAN (1).

GOLF DE DAY, — la baie de HASSAN-KOULI.

Les bords orientaux de la mer Caspienne ne présentent qu'une longue et triste chaîne de rochers arides et de dunes sablonneuses, dont quelques-unes s'élèvent à une hauteur de soixante pieds. Des tribus de Turcomans nomades, qui se vantent *de ne jamais se reposer à l'ombre d'un arbre*, parcourent ces déserts de sable, où l'eau est extrêmement rare. En hiver, ils se retirent avec leurs troupeaux, leur seule richesse, dans l'intérieur des steppes; mais en été, ils se rapprochent de la mer, et les bords du Gourghen et de l'Atrek se couvrent alors de nombreux *aouls* (2) élevés comme par enchantement. Les négociants italiens allaient trafiquer à l'embouchure de ce dernier fleuve; ils portaient aux Turkomans du blé, des étoffes, des ceintures, des colliers, et autres objets de parure pour les femmes, qu'ils

(1) Le pays des anciens *Dahæ*. (D'Anville, p. 16.)
(2) Campement, village.

échangeaient contre des peaux d'agneaux et de moutons, de la laine et des drogues médicinales. Ce commerce était très-lucratif; mais les vents de mer, qui régnaient presque continuellement dans ces parages, rendaient les communications très-difficiles.

CAVO D'OSCUI,　　　　　　— baie de BALKHAN.

Cette baie était le rendez-vous des marchands de Bakou et de Derbend, qui entretenaient des relations mercantiles avec le royaume de Khwaresm; en dix-huit jours on pouvait se rendre à Urgenz. On faisait un peu de commerce avec les habitants du littoral. Sur quelques points de la côte où l'on trouvait de l'eau douce, des camps étaient établis; dans les îles voisines on récoltait du sel et du naphte, que l'on transportait en Perse. La baie de Balkhan, spacieuse et profonde, offrait aux navires un bon mouillage.

FLUM AMU, GYON (1),　　— ancien lit de l'AMOU-
　　　　　　　　　　　DERIA ou DGIHOUN
　　　　　　　　　　　(Oxus).

Le Dgihoun, qui tombe aujourd'hui dans le lac Aral, se jetait autrefois dans la mer Caspienne. Les

(1) Sanudo, *Secreta fidelium crucis*, p. 284.

traces de l'ancien cours de ce fleuve sont encore visibles, et les Italiens du moyen âge les avaient remarquées comme les voyageurs modernes.

OGUS,   — rochers d'OOG (1).

DALDOZEN,   — le KOULI-DÉRIA ou
                               TALKH-OUZEN (lac
                               amer).

Grand golfe dans lequel, s'il faut en croire les habitants, s'engloutissent les eaux de la mer Caspienne. Les Turkomans y prenaient des phoques.

PUNTA DE SABIUM,   — POINTE DE SABLE.

CAVO DE STAŸRA,   — baie de KINDERLI.

CAVO JANCHO,   — baie ISKENDER.

L'ancrage y était excellent. Le long de la côte l'eau avait une grande profondeur, et les navires pouvaient facilement y aborder (2).

CHOCINACHO,   — le cap KARAGHAN.

MEBUEMESELACH,   — golfe de KOTTCHAK.

<hr>

(1) N. Mouravief, *Voy. en Turkomanie et à Khiva*, p. 62.
(2) *Bruce's Memoirs*, liv. IX, p. 371-372.

Mansuna,   — Manghichlak (1).

Cette partie de la côte orientale de la mer Caspienne était mieux connue des Italiens que celle qui s'étendait plus au sud; elle est assez bien dessinée dans les cartes du moyen âge. Le port de Manghichlak, formé par un promontoire et bien abrité, était fréquenté par les marchands d'Astrakhan. Les Turkomans du pays allaient y échanger contre du sel et quelques autres denrées des tapis de feutre, de la laine et des cuirs. Une route conduisait de Manghichlak à Urgenz. L'Anglais Jenkinson, chargé par le gouvernement russe, en 1558, de découvrir l'ancienne route du Kathay, débarqua dans ce port pour se rendre à Bokhara (2). Après Manghichlak, l'Atlas catalan de Ferrers place une ville à laquelle il donne le nom de *Treflargo*. Dans les relations italiennes et dans les ouvrages plus modernes il n'en est fait aucune mention.

Golf de Monimentis
(*Golfe des Tombeaux*),   —   golfe Mort.

Flum Layech,   —   l'Oural ou Jaïk (3).

Les navigateurs vénitiens et génois faisaient de

(1) *Mank-kichlak*, campement d'été des Tartares Mank ou Nogaïs.
(2) *Recueil de voyages au Nord*, t. IV.
(3) Le *Daïx* de Ptolémée.

fréquents voyages à l'embouchure de ce fleuve, et les caravanes de la Chine le remontaient jusqu'à Saratchik. Le Jaïk était le fleuve le plus poissonneux de la mer Caspienne. La quantité d'esturgeons de toute espèce que l'on y prenait était immense. La pêche la plus importante avait lieu en hiver, et le produit en était si considérable que les marchands obtenaient des chargements entiers de poisson en échange de quelques étoffes. Le caviar s'exportait à Astrakhan, d'où on l'envoyait dans la mer Noire.

CATOLICATI.

CIUTAT DE SARRA (SERAÏ), —   SELITRENOÏ-GORODOK (petite ville de salpêtre).

Cette ville est aujourd'hui détruite, ainsi que Saratchik. Les Russes, dans le XVIIe siècle, se servirent des pierres provenant des ruines de Seraï pour rebâtir et fortifier Astrakhan.

CREMIS,   — KRASNOÏ-TAR.

De l'embouchure du Jaïk à celle du Volga le pays n'offrait qu'une étroite bande de terrains sablonneux et marécageux. On n'y trouvait pas un seul endroit où les plus petits bateaux pussent aborder (1). La pêche et l'éducation des bestiaux étaient les principales ressources des Tartares qui habitaient ce littoral.

(1) Bruce, *loco citato*.

FIN.

NOTES

ET

PIÈCES JUSTIFICATIVES.

N° 1.

KAFFA EN 1840.

(A. DE DEMIDOFF, *Voyage dans la Russie méridionale, ch. x.*)

« . . . . . Nous nous occupâmes enfin des mesures à prendre pour nous rendre à Théodosie. La poste n'était guère en état de nous fournir des chevaux, et nous eûmes besoin de tout le zèle de notre fidèle Arnaute pour obtenir, en les louant, ceux qui nous étaient nécessaires. Enfin, le 24 septembre, nous sortîmes de la grande ville tatare ; mais le temps était entièrement changé, des flots d'une pluie violente nous inondèrent tant que dura le trajet. De Karasou-Bazar à Théodosie, la route se dirige à peu près vers l'est, en coupant le pied des dernières pentes septentrionales des montagnes. Deux stations seulement, Bouroundoutskaia et Krenitchka, se rencontrent jusqu'à Théodosie. La plaine ne tarda pas à n'être plus qu'un bourbier liquide dans lequel il était impossible d'avancer. Notre intention était d'abord de séjourner quelques heures au village d'Eski-Krim (Solcat) : c'est le nom qu'on donne aujourd'hui aux ruines d'une ville très-étendue, qui passe pour avoir été autrefois le chef-lieu de la péninsule ; mais avec ce déluge véritable qui fondait sur la contrée, quel parti eussions-nous pu tirer de notre visite à travers des débris noyés et des sentiers impraticables ? Nous laissâmes, pour y revenir plus tard, ce lieu jadis florissant, aujourd'hui abandonné, et nous nous hâtâmes, après avoir pris de nouveaux chevaux à un relais, cette fois bien fourni, d'aller chercher un asile dans les murs de Théodosie.

« En peu d'heures nous atteignîmes ce port ; une descente rapide nous porta du haut de la steppe sur la plage où est située la jolie ville qu'on désigne également sous ses deux noms de Théodosie et de Kaffa : l'un qui est un mot grec ancien, et l'autre qui est tiré du langage turc. Lorsque nous eûmes dépassé une tour carrée encore fort imposante, et les débris d'un ancien fort qui devait commander le rivage, nous rencontrâmes une promenade assez maigre, plantée d'arbres rabougris, et nous nous trouvâmes dans une rue dallée, bordée de portiques élégants, de maisons peintes et d'une architecture peu commune dans ces contrées. C'est alors que nous reconnûmes à ce reste de physionomie encore gravé sur toutes ces pierres que le souvenir des puissants maîtres de Théodosie, les Génois d'autrefois, vivait tout entier dans cette ville. Toute une rue, qui se prolonge parallèlement à la mer, est une rue italienne entourée d'arcades comme les rues de Bologne. Si vous montez les rues perpendiculaires, vous reconnaissez la ville russe ; si vous vous élevez encore plus haut, vous vous trouvez dans les faubourgs tatares ; mais la ville proprement dite, la ville qui travaille et qui s'agite, est toujours une ville génoise.

« C'était donc là Théodosie ! Cette ville occupe un sol en forme de croissant et qui s'élève graduellement ; elle regarde le soleil levant et commande à une rade très-spacieuse. Le souffle de l'est et celui du sud-est sont les seuls à redouter au mouillage que viennent prendre les bâtiments marchands rangés devant la ville. Le fond des eaux est suffisamment solide pour que l'ancrage y soit assuré ; deux môles en bois et des bateaux de service sont mis en œuvre pour les chargements.

« L'histoire de cette ville célèbre en Krimée serait l'histoire de toute la péninsule, car Théodosie résume en elle toutes les phases de la grandeur et de l'abaissement de cette terre antique. Nous n'avons à nous occuper en ce moment que de son état actuel; nos excursions y furent assez fructueuses pour que nous puissions retracer jusqu'aux moindres impressions qui nous ont frappé dans nos observations de tous les jours. Si donc nous voulons achever le portrait de cette ville, dont nous avons déjà esquissé les principaux traits, nous devons ajouter qu'avec ses trois quartiers, qui ont leur caractère si distinct, Théodosie est loin de remplir son ancienne enceinte génoise; elle s'étend à l'aise aujourd'hui sur un terrain qui occupe à peine la moitié de l'espace où elle se pressait jadis resserrée dans l'enceinte de ses murs. Cette jolie rue italienne, dont nous avons parlé, est peuplée, sous ses étroites arcades, d'un assez grand nombre de boutiques. Des Juifs karaïms ou des Arméniens y font le commerce. Ce sont des gens bien élevés et qui ont tout à fait l'air de marchands honorables. Les étages supérieurs des maisons de cette rue qui est, à proprement parler, la grande rue de Théodosie, semblent réservés aux logements des employés et des autorités.

« La population grecque, qui atteint dans cette ville un chiffre assez élevé, occupe la partie centrale; elle habite des maisons modernes qui ne sont pas dépourvues d'élégance. Chaque famille vit séparément, et la plupart des habitations ont un jardin. Ce qui frappe le plus l'observateur parmi cette nombreuse population grecque, c'est la beauté des femmes. On pourrait citer plusieurs familles dans lesquelles les sévères perfections du type grec antique se sont perpétuées, embellies encore par je ne sais quelle expression de vivacité et de coquetterie, qu'on dirait copiée sur quelque grande ville de l'Occident. Si les Tatares sont, eux aussi, admis au nombre des habitants de Théodosie, on sent qu'ils n'y sont plus les maîtres, et qu'amenés par la nécessité du commerce vers ces vieux murs, ils ont dû faire le sacrifice de leurs habitudes. Le faubourg séparé qu'ils habitent n'a conservé aucun trait de la physionomie particulière aux villages des Tatars. Les cases de terre et de chaume qui composent leurs habitations sont venues se ranger là dans un alignement inusité qui les rend méconnaissables. Au-dessus de ce campement, s'étonné de sa régularité, on ne trouve plus, en gravissant la montagne, qu'un grand nombre de moulins de bois à huit ailes. Le mécanisme de ces moulins est contenu dans un si petit espace, que toute la construction se trouve réduite à des dimensions en quelque sorte portatives. Au reste, toutes ces collines, qui s'élèvent en cirque au-dessus de Théodosie, ne produisent même pas un buisson (1).

« On trouve encore dans cette ville un nombre assez considérable de Tatars Nogaïs, amenés là par leur industrie ordinaire, celle des charrois; ils n'ont guère d'autre demeure que leurs *madgiars*, auprès desquels ruminent leurs énormes dromadaires. Les Arméniens occupent plusieurs khans considérables dans lesquels ils sont logés au-dessus de leurs magasins réellement remplis.

« Deux places immenses, parallèles et séparées par un seul rang de maisons, viennent aboutir perpendiculairement à la rue italienne. Sur l'une de ces places, située au sud, se tient le marché de Théodosie; là, au milieu d'une foule bruyante, se débitent les denrées les plus variées, les poissons les plus abondants. C'est là qu'on rencontre ces bonnes et flegmatiques figures d'Allemands, si faciles à reconnaître, et qui, des environs de Kara-sou-Bazar, viennent apporter leurs produits, dont la consommation est devenue une nécessité pour toute grande ville de la Russie méridionale. Au pied des montagnes, entre le Zouïa et le Kara-Sou, on rencontre, sur la droite de la route qui part de

____

(1) « La ville de Kaffa était entourée de nombreux jardins, dont la fraîche verdure recouvrait en majeure partie les pentes aujourd'hui nues et stériles des collines. Théodosie n'a rien conservé de ce legs des Tatars, et deux régiments russes en un seul hiver, lors de la révolte de Kaffa et des Tatars en 1770, se sont si bien chauffés, qu'ils n'y ont pas laissé un seul arbre. » (Dubois de Montpéreux, *Voyage autour du Caucase*, t. V, p. 297.)

Sympheropol, trois établissements considérables qui rappellent les bords du Rhin : Neusatz, Friedenthal et Rosenthal, tels sont les noms de ces trois colonies, qui comprennent plus de huit cents habitants, tous cultivateurs. Ces Allemands excellent surtout à tirer très-bon parti du laitage et des farines ; c'est à eux seuls que la vie raffinée des villes doit demander tous ces accessoires appétissants qui accompagnent le thé dans les maisons d'un certain rang.

« Une autre place dont nous parlerons tout à l'heure, très-rapprochée de ce vaste marché, est vide et silencieuse. Il n'y a pas longtemps encore qu'elle contenait dans son enceinte, aujourd'hui rasée, la plus belle mosquée de Théodosie et les bains les plus somptueux. La mosquée était une copie exacte de Sainte-Sophie de Constantinople, et aussi bien Théodosie s'est-elle longtemps nommée la Constantinople de la Krimée. Les bains étaient revêtus de marbre à l'intérieur de leurs vastes étuves. Tout ce riche entassement de nobles pierres a disparu, remplacé par quelques débris tristement accumulés sur cette place, et au niveau du sol l'œil peut suivre, sur les fondations restées enfouies, le plan des deux édifices renversés. D'abord on avait eu des intentions conservatrices, même quelques dépenses de conservation et d'entretien avaient été appliquées aux deux monuments ; puis, tout à coup, un hiver étant venu, dur aux pauvres qui étaient sans travail, on leur a donné cette place à aplanir ; alors ces belles étuves et la riche mosquée ont été effacées du sol ; les Tatars ont porté la main sur la Sainte-Sophie de la Krimée. Ses pilastres de marbre, incrustés d'arabesques, servent aujourd'hui de marche-pied à quelque taverne italienne du voisinage, où les matelots de Gênes et de Raguse viennent s'enivrer d'un vin étranger en chantant leurs mélodies nationales.

« Tout a changé de destination dans cette ville effacée ; la plupart des mosquées sont devenues des églises consacrées à différents cultes ; quelques-unes même sont profanées par des usages domestiques. La belle église catholique arménienne d'aujourd'hui était une vaste mosquée dont la croix dorée surmonte la coupole si élégamment surbaissée ; le minaret isolé qui s'élève si haut dans le ciel a perdu sa couronne ; à la place de la pointe, vous pouvez voir un appareil de cloches préservé par un léger toit de cuivre vert. Une autre mosquée, et celle-là du moins a été noblement dotée dans sa misère, renferme le musée de Théodosie. Nous avons dessiné l'esquisse de la ville ; on sait déjà qu'elle est contenue, sans être nullement à l'étroit, dans les anciennes limites tracées par les Génois. C'est vers le cap du sud que se retrouvent les restes considérables d'une fortification tout aussi étendue que la ville même. La citadelle que Gênes avait bâtie commandait à la fois de ce poste élevé à la ville et à la baie (1). Dans les compartiments sans nombre qui restent debout sur le penchant de ces collines, la ville nouvelle a trouvé l'emplacement d'un vaste lazaret dont la disposition est aussi somptueuse qu'elle est bien entendue. Des logements aérés et convenablement isolés sont disposés parmi quelques arbres, et la vue de la mer, dont

(1) « L'ancienne citadelle génoise est aujourd'hui démantelée ; ses murailles abandonnées menacent ruine de toutes parts. Les fortifications qui entouraient la ville et les tours qui longeaient le rempart sont également ruinées : celle dite du pape Clément présente encore trois pans de ses murailles. Je n'ose dire ce que je ressentis en voyant ces beaux ouvrages des Génois si ruinés et bien à tort. Les Russes ont fait enlever le revêtement des remparts et des fossés pour en construire de mauvaises casernes. Les suites inévitables de cette imprudence se sont fait bientôt sentir ; ces magnifiques fossés servaient à l'écoulement des eaux de pluie et des torrents qui descendaient momentanément des montagnes rapides et nues qui entourent la ville ; en les démolissant, on les a comblés sur plusieurs points, et pas plus loin qu'en 1834, l'on a vu les eaux de pluie des montagnes, pénétrant par-dessus les fossés dans la ville, en ravager les maisons, les jardins, et y causer, dans l'espace de quelques heures, un dommage de plus de 500,000 francs. » (Dubois de Montpéreux, t. V, p. 286.)

peuvent jouir les reclus, doit adoucir un peu les ennuis de la captivité.

« Nous aurons achevé cette description de Théodosie, la ville aimée des dieux, comme la nommaient les Grecs de l'antiquité, quand nous aurons dit encore un mot de son musée. Le musée de Théodosie, dont le conservateur est un médecin français, M. le docteur Graperon, occupe la fraîche coupole d'une ancienne mosquée. On y trouve avec un vif intérêt une collection d'objets d'art, respectables témoins de l'ingénieux et fécond esprit des antiques colonies grecques ou génoises. Au reste, les écussons de Gênes pavent pour ainsi dire Théodosie; vous y rencontrez, employées aux usages les plus vulgaires, les armoiries sculptées des Doria et des plus illustres maisons, le cavalier armé de la banque de Saint-Georges et l'écusson même de Kaffa, toujours réuni à celui de ses maîtres. En entrant dans le musée, on remarque, comme gardiens de la porte, deux lions couchés, de grandeur colossale, en marbre blanc et dont les têtes regardent du même côté. Ceci est toute une histoire : longtemps ensevelies au fond de la mer, non loin de Kertch et de Taman, dans le Bosphore cimmérien, ces sculptures ont été arrondies par l'action des flots, mais on retrouve encore des contours d'un mouvement bien senti sur les flancs allongés des terribles quadrupèdes. Sous la coupole, on passe en revue des objets placés avec goût, sans doute, mais peut-être avec peu de méthode : d'abord, un piédestal de marbre apporté d'Anapa : ce piédestal doit avoir supporté une statue de Cérès, car c'est une femme, *Aristonice*, fille de Xénocrite, consacrée à Cérès, qui érigea ce monument votif. Vient ensuite une épitaphe génoise : ce fragment d'une église, de 1523, témoigne, et c'est là tout l'intérêt de ce morceau, que même après la conquête des Turcs, en 1475, quelques Génois épargnés restèrent encore à Kaffa, où ils purent vieillir et mourir non sans bonheur. Plus loin, on s'arrête près d'une autre pierre génoise; elle date du temps où le consul Grimaldi achevait les fortifications de Kaffa, commencées sept années auparavant par Godefroi de Zoaglio : l'inscription latine, en caractères gothiques, apprend qu'une tour de cette enceinte a été spécialement dédiée au souverain pontife Clément VI, en reconnaissance de la croisade décrétée par le saint-père quarante ans auparavant. Plus loin, on peut considérer le griffon que Panticapée, la ville de Kertch de nos jours, portait dans ses armoiries, ainsi que le témoignent les médailles du temps. Ce bas-relief en marbre blanc est d'une exécution remarquable. Le griffon, debout sur ses membres robustes, déploie deux grandes ailes et une crête hérissée de pointes.

Deux amphores immenses qui dépassent cinq pieds de haut, plusieurs objets précieux trouvés dans des khourgaus, à savoir : une petite tête de taureau en or, entourée d'une bandelette émaillée, plusieurs figurines en terre cuite, enfin, la tête et le buste d'une ravissante Vénus, de nombreux débris de vases en terre chargés de dessins corrects et d'un vernis indélébile, un médaillier précieux, complètent les fragments d'antiquités réunis dans ce musée naissant.

Théodosie compte aujourd'hui 4,500 habitants (1). Une église grecque, une mosquée, une église catholique arménienne, une synagogue pour les karaïms, et une seconde pour les rabbinistes, quelques jolies fontaines , sont les seuls restes de son ancienne et prodigieuse splendeur.

(1) En 1672, Chardin comptait à Kaffa 4,000 maisons, dont 3,200 appartenant à des musulmans, le reste aux chrétiens. Peyssonel en estimait la population de 80,000 âmes avant la prise de possession des Russes en 1783. Aujourd'hui, les documents officiels ne donnent à Kaffa que 4,500 habitants; en 1829, on n'en comptait que 3,700. (Dubois de Montpéreux, *Voyage autour du Caucase*, t. V, p. 285.)

N° 2.

CAPITULA ET ORDINATIONES CURIÆ MARITIMÆ NOBILIS CIVITATIS AMALPHIÆ.

1. In primis pro navigiis quæ vadunt ad usum de Rivera, nam incepto viagio et facta aliquali solutione, seu mutuo navis, nautæ ipsi ad requisitionem patroni tenentur servire, et auxiliari navigiis in omnibus commodis, et auxiliis necessariis, et si aliquis dictorum culpa et defectu ipsius non venisset, incidat in pœnam fraudum ad arbitrium patroni, et sotiorum quæ pœna debeat applicari columnæ comuni.

2. Item si aliquis nauta (recepta pecunia seu mutuo) nollet sequi viaggium cœptum sit in arbitrio patroni, ab eo petere duplum ad quod infaillibiter teneatur, cujus dupli medietatem habeat patronus, et aliam medietatem habeat curia.

3. Item pro tarenis quinque, si nauta non habet unde solvat carcerari, et committendo barattariam expressam saltim debet carcerari ad arbitrium officialium.

4. Item patronus debet declarare quantas partes trahit navigium.

5. Item unumquodque navigium debet trahere pro omnibus decem salmis, de portate parte unam.

6. Item statim, quod navigium incipitur; et navigium cepit accomandam pro viagio; tam de viagio quam de pecunia, sit una massa, et unum corpus, et navigium tenetur accomando, et accomandet navigium, non obstante aliqua alia antiqua vel moderna obligatione quocumque modo facta.

7. Item statim quod patroni de caratis de navigio constituunt, et ordinant aliquem patronum in eorum navigio, dictus constitutus patronus potest capere ad accomandum, a quacumque persona, a qua et melius videbitur, et obligare navigium quicumque voluerit. Videlicet ad usum de Rivera civitatis tueri non obstante aliquo pacto publico vel privato, o contractu, vel ex quasi contractu initum inter partes.

8. Item se alcuno delli patroni delle carate non volesse in alcuno viagio arrisicare lo suo carato, li quali havessero li navilij, et il patrone dello navilio, se partesse con la colonna sua, et lo navilio patesse naufragio, o perdesse qualunque modo lo detto navilio, se deve vendere et insieme con la restante colonna si deve partire per onza soldo per libra, per quelle persone, le quali arrisicano in lo navilio, et quello patrone delle carate, lo quale non volesse per questo viaggio arrisicare, deve havere regresso in li boni altri del detto patrone contrafacente et nulla actione contro lo navilio o delli carati quali have in coviale.

9. Item q. nullus patronus possit nec debeat dare partes de avantagio cuiqunque nautarum vel sociorum, nisi illis, quos scimus D. Naclerio, et scribe, et hoc non audeat facere sine communicatio cons° parsonariorum suorum.

10. Item patroni (facta vela) debent ostendere et declarare cunctis nautis et sociis publice totam colonnam et mercantiam, et denarios qui trahunt de civitate, et eis narrare, quo sunt ituri.

11. Item nullo patrone deve metere, o mostrare a la sua colonna comone, o mercantia de nulla parte, o qualitate, eccetto poi venduta la mercantia, et extrate le spese, et pagato lo nolo de lo navilio. Ita, che liquidato lo denaro se deve implicare con la comone colonna.

12. Item durante societate, vel navigio unumquodque lucrum, vel invenctum, vel ex exercitio quæsitum, vel quocumque alio modo, vel per patronum; vel per nautas, et socios debes

accumulari, communicari, vel assotiari p^tis rerum persona reperiens, vel exercitio utens debet habere aliquid plus partis ad arbitrium consulis.

13. Item si aliquis nautarum vel sotiorum remanserit intra ad utilitatem societatis habeat pro suis expensis, ut infrà declarabitur videlicet : Nauta pro quolibet die gr. quinque, scriba gr. septem, patronus gr. decem, et si remansisset in locis sterilibus habeant plus, secundum arbitrium consulis (nihilnq. (sic)) habent partem eos tangentem secundum lucrum navigii.

14. Item si aliquis nautarum vel sotiorum esset apprehensus a piratis, vel a quacunque alia persona contra suam voluntatem, durante navigio, non obstante quod non serviat societati habeat partem suam similiter, si infirmaretur habeat expensas licitas, et curas, ultra prædictam partem, et esset si fuisset vulneratus defendendo navigium, habeat dictas, expensas necessarias, et in medico, ultra prædictam partem.

15. Item si aliquis nautarum vel sociorum durante navigio fuisset captum, et opporteret ipsum redimere, reddimatur a tota societate, similiter si fuisset missus ad utilitatem societatis, vel communitatis, et derobatus, id quod perdit resarciatur ab eadem communitate excepto, si ammisisset aliquod, quod non portaverat ad utilitatem communitatis prædictae, sed ad sui propriam id debet perdi per ipsummet tantum.

16. Item si aliquis nautarum vel sociorum arripiat fugam, amittat partem suam, non obstante quod serviverit communitati, et esset patronus potest petere ab eo duplum quod debet dividi ut supra.

17. Item omne mutuum, et impromptum remaneat supra patronum, et eum respiciat.

18. Item quod nullus patronus debeat implicare et explicare sine expressa conscientia et voluntate omnium nautarum vel sotiorum, saltem majoris partis.

19. Item egressa navi de portu, accomodata, et præparata ut licet, et ipsa rumperetur, vel aliquo indigeret, quod resarciatur, et accomodetur expensis colomnæ ipsius viagii.

20. Item si navis antequam egrediretur de portu, egeret refectione, et concia, debet expensis de caratis, non obstante quod dicta refectio fuerit facta infra viagium, nam patroni, vel carati, debent dare viagium aptum ad navigandum.

21. Item si infra viagium rumperetur, vel perderetur aliquid de navigio restauretur, et ematur a tota communitate vel societate.

22. Item quando lo navilio leva, mele portate non deve de cornerio rutto le nove tusumento neremenditas, eccetto de alumina trenciata et dele altre cose guaste intutto in arbitrio de li consuli.

23. Item, finito viaggio, et extractis expensis, patronus debet reddere rationem navis, vel sociis in curia in eorum presentia, et extractis expensis debet lucrum dividi per partes, prout est consuetum; et si nautæ, vel socii ad hoc citati non comparuissent in hac redditione rationum non possunt postea opponere, verum si patronus non requisiverit, eos in tempore dicti calculi quod possint, et valeant quando volunt ei opponere.

24. Item deve essere ciascheduna parte, onze cinque.

25. Item ogni navilio che mena scrivano, deve venir a la corte et far jurare al scribano, como requede lo rito, et dalla jurante la sua scrittura deve essere accettata in la corte como propria scrittura publica de N. publico.

26. Item se alcuno navilio se rompesse, o fusse preso, quello lo quale resta, si deve partire per onza soldo per libbra, a la quale perdita li marinari non son tenuti, verumtamen devono restituire lo impronto.

27. Item se alcuno navilio patesse naufragio, et fusse per modo potesse habilmente prendere concia, li compagni sono tenuti ajutare mentre se concia, alla quale concia se deve extrahere

de tutto lo comone, et li marinari per le parti loro del guadagno tantum fatto in quello viaggio.

28. Item se fusse preso, o potessese recuperare, lo patrone ne è
tenuto affrancare, juxta posse, a fare lo recatto, il quale si
deve fare per lo comune, al quale li marinari non sono tenuti, verum non havendono le spese del comone, sono tenuti
aspettare et vedere et ajutare il salvamento, et il ricatto del
navilio.

29. Item nullo patrone de navilio, può nè deve portare cose in
mercantia sopra navilio, che costa da un' onza ultra, et sela
portasse, tutto il guadagno il quale sene facesse se deve
contraire, et investire in la comunità, et similiter li compagni.

30. Item tutti li patroni delli vascelli, che navigano all' uso predetto, siano tenuti fare scrivere tutta la loro colonna parti-
colarmente quelli, li quali extrahono dalle città in l' atti
della corte.

31. Item se alcuno patrone de navilio, o compagni, prendessero
in accomando da qualsivoglia persona mercantia la quale
per defetto di venditione in posterum la ritornasse, che eo
casu lo accomandatario debbia prendere sua mercantia, tale
quale è ritornata, non obstante lo contracto fosse celebrato
in nome di venditione od in qualunque altro modo.

32. Item se alcuno patrone di navilio, o qualunque altro mercante in lo far de sua ragione per qualunque modo, et via
fraudasse alcuno accomandatario, et in posterum lo predetto
accomandatario potesse provar lo inganno, eo causu li frau-
danti patroni o mercanti siano tenuti iufallibilmente pagare
d'ognuno nove, et che contra lo mercante, o patrone si possa
fare exequire non obstante lo contracto fosse così facto, ne
ellam prescritto detempo juxtá formam novi ritus, et non
obstante che lo contracto fosse in le cae, in le quali non
accade exene.

33. Item quando lo navilio perde o pate naufragio, et devesse

vendere, per contribuire alli caratti et alla colonna, si vede extimare per huomini experti, quanto poteva valere lo navilio in lo tempo che incominciò lo viaggio, o la compagnia, e per tanto deve tirare, et mettersu in conto secondo l'extima facta, et non per quanto fosse forsi valuto.

34. Item nullo navilio coperto, nè scoperto, se può nè deve vendere senza commissione de la corte predetta. Intanto, et se le parti non fussero contente, o vero in concordia de lo tempo de la liberatione, deveno li consoli mettere il tempo della liberatione, deveno essi, o alcuno de loro essere presente, se è ligno descoverto, se pò per il notare liberare, et se altramente alcuno patrone presumesse contro lo prescritto capitolo la vendita non vale, et il padrone se è legno scoverto, è in onza una di pena, et si è discoperto è ad..... 7 et gr. 10 ad essere pagato all' es° della corte predetta.

35. Item qualunque persona havesse parte, o carate in alcuno navilio, et non volesse vivere più in comone con gli altri suoi porzonari, o tenere parte in detto navilio a sua petizione se deve vendere, itaque non si può astringere a vivere in comune contra la voluntà, eccetto con sua expressa consienzia lo patrone del navilio l'havesse obligato ad altro o ad alcuno viaggio.

36. Item tutti li navili, li quali vanno ad uso de Rivera, deve essere ciascheduna parte onze sei, due.

37. Item, si infra lo viaggio si rompesse o perdesse alcuna cosa, si deve comprare per tutta la compagnia.

38. Item si aliquod navigium contrahit societatem cum alio navigio vulgariter conserva, et aliquod ipsorum patitur naufragium, vel captum a piratibus quod tunc sicut luorum erat commune, ita esset dammum, id quod deperditur dividi debet in solidum pro libra.

39. Item tutti navilij che vanno aduso per mera tanto si venino infra lo Regno, quanto entra lo Regno, tanto con navilij coperti, quanto con navilij scoperti, siano tenuti dare ra-

gione in la corte, et presentia delli consoli, o determinatione si deve stare.

40. Item se li consoli devono havere per loro salario et affanni d'ogne navilio gr..... per ogni salma delle portate dello navilio.

41. Item se alcuno marinaro, o compagno, tanto de Rivera, quanto de sodu, havuto l'imprompto, o lo scodio, trovasse ad vanzare sua conditione, augmentandose in officio, in lo quale officio mai altra volta fosse stato, può abandonare lo navilio, del quale havesse avuto, o ritenuto in prompto de lo suedo, dummodo che lo faccia a sapere al patrone del navilio tre giorni avante, che lo navilio vole far vela, et deve restituire manualmente lo imprompto, o suedo.

42. Item al navilio il quale esce al spacciamento per lassare marinaro, o compagno non si può mettere pena, et si messali fosse non vale, nè tene, eccetto, che se lo proprio patrone havesse gabato il creditore menando si a quel ponto serra al spacciamento.

43. Item all'imprompto quale si dà alli marini de Rivera esce sempre salvo in tra.

44. Item il patrone del navilio, è tenuto quando perde alcuna cosa del navilio, tanto cioè della colonna del capitale come de fornimento de navilio, correre o trattare per tutto suo potere, per recuperare tutto quello, il quale perduto haverà, et questo s'intende per qualunque altro modo lo perdesse, o li fosse levato, et se per sua negligenza, cioè che in tempo et luoco lo potesse recuperare, et non trattasse detta recuperazione, sia tenuto lo patrone corredarla, la quale recuperata, o emendata, si deve partire soldo per lira, per tutti quelli porzonari, o compagni, li quali saranno stati in quello viaggio.

45. Item se robba de marinari si perdesse, o fosse caso che la colonna l'havesse a dimandare, et il detto marinaro non potesse provare lo valore di quella robba, li deve esser rifatto

per sei, et questo s'intende de robba de vestire et coperire solamente.

46. Item se alcuno compagno restasse interra mandato ad utilità della colonna, lo quale non fosse per suo difetto, che non potesse sequire lo viaggio, deve havere la sua parte del guadagno de tutto lo viaggio, et si per far li fatti soi, restasse senza commissione del patrone deve perdere la parte a se contingente, la quale si deve distribuire a tutta la comunità.

47. Item lo navilio de Rivera, il quale sarà caricato di mercantia, a compra, se a quello navilio verrà caso fortuito per tempestar di tempo, o per meglio difensarse da inimici, o per qualunque altra superveniente fortuna, li sarà necessario fare jetto, lo padrone del navilio, guardando bene se per ogni ragione a loro è necessario jettare, et come per loro sarà deliberato far jettito, deve prima il patrone incomenzare a fare jettare, o dare licentia alli compagni di jettare, et devono jettare si a lor parere poter essere a salvamento, lo danno del quale lo navilio fatto haverà si deve rifare del guadagno, il quale poi resterà, si deve partire, come ho detto di sopra del navilio de Rivera, et se per ventura il detto guadagno non bastasse pagare lo guadagno predetto, tutto quello guadagno deve essere lassato per ragione della rimonda del jettito fatto, al quale danno li marinari non son tenuti rifare, ma si deve rifare tra la colonna, et lo navilio secondo le parti, che lo navilio tirarà, et così etiam se lo predetto navilio non havesse alcuno guadagno, verum li marinari, in tantum sono tenuti rifare le spese del magnare et bevere, et tutte spese per loro vita fatte, et lo impronto, et se in lo navilio fosse viciati con loro mercantie, o dinari, o altra robba, sono tenuti al predetto rifabamento del jettito soldo per lira.

48. Item se lo predetto navilio fosse caricato di mercantie de mercanti a nolo, come di sopra è detto, et fosse necessario

jettare, il patrone del navilio deve consigliarsi con li mercanti et con suoi fattori, se li mercanti non ci fossero personalmente o con qualunque altra persona, la quale fosse per parte del predetto mercante; narrandoli, come, per ogni ragione è necessario jettare per salvamento della mercantia et delle persone, et intanto consultare sopra questa ragione, lo mercante prima comenzerà a jettare, come di sopra è detto, e lo danno del quale jettito si deve partire soldo per lira tra la mercantia et la barca, come di sopra è detto, alquale danno non sono tenuti li marinari; verum lo danno, che la barca di ciò conseguerà, si deve rifare del guadagno, quale fatto haverà, si ci rimanerà guadagno, si deve partire, come di sopra è detto, et si non basterà, deve essere lo patrone, alquale li marinari non son tenuti, et se vitiati ce fossero, ci devono contribuire come di sopra fu declarato, et se persona non fosse per lo detto mercante, ne esso, ne chi fosse, del jettito fatto si deveno consultare lo patrone, lo nocchiero con tutti, o la maggior parte delli compagni. Et quando per loro declarato sarà per salvamento fare lo detto jettito, lo ponno fare, come se il proprio mercante fosse presente, et consentesse, et così, et anderà lo danno predetto soldo per lira fra lo navilio et lo mercante, et se per ventura la robba sarà de molti mercanti, et alcuno marinaro, o viciato, senza licentia del patrone, o mercante, presumerà a jettare et fare jettito, sarà tenuto emendare tutto quello, il quale per quello jettito perduto si troverà.

49. Item si li mercanti fossero persone avare, come per il mondo si trovano, li quali voleno più presto morire, che perdere alcuna cosa, la quale per estrema avarizia non volesse consentire lo jettito, ma repugnare, all'hora il padrone assieme con lo nocchiero et l'altri buoni huomini dello navilio, cominciato concilio, lo devono requedere, mostrandoli la raggione et declaratione, come per ogni raggione è necessario fare jettito per la liberatione dello navilio, et delle persone,

et della mercantia, et si esso pur perseverasse alla sua avarizia repugnando, all'hora lo patrone del navilio si deve protestare avanti tutti li compagni, et all'hora può incomenzare a jettare, et non li farà detrimento alcuno, et d'ogni fatto di jettito si deve intendere lo padrone, carrica lo suo navilio, tanto quanto la raggione del suo naviglio requede, et quando lo sopra carricari non ci è dubio nullo, che lo patrone è tenuto ad ogni danno et interesse.

50. Item incontinente che lo padrone et lo scrivano danno lo soldo ad alcuno marinaro, è tenuto a riquesta de lo patrone, o de lo scrivano, o del nochiero venire et servire in li servitij li saranno commessi, et se per aventura requesto non venesse ad ajutare, deve essere in pena al parere delli consoli, eccetto si per legittima causa fosse impedito.

51. Item se alcuna nave, o vascello partisse da porto per tempo, o altro advenimento tornasse fra ventiquattro giorni, il marinaro non deve godere questo tempo.

52. Item partuto lo navilio fosse preso, o rompesse, il marinaro deve essere pagato per quello tempo l'ha servito fin al tempo del naufragio, et se havesse da refare dal soldo non possa essere costretto a tempo de un mese computando dal giorno del naufragio, avante, non obstante che ha pagato a ragione di mese.

53. Item se lo marinaro fosse preso, o tenuto presone, o ferito, o morto in servitio de lo navilio, eo casu non sia tenuto restituire lo soldo, quale havesse da escomputare.

54. Item se alcuno vascello portato dal porto per superveniente fortuna, li fosse necessario jettare a mare, quello jettito si deve contribuire universalmente, per tutte quelle persone, le quali hanno mercantie in lo vascello predetto per tutti li mercanti, et per lo navilio, il quale navilio si deve per huomini esperti estimare secondo la qualità, che era quando partì dal porto insieme con li mercanti fare una massa, et

poi partire soldo per lira, et questo se intende, quando lo navilio non si perde in tutto.

55. Item si lo navilio si perdesse in tutto li mercanti non più sono tenuti escomputare, verum si lo navilio havesse fatto jettito esistente in le procelle, et de se in terra si ricuperassero tutte o parte, quelle mercantie recuperate si deveno contribuire in cose jettate nel tempo del naufragio, non tamen le cose, che se perdono poi rutto lo navilio.

56. Item existente lo navilio de fore, è tenuto lo marinaro dormire sopra lo navilio denotte, et tutte quelle notti, che senza expressa licenzia del padrone dormesse in terra, deve per ciascuna notte servire giorno uno, et havere tanto manco di paga ad arbitrio del patrone.

57. Item quando il navilio stesse a dormiggio, il marinaro non deve partire dal navilio di notte nè di giorno senza licenzia, eccetto se lo navilio non fosse in porto, dove sentesse tanto de fortuna, quanto de mala gente.

58. Item stando lo navilio a sorgituro, se può lo marinaro partire da nave senza licenzia del patrone, eccetto lui ne fosse requesto dal patrone, o d'altro officiale de la nave, per alcuna cosa.

59. Item se alcuno padrone di nave, o d'altro vascello si reclamasse dal suo mercante per lo nolito della roba, che portasse, et detto mercante allegasse non essere tenuto pagare detto nolito, lo quale l'havesse promesse allegando quella robba li fù carricata per qualche altra manera, et li allegasse che l'havesse da dimandare alcuni danni, i quali se affermarando per il detto mercante haver patito, et si lo patrone non confesserà senza alcuna dilazione, deve esser costretto pagare lo detto nolito tanto de la bagnata, quanto de l'arrivata, verum lo detto padrone prima che sia pagato, deve dare plegeria bona di tornare, et emendare al detto mercante tutta quella robba, laquale sarà bagnata et maltrattata in la nave sua. Incontinente che conosciuto sarà

per difetto del padrone o del navilio, et tale dimanda de nolito, non si deve fare per scrittura, purchè del detto nolito se mostri scrittura, o che le parti le confessano.

60. Item dimanda de marinari, liquali dimandano loro soldi, o parti da loro padroni, tale dimanda si deve fare sine scriptis.

61. Item si nave o legno, ad instantia di creditore, la quale di novo sarà fatta, et edificata avante sia varata, o levata da scario, o avante che haverà fatto alcuno viaggio, sarà venduto sopra lo prezzo del tale navilio. Melio haverando ragione quelli, alli quali demum sarà per quelli edificarando questo navilio; per legnami, pece, stopa, chiodi, le quali cioè comparate saranno ad uopo di quel vascello, con quello lo quale improntasse alla detta redificatione suoi denari, et questi de corriero al prezzo predetto, et tutti questi correno per uno numero, et deveno prima esserene pagati tra l'altre creditioni, et si lo prezzo ricevuto di tale navilio non fosse bastante a pagare li detti mastri, li quali lavorato haveranno quale legno, et alli venditori della stopa, legnami, chiodi et altre cose, quello tal prezzo si deve tra loro partire soldo per lira prima, che ciascheduno de loro è in simile justitia, et a tali creditori in questo caso anteriorità di tempo non giova, et se per aventura il detto vascello haverò fatto viaggio alcuno, et poi sarà venduto ad instantia di detti creditori, lo prezzo ricevuto di questo vascello si deve in questo modo distribuire, primo, si deveno pagare li servitiarij et li marinari di nave, di quello lo quale si conoscerà doverno ricever per loro soldo, et poi quelli i quali conoscerando haverno improntato sopra l'edificio di tal nave, cioè chi primo sarà in tempo.

62. Item se alcuna cosa dovessero ricevere li mastri, li quali havessero in quello fatto giornate, o venditure di pece, ligname, stoppa, et chiodi, se essi carta non haverando in tal caso non hanno le persone predette alcuna integritate, nè prerogativa di tempo di meglioranza contra delli quali fos-

sero prima in tempo, et fossero creditori di quel vascello, et si le parti de li padroni non basteranno pagare li predetti debiti, li quali primo haverà, si devono li detti creditori pagare delle parti delli porzonari, et patroni di carate di questo navilio, se dato l'haveranno potestà come patroni, che in altro modo li detti porzonari non sariano porzonari si come patroni, o in altra manera potestà non haveranno.

63. Item si navilio alcuno vendesse, ed il padrone con animo de fraudare, o per qualsivoglia altro modo non scrivesse tutto lo credito in lo inventario, quello, lo quale lo havrà comprato possendo provare qualunque cosa mostrando essere fatta de lo navilio non alienata, lo deve havere lo padrone predetto si legname mostrasse haverlo accattato da lo duplo pio (sic).

64. Item qualunque mercantia si venderà, et il compratore pacarà de buono argento, deve haverlo lassato a raggione di grani quattro per onza, et questo se chiama l'affitto de lo cagno.

65. Item de qualunque mercantia, che si vende alle città, il cittadino sopravenga al mercato, può et deve havere quella mercantia per quello prezzo propio per lo quale l'have havuto lo mercante, quando è necessario per suo uso et de sua familia.

66. Item uscendo lo navilio da lo porto, lo patrone è tenuto de mostrare tutta la colonna alli marinari.

CAPITOLI 1°, 2° E 3° DELLA *Pratica della Mercatura*, SCRITTA DA FRANCESCO BALDUCCI PEGOLOTTI.

TOMO 3° DELLA DECIMA E DELLE ALTRE GRAVEZZE IMPOSTE DAL COMMUNE DI FIRENZE. Lisbona e Lucca, 1766.

I.

VIAGGIO DEL GATTAJO PER LO CAMINO DELLA TANA AD ANDARE E TORNARE CON MERCATANZIA.

Primieramente dalla Tana in Gintarchan sia 25 giornate di carro di buoi, e con carro di cavallo pure da 10 in 12 giornate. Per camino si trovano Moccoli assai, cioè gente d'arme; e da Gintarchan in Sara sia una giornata per fiumana d'acqua, e puotesi andare per terra e per acqua; ma vassi per acqua per meno spesa della mercatanzia. E da Saracanco infino in Organci sia 20 giornate di carro di cammello. E chi va con mercanzia, gli conviene che vada in Organci, perchè là è spacciativa terra di mercatanzia. E d'Organci in Oltrarre sia da 35 in 40 giornate di cammello con carro. E chi si partisse di Saracanco e andasse dritto in Oltrarre, si và 50 giornate; e se egli non avesse mercatanzia, gli sarebbe migliore via che d'andare in Organci. E di Oltrarre in Armalecco sia 45 giornate di some d'asino, e ogni die truovi moccoli. E d'Armalecco insino in Camexu sià 70 giornate d'asino; e di Camexu insino che vieni a una fiumana che si chiama Cara Muren, sià 45 giornate di cavallo, e dalla fiumana ne puoi andare in Cassai e là vendere i sommi dell'argento che avessi, perocchè la è spacciativa terra di mercanzia : e di Cassaisi và colla muneta, che si trae de'sommi dell'argento venduti in Cassai, che è moneta di carta, che si appella la detta muneta *Babiscī*, che gli quattro di quella moneta vagliono uno sommo d'ariento per le contrade del Gattajo. E di Cassai à Gamalecco, che è la maestra città del paese del Gattajo, si va 30 giornate.

II.

COSE BISOGNEVOLI A' MERCATANTI, CHE VOGLIONO FARE IL VIAGGIO DI GATTAJO.

Primieramente conviene che si lasci crescere la barba grande, e non si rada. E vuolsi fornire alla Tana di Turcimanni, e non si vuole guardare a risparmio dal cattivo al buono, che il buono non costa quello d'ingordo che l'uomo non sene migliori via più; e oltre a Turcimanni si conviene menare per lo meno due fanti buon‘ che sappiano bene la lingua cumanesca, e se il mercatante vuole menare dalla Tana niuna femmina con seco, si puote, e se non la vuole menare, non fa forza, ma pure se la menasse sarà tenuto di miglior condizione, che se non la menasse, e però se la mena, convienne che sappia la lingua cumanesca come il fante; et dalla Tana insino in Gintarchan si conviene fornire di vivanda 25 dì, cioè di farina e di pesci insalati, perocchè carne truovi assai per cammino in tutti i luoghi. E similmente in tutti i luoghi, che vai da uno paese a un altro nel detto viaggio secondo le giornate dette di sopra, si conviene fornire di farina e di pesci insalati, che altre cose truovi assai, e spezialmente carne.

Il cammino d'andare dalla Tana al Gattajo è sicurissimo, e di dì e di notte, secondo che si conta per gli mercatanti, che l'hanno usato: salvo se il mercatante, che va o che viene, morisse in cammino, ogni cosa sarebbe del signore del paese, ove morisse il mercatante, e tutto prenderebbono gli ufficiali del signore; e similmente si morisse al Gattajo, o veramente s'egli avesse suo fratello o stretto compagno, che dicesse, che fusse suo fratello, si gli sarebbe dato l'avere del morto e camperebbesi in questo modo l'avere. E ancora v'ha un'altro pericolo, cioè che quando lo signore morisse, infino che non fusse chiamato l'altro signore, che dovesse signoreggiare, in quello mezzo alcuna volta v'è stata fatta novitade a' Franchi e ad altre stranee genti (Franchi appellaneglino tutti i cristiani delle parte di Romania innanzi in verso il Ponente), e non corre sicuro il camino, infino che non è chiamato l'altro signore, che dee regnare appresso di quello, ch'è morto.

Il Gattajo si è una provincia, dove à molte terre e molti casali; infra l'altre si ha una, cioè la mastra cittade, ove riparano i mercatanti, e ove si fa il forzo della mercatanzia, la quale cittade si chiama Gombalecco. E la detta cittade gira cento miglia, ed è tutta piena di gente, e di magione e di abitanti nella detta cittade.

Ragionasi che uno mercatante con uno Turcimanno, e con due fanti, et con avere della valuta di xxv migliaja di fiorini d'oro, spenderebbe infino al Gattajo da lx in lxxx sommi d'argento, volendo fare masserizia, e per tutto il cammino da tornare dal Gattajo alla Tana, contando spese di bocca e salario de fanti, e tutte spese intorno a ciò, sommi v alla somma o meno; e puote valere il sommo da fiorini cinque d'oro: E ragionasi che 'l carro debba menare pure uno bue ed è il carro x cantara di Genova; el carro di cammelli mena tre cammelli, ed è il carro 80 cantara di Genova; e il carro de' cavalli mena uno cavallo, ed è il carro cantara 6 1/2 genovesche di seta comunalmente da libbre 250 genovesche, e uno scibetto di seta si ragiona da libbre 110 in 115 genovesche.

Ragionasi che dalla 'Tana in Sara sia meno sicuro il cammino, che non è tutto l'altro cammino, ma se gli fussono 60 uomini, quando il cammino è in piggiore condizione, andrebbe bene sicuro come per casa sua.

Chi volesse muovere da Genova, o da Vinegia per andare al detto luogo e viaggio del Gattajo portasse tele e andasse in Organci, ne farebbe bene, e in Organci comperasse sommi, e andasse con essi avanti senza investire in altra mercatanzia, se già non avesse alquante balle di tele molto sottilissime, che tengono piccolo imbuglio, e non vogliono più di spesa, che vogliono altre tele più grosse.

E possono i mercatanti cavalcare per lo cammino o cavallo, o asino, o quella cavalcatura, che piace loro di cavalcare.

Tutto l'argento, che i mercatanti portano, e che va al Gattajo, il signore del Gattajo lo fa pigliare per se, e mettelo in suo tesoro, e mercatanti che lui portano, ne da loro moneta di pappiero, cioè di carta gialla coniata della bolla del detto signore, la quale moneta s'appella *Babisci*, della qual moneta puoi e truovi da comperare seta, e ogni altra mercatanzia, e cose che comperare volessi; e tutti quegli del paese sono tenuti di prenderla; e già però non si sopracompera la mercatanzia, perchè sia moneta di pappiero, e della detta moneta di pappiero, ne sono di tre ragione, che l'una si mette per più che l'altra, secondo che sono ordinate a valuta per lo signore.

E ragionasi che al Gattajo arai da libbre 19 in 20 di seta gattaja recato a peso di Genova per uno sommo d'argento, che puote pesare da once 8 1/2 di Genova ed è di lega d'once 11 et denari 17 fine per libbra.

E ragionasi che arai al Gattajo da 3 in 3 1/2 pezze di cammocca di seta per uno sommo, e da tre 1/2 insino in 5 pezze di nacchetti di seta e d'oro per uno sommo d'argento.

III.

RAGGUAGLIO DI PESI E MISURE DELLA TANA. DIRITTI DI MERCATANZIA CHE SI PAGANO ALLA TANA, IN CAFFA, A TORISSI ET IN TREBISONDA.

Alla Tana sia di più maniere pesi e misure, come diviserà qui appresso, cioè cantaro che è cantaro genovesco.

Libbra grossa che è lib. 20 genovesche.

Ruotoli, che 20 ruotoli fanno una libbra grossa.

Libbre sottili, che è libbra genovesca.

Tocchetto, che gli XII tocchetti fanno una libbra grossa.

Saggi, che gli 45 saggi fanno un sommo.

Cera, elandano, ferro, stagno, rame, pepe, gengiovo, tutti spezierie grosse, cotone, robbia, sevo, formaggio, lino, olio, mele e tutte le dette cose si vendono a libbra grossa.

Seta, zafferano, ambra lavorata a modo di paternostri, e tutte spezie minute, si vendono a libbra sottile.

Vai a migliajo, e dassene 1020 per uno migliajo.

Ermellini a migliajo, ed assene mille per uno migliajo.

Volpi, zimbellini, faine e martole, lupi cervieri, e tutti drappi di seta o d'oro si vendono a pezza.

Tele e canovacci d'ogni ragione si vendono a picco.

Schienali si vendono a fascio, e dassene 20 per uno fascio.

Cuoja di bue a centinajo di novero, e dassene cento per uno centinajo.

Cuoja di cavallo e cavalline si vendono a pezzo.

Oro e perle si vendono a saggio.

Grano et tutti altri biadi e legumi si vendono alla Tana a una misura, che si chiama Cascito.

Vino greco e tutti vini latini si vendono a botte tale come lae.

Vino di Malvagia, vino di Triglia e vino di Candia vi si vendono a metri.

Cavialli si vendono a fusco, e ogni fusco si è uno mezzo cuojo di pesce, e da mezzo in giù inverso la coda pieno d'uova di pesce.

——————

Oro e argento e perle non pagano nè comerchio, nè tamunga, nè nullo diritto alla Tana.

Vino e cuoja di bue, e schienali, e cavalline, queste cose pagano 4 per centinajo a' Genovesi et a' Viniziani, e tutta altra maniera di gente pagano 5 per centinajo.

Quello che si paga di passaggio di mercatanzia alla Tana:

Seta d'ogni libbra 15 aspri.

Tutte altre cose d'ogni 3 cantara aspri...

Alla Tana si spendono sommi e aspri d'argento e pesa lo sommo saggi 45 della Tana, e sono di lega onze XI et den. 17 d'ariento fine per libbra; e chi mette argento in zecca alla Tana, si fa la zecca d'uno de detti sommi, aspri 202 a conto, e benchè la zecca ne faccia del sommo aspri 202 si non ne rende altrui altro che 190 aspri; e lo rimanente si ritiene tra per farlo lavorare e per guadagno della zecca; sicchè aspri 190 vagliono uno sommo alla Tana, i quali sommi si danno in pagamento di peso, in che sono verghe d'argento della sopradetta lega; le quali verghe non pesano però tanto l'una come l'altra, ma mette d'all'una bilancia le verghe dello argento, e dall'altra bilancia la quantità del peso de' sommi, che dee dare od avere; e se meno che peso d'uno sommo, si paga d'aspri e ogni sommo conviene che sia a peso saggi 45 al peso della Tana.

E spendesi alla Tana una moneta, che è tutta di rame senza argento, che s'appella *Folleri*, che gli 16 folleri si contano per uno aspro, e i detti folleri non si danno nè si spendono in pagamento di mercatanzia, ma solamente in erbe, e cose minute e bisognevoli per la terra.

———

A Caffa se ha più maniere di misure e pesi, cioè :

Cantore che è cantare genovesco.

Libbra grossa che lib. 7 fanno uno cantare in Genova.

Ruotoli che gli 14 et 2/7 fanno una libbra grossa.

Libbre sottili, che è libbre genovesche.

Saggio che è tutto uno col saggio di Pera. Picchio.

Tutte maniere di genti, salvo i Genovesi, pagano 3 per centinajo traendo e entrando. Genovesi pagano 3 1/2 per centinajo, el mezzo è della comunità de' Genovesi medesimi, e gli 3 per centinajo sono del signore di Caffa.

———

Diritto di mercatanzia che si paga a Torissi. Di ciò che comperi o vendi al peso di Torissi, paghi Bizanti 5 meno 1/2 aspro di Camunoca per centinajo.

Drapperie di lana, e tele, e pelliccerie, e ciambellotti, e stagno, e di ciascuna cosa che si vende a minuto e a misura, si paga di camunoca 4, meno 1/3 per centinajo.

E di senseraggio si paga uno mezzo per centinajo, e piue quello che ti piace di fare cortesia al sensale.

Argento e perle sono franche, che non pagano Tamenga, nè all'entrare, nè all'uscire.

———

Diritto che si paga in Trabisonda. Chi porta mercatanzia in Trabisonda, o vendela nella terra a paesano, si paga allomperadore di Trabisonda 3 per cento; ma sela vendesse a' Genovesi, o altre genti latine non paga niente.

E se quella mercatanzia, che porti in Trabisonda, non la vogli vendere in Trabisonda, e vollitene andare con essa a Torissi, ovvero mandarlavi, si paghi al detto imperadore aspri 28 per soma, e anche aspri uno per soma al consolo.

E chi viene di Torissi a Trabisonda con mercatanzia, si paga in Trabisonda aspri 15 per soma, tanto di spezie, come d'ogni altra mercatanzia tale, chente ellene aspri 14 allomperadore o aspri uno al consolo.

Caricatori d'ogni mercatanzia, ove si carica e si lieva biado in Gazeria, e del Zecchia del mare Maggiore per navicare in verso Constantinopoli e Pera.

Lo primo porto inverso la Tana si è *Porto Pisano* a caricarsi presso alla terra a 5 miglia nave di 2,000 moggia di Pera, e gli altri minuti navili si caricano più presso secondo che sono grandi o piccioli.

Lo secondo porto siè *Loccobardi* o *Cabardi*, e caricasi presso alla terra a 10 miglia chente che nave che sia.

Lo terzo porto si è *Lobuosom* (Rosso o fiume Rosso?), e caricasi di lunge alla terra 5 miglia e ogni navile.

Lo quarto porto si è *Ipoll* (Pollizzo, Portetti), e caricasi di lunge alla terra 5 miglia e ogni navile.

Lo quinto porto si è il *Vospero* (Bospro, Cerco, Kertch), e caricasi di lunge alla terra uno prodese di nave, e ogni navile.

Lo sesto porto si è in Caffa, ed è finissimo porto, e caricasi presso alla terra secondo come grande il navilio, e come vuole fondo.

Lo settimo porto si è *Alifetti*, ed è finissimo porto, e caricasi presso al porto a uno prodese di nave, e ogni navile.

Dalla banda di Zecchia:

Lo primo porto verso la Tana si è lo *Balzimachi* (Bacimachi, Varangido), e caricasi presso alla terra a 3 miglia con ogni navilio.

Lo secondo porto si è *Il Taro* (Lo Tar, Tar magno, Tar parvo), e caricasi presso alla terra a 8 miglia.

Lo terzo porto si è *Il Pesce* (Pexo, lo Peco, Poxo), e caricasi presso alla terra a 5 miglia, e ogni naviglio.

Lo quarto porto si è *San-Giorgio* (sancti Georgy, san Zorzo), perchè è reo porto non si carica niente.

N° 4.

TRAITÉ ENTRE L'EMPEREUR MANUEL ET LES GÉNOIS.

In nomine Patris et Filii et Spiritus sancti. Amen.

Ego Amicus de Morta, civis Janue, legatus ab archiepiscopo civitatis Janue et a consulibus et ab omni communi civitatis Janue, accipiens potestatem et injunctum ab eis ut, quicquid juraverojet conveniero, vice Janue, cum sanctissimo et excellentissimo imperatore Romeon, porfirogenito domino Hemanuele Comino firmum et ratum erit hoc ab eis. Hanc presentem conventionem facio et juro, ex voluntate archiepiscopi et consulum et tocius communis civitatis Janue, ad sanctissimum dominum imperatorem porfirogenitum Hemanelem Cominon et ad omnes heredes et successores imperii ejus et Romaniam, sicut significabitur. Quam ab hodie et in anteâ, usque in sempiternum, donec mundus steterit, non erunt Januenses contra imperium ejus, vel contra heredes ejus vel successores, vel contra Romaniam, vel contra aliquam terram ipsius imperii, quam nunc habet vel quam in antea, Domino adjuvante, acquisierit, neque per consilium, neque per pecuniam, neque per stolum idem per navalem exercitum, neque ullo aliquo modo, neque Januenses hoc facient, neque aliqua conjungentur justa vel injusta occasione alicui homini coronato vel non coronato, qui sit vel qui erit christiano vel pagano viro vel mulieris qui mori vel vivere possit. Sicut de capitulo coronati tractatum est in curia domini imperatoris, et intellectum et interpretatum est mihi, et a me confirmatum ad honorem et proficuum ejus imperii et Romanie. Sicut, et ego hoc debeo interpretari Jannensibus ut et in antea sic istud capitulum intelligatur et observetur. Et nunquam facient Januenses dampnum alicujus terre imperatoris et persone ejus vel heredum et successorum ejus. Neque facient diminucionem imperii sui vel honori ejus neque inquirent hanc per se vel aliter, sed maxime si aliquid tale intellexerint in terra Janue debeant hoc disturbare. Et si ab aliquibus fuerit assultus factus vel obsessio contra aliquam terram imperatoris, Januenses, qui in terris illis fuerint inventi, bona fide, sine dolo et fraude debent illas custodire et deffendere ad honorem domini imperatoris et heredum ipsius. Si vero aliquis alicujus inimici ex parte aliqua aliquando pervenerit christiani vel Sarraceni sive pagani versus aliquas partes imperatoris usque ad numerum centum galearum vel plus, universi Januenses, qui tunc inventi fuerint in terris Romanie, debent intrare in galeris domini imperatoris cum consuetis soldis curie domini imperatoris, quos consuevit dare Latinis, et ire contra supradictum stolum cum galeris Grecorum et non revertentur.... donec illud servicium compleatur et Grecorum galere revertantur vel in Constantinopolim, vel in aliam terram domini imperatoris. Verum tamen quando predicti Januenses debent moveri, habebunt licentiam relinquendi in custodia navium et rerum suarum homines XX quos maluerint vel elegerint. In propriis vero galeris ibunt Januenses quot armare poterint. Si vero Januenses in aliqua terra domini imperatoris neque unam galeram armare poterint omnes in eam intrabunt, et complebitur numerus galere ex alia gente sufficienter. Quandocumque vero dominus imperator voluerit Januam mittere pecuniam, vel res, vel homines ejus galeras sive naves contra quemcumque miserit ea christianum, sive paganum coronatum vel non coronatum, ut ex debito debeant Januenses honorifice eam recipere et deffendere in terra sua et custodire secundum voluntatem hominum domini imperatoris, qui cum eis erunt, omniem pecuniam et res missas, homines, galeras et naves, quanta et qualia erunt, ab omni homine coronato et non coronato, debentes et hinc intelligere capitulum de coronato sicut superius interpretatum est ad servicium et honorem domini imperatoris et Romanie. Et non impedient unquam Januenses dominum imperatorem et heredes vel successores ejus ad conquirendas terras aliquas, preter jus quod habent in terra Surie, sive ex bello, sive ex emptione, seu aliquo alio modo. Si vero et in his ex parte domini imperatoris custodietur Januensibus justitia eorum neque in his debent impedire dominum imperatorem facere in his quicquid voluerit. De infensionibus vero, quos fortasse Januenses fecerint in terris domini imperatoris Grecis vel aliis gentibus, que non sint Januenses, debent judicari in curia domini imperatoris, sicut Venetici et cetere latine gentes. Si vero contingerit Januenses aliquos depredari aliquando, vel aliter ledere aliquam terram domini imperatoris, vel homines ejus, dabitur super hoc noticiam Janue civitati ab imperatore sive per literas, sive per nuncium, et dabunt operam sine dolo et fraude invenire eos et facere ex eis justitiam et vindictam ad honorem domini imperatoris spectantem. Si forte isti malefactores inventi non fuerint, similiter fiat vindicta in bonis eorum. Hanc conventionem, et que in ea scripta sunt capitula omnia, debent habitatores tocius civitatis Janue a majore usque ad minorem observare domino imperatori, donec mundus steterit. Et omnes futuri consules Janue aliter fieri non debent consules nisi prius juraverint, cum consilio et consensu archiepiscopi et nobilium et communis tocius Janue sacramentum factum in hac conventione, quatenus observetur ista conventio rata et inconcussa. Neque unquam Januenses dimittent hanc conventionem, vel facient contra eam neque pro ecclesiastica excommunicatione, neque pro precepto alicujus hominis coronati vel non coronati, quemadmodum dominus imperator et heredes ejus et successores imperii sui debent observare semperque ab imperio suo, per presens crisobolum logo promissa sunt civitati Janue que sic habentur.

Propter enim gratiam et bonam voluntatem quam habet domi-

nus sanctissimus imperator Romeon ad habitatores civitatis Janue, et propter servicium et fidem quam manifestant complere
ad imperium ejus et Romaniam in sempiternum et semper, pro-
mittit imperium dare civitati Janue embolum et scalam et ecclesiam ultra Constantinopolim in loco qui dicitur Orku, in loco
bono et placabili, et dare civitati Janue et communi propter solempnias, singulis annis, perperos D. et pallia duo, et archiepiscopo Janue perperos LX et pallium unum. Et dabuntur modo
simul civitati et communi Janue solempnias annorum XXVI,
propter expensas que eis imminent. Et ut debeant commercium
dare sic videlicet in Constantinopolim de centum quatuor. In
aliis vero terris Romanie sicut ceteri Latini dant commercium.
Custodientur verò Januenses et res eorum integre in omnibus
terris domini imperatoris. Si vero lesio aliqua eis ab aliquo illata
vel facta fuerit, invenient justiciam ab imperio ejus, secundum
quod decens est. Sed et statim quod reclamationem fecerint contra aliquem Grecum vel aliam gentem coram imperatore, invenient justiciam in curia imperii sui. Habebunt vero potestatem
naves Januensium negociari in omnibus terris, ubicumque voluerint, preter in Rusiam et in Matica, nisi forte ab ejus imperio
specialiter hoc fuerit eis concessum. Si autem Januenses res suas
in Constantinopolim introduxerint, easque vendere non poterint,
fiet de rebus eorum sicut consuetudo est fieri in aliis Latinis,
qui dant commercium. Et si aliqua navis Januensium, a quacumque parte venerit, naufragium passa fuerit in Romaniam, et
contingerit de rebus ejus auferri eis ab aliquo, fiat preceptum
imperii ejus vindicandi et recuperandi res amissas. Adhuc et istud preceptum est cum si contingerit Januenses offendere aliquem modo aliquo, non debent judicari ab aliqua alia gente nisi
a curia domini imperatoris, presidente judicante, videlicet aliquo
de consanguineis Grecis imperatoris vel de hominibus ipsius.
Neque tenebitur, in captione faciens injuriam ante judicium, si
dederit fidejussorem. Si vero fidejussorem non dederit, tenebitur
quidem in custodia, extraetur tamen et judicabitur donec judi-

cium manifestum et finis judicii fuerit in ipso. Preterea, expletis quinque annis, mittetur camerarius domini imperatoris ad vindictam faciendam Januensibus, si ipsi per damnacionem domino imperatori fecerint.

Ista omnia, in presenti carta significata conventio, ego prenominatus nuncius civitatis Janue, Amicus de Morta, et juro sine fraude et malo ingenio, ex precepto et voluntate archiepiscopi, consulum et tocius communis civitatis Janue, confirmari et observari ab eis, et jurari et firma et stabilia custodire in sempiternum. Quandoquidem presentem simphoniam et conventionem prenominatus nuncius fecit et sacramento hanc confirmavit. Ecce et imperium meum per presens crisobolum logo ejus, quum si universitas Januensium videlicet archiepiscopus, consules et multitudo tocius communis hanc convencionem recipientes, secundum consuetudinem, eam complebunt et per scriptum fecerint et juraverint, quod secundum prescriptas ejus distinctiones et capitula observabunt eam incorruptam et immobilem, usque in sempiternum ad honorem imperii nostri et Romanie, firma observabuntur ab imperio nostro que ab eo promissa sunt Januensibus, que superius sunt significata. Donec videlicet firmiter et indissolubiliter observabuntur que ab eis conventata sunt imperio meo et Romanie presente crisobolo logo imperii mei firmiter et stabiliter perseverare debere.

Facto mense octubris presentis tercie indictiones, anno M......LXXVIII. In quo et nostrum clementissimum et a Deo concessum signavit imperium vel potestas. Subscriptio proprie manus imperatoris Manuel in Christo Deo fideliter imperator porfirogenitus et aftocrator Romeon o Cominos.

N° 5.

IMPOSITIO OFFICII GHAZARIÆ.

ORDO DE CAFFA.

In nomine Domini. Amen.

1816. Die 18 marcii.

Octo sapientes, constituti per commune Janue super factis navigandi et maris majoris, sive septem ex eis, pro bono, utilitate et securitate mercatorum ire et uti debencium in mari majori, et ut locus de Caffa cicius et velocius rehedifficetur, melioretur et fortificetur, cujus loci hedifficacio et melioracio ac fortificacio est honor communis et securitas omnium utencium et uti volencium in mari majori tractant, statuunt et ordinant ut infra debere inviolabiliter observari.

Primo videlicet, quod quilibet Januensis et qui pro Januense distringatur seu appelletur, vel qui beneficio Januensis gaudeat seu gaudere consuevit, dominus seu patronus alicujus galee, ligni, vel barche, seu alterius ligni navigabillis, seu qui in aliquo dictorum lignorum partem habuerit, qui iverit in mare majori seu in mare majus intraverit cum ipso ligno, vel galea, et quod mitti vel duci debeat ultra Caffa versus orientem, teneatur et debeat ire ad Caffa et ibi stare per diem unum ad minus sub penis infrascriptis.

Videlicet sub pena pro quolibet patrono cujuslibet galee armate perperorum trecentorum auri, et pro qualibet disarmata, perperorum centum, et sub pena pro quolibet patrono cujuslibet ligni portate modiorum quadringentorum, usque in mille, perperorum centum, et a mille supra perperorum ducentorum, et pro quolibet ligno portate modiorum a quadringentis infra perperorum quinquaginta, in quas penas incidat quilibet patronus cujuslibet galee et ligni, qui contrafecerit ut supra vel non observaverit, qualibet vice qua contrafecerit.

2. Item quod quilibet patronus cujuslibet galee seu ligni navigabillis, venientis deversus mare Tane et volentis venire in Romaniam, teneatur et debeat cum ipsa galea et ligno similiter venire ad Caffa et stare ibi per diem unam ad minus sub dictis penis.

3. Item quod aliquo modo vel ingenio non possint vel debeant per aliquem consulem in Caffa, vel per aliquam aliam personam, capi vel exigi a dominis seu patronis dictarum galearum seu lignorum navigabilium in Caffa, pro comergio, vel aliqua dacita, vel mutuo, ultra quantitates infrascriptas videlicet :

Pro quolibet ligno portate a modiis mille supra perperi duo.

Et portate modiorum quingentorum usque in mille perperus unus.

Et portate a modiis quingentis infra medius perperus.

Et pro qualibet galea armata perperi duo.

Et pro quolibet mercatore, habente in ratione sua perperos mille, vel ab inde supra exigatur perperus unus et dimidius, et a mercatore, habente perperos a D. usque in mille, perperus unus, et a mercatore, habente a perperis centum usque in quingentis, perperus medius.

4. Et predicta possent exigi sive exonerentur ligna sive non; sed qui semel solverit ut supra uno et eodem anno solvere non debeat nisi semel in anno.

5. Sed si aliqua galea vel lignum aliquod, ex dictis lignis navigabilibus, exonerabitur in Caffa et intelligatur quod lignum

non sit exoneratum nisi due partes oneris ligni fuerint exonerate, et si lignum vel galea exonerabitur pro duabus partibus in Caffa, ut supra, non exigebatur aliquid ab enoxerante occasione predictis nisi secundum ordinem de Caffa.

6. Et, ut predicta omnia et singula melius et efficacius observentur, teneatur et debeat potestas Januensis in imperio Romanie recipere juramentum et securitates ydoneas a quibuscumque dominis et patronis galee et aliorum lignorum navigabilium, et ipsi patroni teneantur et debeant ipsi potestati prestare ydoneas securitates, de attendendo et observando ut supra et contra non faciendo vel veniendo, et hoc antequam intrent in mare majus sive vadant ultro giro, sub penis contentis in primo articulo qui incipit.

7. Item quod aliquis Januensis vel qui pro Januense distringatur seu appelletur, vel beneficio Januensis gaudeat vel usus sit gaudere, non possit nec debeat, per se vel alium, portare vel portari facere mercationes aliquas in Soleati; possit tamen quilibet ire illuc et stare per dies octo tantum, et infra ipsos dies octo emere et acquirere mercaciones, quas de ipso loco, infra dictos dies octo, teneantur et debeant fecisse extrahi, et si quis contrafecerit incidat et incidisse intelligatur in penam quarte partis valimenti mercaciónum, in quibus contrafactum fuerit, que pena applicetur ad opera de Caffa, ut dictum est, et ultra sub pena pro persona, que ultra dies octo steterit in dicto loco, perperorum centum auri.

8. Item quod aliquis Januensis vel qui pro Januense distringatur seu appelletur, vel beneficio Januensis gaudeat vel gaudere consueverit, non debeat emere, vendere, acquirere vel alienare, vel in aliquem transferre, per se vel per alium personam, aliquas mercanciones in Soldaya, sub dicta pena et ultra quod aliquis ultra dies tres non possit stare in Soldaia, eciam sine faciendo mercaciones ibi sub pena perperorum centum auri pro quolibet contrafaciente et qualibet vice.

9. Item tractant, statuunt et ordinant quod aliquis Januensis

vel qui pro Januense distringatur seu appelletur, seu beneficio aliquo Januensium gaudeat vel gaudere usus sit, vel habitator Caffa, non audeat vel presumat, aliquo modo vel causa, qui dici vel excogitari possit, deviare aquam in totum vel in partem, quam per conductum reverendus Episcopus Erminiorum ordinavit et promisit, in remedium anime sue, ducere in Caffa ab aqueductu, nec de ipsa aequa capere vel capi facere per aliquem modum, nisi in Caffa et in locis ordinatis de Caffa, sub pena balicatorum asperorum pro quolibet et qualibet vice trium millium, et nihilominus aqueductus redducatur in locum et aqueductum ordinatum et solitum, quam penam consul de Caffa expendere teneatur et debeat in operibus utilioribus de Caffa tantum.

10. Et ad majorem firmitatem et ut melius observentur ea, que consul Janue in Caffa et consul universitatis de Caffa promisit et convenit dicto domino episcopo, pro facto dicte aque, dicti octo, ex potestate eis concessa per commune Janue, approbant et confirmant instrumentum factum per dictos consules et sindicum dicto episcopo, statuentes et ordinantes quod per consulem de Caffa vel conscilium non possit nec debeat dictum instrumentum vel aliquod ex hiis, que in eo continentur, infringi, tolli vel mutari.

11. Item tractant, statuunt et ordinant quod in Caffa fiant cisterne, in illis partibus de quibus melius videbitur conscilio et universitati hominum de Caffa, et quod consul Januensis de Caffa et ipsum conscilium faciant ipsas cisternas incipere fieri de pecunia que superest de precio terraticorum, si qua superest.

12. Item statuunt et ordinant quod consul Januensis in Caffa teneatur et debeat elligere et elligi facere seu bonos et legales mercatores, qui non habeant domos in Caffa, et secundum quod ipsi sex mercatores vel major pars consulerint de spacio dimittendo deversus marinam, faciat et observet dictus consul et execucioni mandet precisse.

13. Item statuunt et ordinant quod prope muros de Caffa,

per brachia centum, semper remaneat vacuum et expeditum, ita
quod in dicto spacio nullum hedificium fiat nec consuli patiatur
fieri, et si quod hedificium est infra dictum spacium, teneatur et
debeat consul de Caffa presencialiter facere tolli, dirui et removeri.

14. Item quod aliquis Januensis vel qui pro Januensi distringatur seu appelletur, seu beneficio Januensis gaudeat, non audeat vel presumat, aliquo modo vel ingenio, yemare seu siver-
nare in Tana, seu habere, tenere, vel acquirere in Tana aliquam
habitacionem vel domum seuhabitaculum, et si quis contrafecerit
ipso jure incidat et incidisse intelligatur, et condempnatus sit in
perperis auri quingentis pro quolibet et qualibet vice.

15. Quas penas omnes et singulas teneantur et debeant potestas Januensis in Peyra et consul Januensis in Caffa exigere a
patronis galearum et lignorum contrafaciencium, statim cum
audiverint seu intellexerint vel eis seu alteri eorumdum potestatis et consulis videbitur aliquem vel aliquos contrafecisse seu,
ut supra, non observasse, et penas quas consul de Caffa exigerit,
faciat poni in virtutem clavigerorum de Caffa, qui quantitates,
quas exegerint, teneantur et debeant expendere et convertere in
operibus de Caffa magis necessariis et utillioribus pro fortifica-
tione de Caffa. Et simili modo potestas Januensium in Peyra
faciat et in operibus de Peyra, utillioribus pro Peyra, faciat quantitates predictas quas exigerit, sed pena semel postea soluta pro
eodem facto non solvatur, et si potestas et consul predicti dictas
penas non exegerint a quibuslibet contrafacientibus, teneantur
et debeant octo constituti super factis navigandi et maris majoris
jura exigere a dictis potestate et consule, ni eo quod quilibet eorum non exigerit a contrafacientibus, qui ad dictas partes redie-
rint postea, videlicet potestas Peyre, ab illis qui reddierint in
Peyram, et consul de Caffa, ab illis qui reddierint in Caffa, et
in predictis dicti octo, contra dictos potestatem et consulem,
teneantur et debeant jure ad exactionum procedere in eo, et secundum id quod crediderint vel eis videbitur sive majori parte

contrafactum esse, per dictos potestatem et consulem vel alterum eorum seu non exactum ut supra, aut in aliquo contrafactum in predictis vel aliquo predictorum per dictos potestatem et consulem vel alterum eorum.

DE NON EXONERANDO MERCES IN RIPERIA SOLDAYE USQUE AD CAFFA.

1316. — 26 martii.

Item statuunt et ordinant quod aliquis Januensis vel qui pro Januense distringatur seu appelletur, vel qui aliquo beneficio Januensis usus sit, non permitat de aliquo ligno navigabilli, cui preerit vel in quo erint, exonerare seu exonerari facere vel permittere in aliqua parte riperie, que est a Soldaya usque ad Caffa, aliquas res vel mercaciones, sub pena perperorum centum auri pro quolibet et qualibet vice.

In nomine Domini. Amen.

1316. — 30 augusti.

Sapientes constituti per commune Janue super factis navigandi et maris majoris, et quorum nomina sunt hec :

GUIDETUS AGOGNA PRIOR,
NICOLAUS SQUARCIAFICUS,
SIMON BOTINUS,
BIZARDUS PICAMILIUS,
PETRUS DE GOANO,
JACOBUS DE MARI ANDREE,
JOANNES DE MARCHO
Et SORLEONUS CATANEUS.

Ex potestate et baylia officii predictorum, per dictum commune atributis, per capitulum speciale civitatis Janue quod est sub rubrica de baylia octo sapientum constitutorum super factis navigandi et maris majoris et incipit corroborantes et confirmantes, etc. Et cujus capituli tenor inferius, videlicet in fine, videbitur.

Volentes declarare in presenti scriptura reddigere ea que facienda sint per consulem, dante domino, iturum presencialiter, ad partes Caffa, quando fuerit in regimine suo, et eciam antequam de Janua recedat, per successores ipsius in dicto officio habito de infrascriptis colloquio et tractatu cum sapientibus Janue et specialiter cum infrascriptis quorum nomina sunt hec:

D. Petrus de Ugolinis,
Philippus de Vivaldis,
Jacobus de Bernensia,
Conradus Cataneus,
Octobonus Vignosus,
Franchinus Lomellinus.

Et incipit: 1° De sallario consulis de Caffa.

Statuimus et ordinamus quod per illos qui, etc., tractant, statuunt, ordinant et declarant quod, cum nemo cogatur suis stipendiis militare, consul predictus et qui cumque alii successores ipsius in dicto officio, habeant et habere debeant, pro suo sallario, ad rationem asperorum ducentorum, pro sua scutella, et aliorum asperorum ducentorum, pro quatuor suis domicellis, qui sint servientes ejus, quolibet mense, quo in dicto officio steterit et quo dictos IV domicellos servientes tenuerit, de pecunia communis de Caffa, secundum modum consuetum; et quod procuret et procurent habere a comergiariis, quamdiu in dicto officio consulatus permanserint, quod tamen esse non possit aliquo modo vel ingenio ultra annum, vel franchitatem de mercimoniis suis, vel asperos mille quolibet mense, quo fuerint in dicto officio, sicut hinc retro alii consules habere consueverunt, et non aliud nisi prout infra dicetur.

2. Quod consul predictus prestet securitatem de libris mille.

Teneatur tamen et debeat, et successores sui in dicto officio similiter teneantur et debeant, antequam de Janua recedat aut recedant pro exercendo dictum officium, prestare ydoneam caucionem, que vim laudum et sentenciarum obtineat, de libris mille Janue dicto officio navigandi et maris majoris, de faciendo eorum officium bene et legaliter et bona fide, officio predicto de hiis qui in consulatu vel occasione ipsius consulatus gesserit vel fecerit et fecerint seu gesserint in cognicione dicti officii navigandi et maris majoris, et desolvendo usque in dictam summam librarum mille si, et quando, et prout, dicto officio visum fuerit, sed non recipiatur aliquis in fidejussorem pro ipso consule vel pro aliquo ejus successore in majori summa librarum ducentarum quinquaginta, et sint tales ipsius fidejussores de quibus dictum officium contentetur.

3. De non concedendo literas dicto consuli nisi caverit.

Et nisi, ut supra, caverit et caverint, non habeat nec habeant literas de dicto consulatu, nec etiam habeantur nec reputentur consules nec pro consulibus.

4. Quod scriba consulis de Caffa caveat de libris trecentis.

Scriba etiam prestet eodem modo ydoneam caupcionem de libris trecentis januynorum, nec aliter literas de ipsa scribania habeat, et nisi ut supra caverit, non habeatur, nec reputetur, nec sit scriba nec pro scriba in dicto officio consulatus. Et debeat et teneatur ire ad dictum officium, et accedere tali tempore quod possit dictum officium exercere, per illud tempus ad quod ellectus fuerit, et hoc in primis galeis que ibunt ad partes illas, dum tamen a tempore motus ipsarum sit tantum tempus quod videatur sufficiens pro eundo et aplicando ad ipsum locum de Caffa, et si, ut supra non iverit, alius loco ejus ad dictum officium elligatur per illos ad quos ellectio pertinebit.

5. Quod consul cum fuerit in Caffa conduuet parlamentum.

Quando autem, dante domino, consul iturus in Caffa illuc applicuerit, teneatur et debeat, quam cicius poterit, coadunari parlamentum et in eo legi et vulgarizari literas consulatus sui, et ea que sibi injuncta fuerint legenda et publicanda, et suum regimen incipere exercere, secundum quod melius crediderit convenire et prout infra dicetur.

6. De convocando xxiv consciliarios ante introytum consulis.

Item teneatur et debeat, prima die sui introytus, et ejus successores in dicto officio similiter teneantur et debeant, prima die sui introytus, convocare seu convocari facere illos xxiv consciliarios, quos ibi invenerit et invenerint fuisse ante suum introytum, et ipsos jurare facere de elligendo bene et legaliter et bona fide alios xxiv consciliarios pro toto anno ipsius consulis, nec permitere ipsos recedere de aliquo loco, in quo includantur, quousque ellegerint dictos xxiv consciliarios, quos elligere teneantur et debeant secrete ad apodisias sive ad brevia, ita quod quicumque plures voces ex ipsis habuerit, sive in quem plures ex ipsis apodisiis sive brevibus convenerint, sit de dictis xxiv novis consciliariis.

7. De juramento faciendo per xxiv.

Quorum viginti quatuor consciliariorum electione, ut supra facta, compellantur et compelli debeant per ipsum consulem jurare de faciendo eorum officium bene et legaliter, juxta posse ipsorum, ac eciam bona fide et sine fraude, nulla excepcione vel defensione admissa.

8. De elligendo sex per viginti quatuor.

Dicti autem viginti quatuor consciliarii, ut supra electi, compellantur per ipsum consulem jurare de elligendo et elligant de se ipsis sex ad apodisias sive brevia, illos videlicet quos crediderint meliores et magis ydoneos similiter, pro toto qui sint et esse dicantur illi sex, de quibus infra dicetur et de quibus fit mencio in capitulis vel tractatibus, de hiis loquentibus, quorum sex facta ut supra ellectione, compellantur jurare per ipsum consulem et jurent de exercendo eorum officium bene et legaliter bona fide per totum tempus predictum.

9. Quod non possit esse de dictis XXIV vel de dictis sex aliquis qui fuerit in ipso officio antea per annum.

Non tamen possit esse de dictis viginti quatuor vel de dictis sex aliquis, qui in ipso officio fuerit antea per annum, imo qui fuerit de ipsis viginti quatuor consciliariis uno anno cessare debeat per annum unum continue, ita quod de dictis XXIV consciliariis esse non possit, et qui fuerit de ipsis sex cessare debeat per duos annos ita quod ex ipsis sex interim esse non possit nec debeat.

10. Quod non possit esse de dictis XXIV aliquis burgensis de Caffa et dictis sex ultra unum.

Non possit esse vel elligi de ipsis viginti quatuor consciliariis ultra IV de burgensibus de Caffa, et de dictis sex ultra burgensem unum, et semper sint et esse debeant pro dimidia de populo et pro altera dimidia de nobilibus. Sed si quis de dictis sex, vel ex dictis viginti quatuor consciliariis, quandoque absens fuerit, vel justa causa impeditus, per dictos sex vel per illos, ex ipsis sex qui haberi poterint, elligatur ad brevia, et subrogetur loco illius qui absens fuerit vel interesse non poterit, et semper cum juramento de elligendo et subrogando meliorem, donec absens vel impeditus reddierit.

11. Quod consul non debeat interesse dictis ellectionibus.

Consul vero non debeat interesse dictis ellectionibus, nec alicui earum sive fieri debeat de ipsis viginti quatuor consciliariis, sive de ipsis sex, sive de aliquo subrogando in locum absentis vel impediti justa de causa.

12. Quod non fiat subrogacio alicui nobili nisi de nobili et e converso de populari.

Nec fiat nec fieri debeat subrogacio alicui nobili nisi de aliquo nobili et alicui populari nisi de homine qui sit de populo.

13. Quod consul de Caffa non se intromittat de electione aliorum officialium.

Item quod consul, dante domino, iturus specialiter ad Caffa, et alii successores ejus in dicto officio se non intromittant, aliquo modo, de ellectione aliorum officialium, quorum officialium officium exerceri debeat in Caffa, sed elligantur et elligi debeant, singulis quatuor mensibus, per XXIV conciliarios suos, dum tamen non elligant aliquem ex se ipsis, nec aliquem qui sit minor annis triginta in aliquo ex dictis officiis, et consul infra tres dies, computandos a die ellectionis facte de ipsis officialibus, teneatur et debeat recipere juramentum et bonas securitates et ydoneas de tanta quantitate, quanta sufficere videatur ab ipsis officialibus sic ellectis, de faciendo et exercendo bene et legaliter ac bona fide officium eorum, et de attendendo et observando que debuerint ratione officii eorum, cui et quibus debuerint.

14. Quod consul non habeat bayliam mittendi rectorem in terra vel loco qui sit ultra Caffa.

Nec potestatem vel bayliam habeant elligendi et constituendi vel mittendi aliquem consulem vel rectorem in aliqua terra vel loco, que vel qui sit ultra Caffa; sed homines Janue, qui erunt in terris vel locis illis, per se ipsos et de se ipsis, elligant consulem vel rectorem, sicut eis vel majori parti eorum videbitur, ita quod stare possit, in dicto officio per tres menses, et non ultra, et in fine dictorum trium mensium, alius elligatur pro aliis tribus mensibus, et non ultra, et sic fiat et observetur semper successive, nec aliter possit esse vel elligi consul vel rector in aliquo ex ipsis locis, qui sit extra Caffa, salvo quod consul Januensis in Caffa possit constituere consulem in Solcati.

15. De juramento prestando per dictos consules prima die eorum regiminum.

Dictus eciam consul de Caffa et ejus successores in dicto officio, et omnes, et singuli consules et rectores qui constituentur in quacumque alia parte, teneantur et debeant prima die, qua incipere debebunt eorum regimen, exercere, jurare et jurent attendere et observare, in omnibus et per omnia capitula, statuta et ordinamenta communis Janue, et jus reddere cuilibet persone, et justiciam facere secundum formam dictorum capitulorum, statutorum et ordinamentorum, salvo quod in hiis, in quibus capitula non sunt, observent et faciant secundum leges romanas, et intelligantur esse et sint capitula ea omnia, que in presenti tractatu continentur, et etiam capitula illa, que sunt in curiis predictorum, salvis semper in omnibus que infra dicentur.

16. Quod dicti consules teneantur difinire questiones vertentes eorum eis summarie et de plano.

Videlicet quod quicumque fuerit consul in Caffa, et in aliis diversis mundi partibus, teneatur et debeat, in omnibus et singulis questionibus civilibus et pecuniariis, que orientur inter aliquas personas Janue seu inter aliquas personas, que distringantur seu distringi debeant sub examine predictorum vel alicujus eorum, occasione alicujus pecunie seu rerum, procedere ad cognicionem et deffinicionem dictarum questionum et cujuslibet earum summarie et de plano, sine libello seu declaracione, et sine pignore bandi, et sine strepitu, et qualibet ligura judicii, et sine remedio appellacionis, et cujuslibet consultacionis, hoc modo videlicet quod partes, que questionem habebunt, elligant et elligere compellantur duos vel quatuor de bonis hominibus Janue, qui erunt in illo loco vel terra in qua erit questio, qui examinent diligenter dictas questiones, et cum conscilio eorum vel majoris partis ipsorum, questiones ipsas deffiniant, terminent et pronuncient, et deffinicionem, terminacionem et pronunciacionem dicti consules et rectores execucioni mandent, et si dicti mediatores ellecti non fuerint in concordia, iterum partes elligant et addant cum eis unum mediatorem tantum, et si partes non fuerint de hoc in concordia, elligatur dictus mediator per consulem vel rectorem et suos sex consciliarios, et secundum quod consultum, deffinitum et pronunciatum fuerit in modum predictum, fiat et observetur per partes in omnibus ac etiam execucioni mandetur, sine aliqua appellacione, vel consultacione, vel eciam excepcione teneantur tamen et debeant ipsi consules et rectores compellere illos qui, ut supra, fuerint a partibus, et etiam mediatores ad cognoscendum, consulendum et deffiniendum questionem seu questiones, super qua seu quibus ellecti fuerint, et hoc summarie et breviter, ut supra dictum est. Salvo quod ad consulendum et examinandum aliquam questionem, non possit elligi mediator per consulem vel rectorem et suos sex aliquis qui attineat alicui ex partibus usque in tercium gradum, secundum decreta distinguit, nisi specialiter ad hoc elligeretur vel vocaretur de voluntate et consensu ambarum partium. Et salvo quod in instrumentis vim laudum obtinentibus, observetur, in omnibus et per omnia, capitulum de laudibus et sentenciis execucioni mandandis. Et salvo eciam quod, si super aliqua questione inveniretur aliquod periculum communis Janue, quod eis exiberetur ante deffinitivam questionem per ipsos quod terminari et deffinire possit, ipsa questio per ipsos consules et rectores et dictos suos consciliarios dictum capitulum in terminacione et deffinicione dicte questionis observetur, procedendo tamen summarie et breviter, ut superius dictum est.

17. Quod consul de Caffa possit consulatus officium exercere per annum tantum.

Preterea quicumque fuerit consul in Caffa possit consulatus officium exercere per annum unum tantum, incipiendum a die qua inceperit ipsum officium exercere, et non per majus tempus, non obstante quod contineretur in litteris suis vel alia scriptura quod eciam ultra annum deberet esse consul, quousque ei miteretur successor, vel alia verba hiis similia in quo casu, si aliqua

littera vel scriptura fieret pro majori tempore anni unius, in eo
quod continetur, et majus tempus unius anni sit cassa, irrita et
nullius valoris, nec talis consul possit vel debeat aliquo modo
ultra dictum annum officium predictum exercere, et si ultra
dictum annum in predicto officio remanserit, processus omnes
quos a dicto tempore in antea fecerit sint ipso jure nulli et nullius valoris, et eciam teneantur et debeant omnes, et singuli Januenses, eidem tali consuli in aliquo non obedire et non habere
ipsum pro consule, nec possit aliquid habere a dicto tempore in
antea pro sallario suo vel domicellorum suorum, et si quid
habuerit, restituat illud, et nichilominus condempnetur et condempnari debeat in libris quingentis Janue, que per potestatem
Janue exigantur a quolibet qui contrafecerit. Et si forte intra
terminum dicti regiminis seu dicti anni, non venerit successor,
qui mittatur per commune Janue ad dictum locum de Caffa,
teneatur et debeat ipse consul antea per dies tres, quam ejus ter-
minus finiatur, congregare conscilium suorum XXIV, et cum
dictis conscilliariis et de eorum conscilio, elligat et ordinet alium
consulem, successorem suum, qui elligatur per ipsos conscillarios ad brevia secrete. Ita quod, qui habuerit plures voces numero in brevibus sit et esse debeat consul in dicto loco et in dicto
regimine, et dictum officium exercere debeat cum mero et mixto
imperio, in modum et formam prout superius et inferius continetur, per menses tres tunc proximos tantum, et non ultra, nec
aliter, et cum sallario supradicto, et si infra dictum terminum
non venerit successor, predictus tunc elligatur eodem modo alius
consul pro aliis tribus mensibus tantum, et sic semper successive observetur. Si tamen successor consul miteretur per comune, in eo casu ille missus incipiat suum officium exercere die
qua illuc aplicuerit, non obstante quod non esset finitus ter-
minus dictorum trium mensium, nec possit esse vel elligi consul
vel rector aliquo modo in ipsa sequenti ellectione aliquis pater,
illius seu frater illius, qui finiret vel compleret tunc dictum officium taliter quod, qui fuerit consul in dicto loco de Caffa non

possit, finito suo tempore, esse vel elligi consul vel rector Januensis in eodem loco a die exitus sui regiminis vel officii usque ad annos duos tunc proximos ut sic cesset ad minus per duos annos.

18. Quod consul de Caffa faciat negocia spectancia ad comune conseilio dictorum XXIV.

Item quod quicumque fuerit consul in Caffa teneatur et debeat omnia negocia communis, et ad commune spectancia sive ad comunitatem mercatorum et Januensium existensium, venienciun et utenciun in dicto loco vel terra, facere exercere, ordinare vel complere, cum conscilio et de conscilio dictorum XXIV consciliariorum, ita quod semper sint ad conscilium dicti conseiliarii XXIV, si erunt in terra, ut supra dictum est, et secundum quod per ipsos consciliarios vel duas partes ipsorum in concordia consultum seu ordinatum fuerit, observetur et fiat et non aliter, salvo cum dictus consul, cum conscilio supradictorum sex, possit ea omnia que per ipsos sex fieri possunt ex forma capituli vel eciam vel ordinacione dicti conscilii dictorum XXIV. Et salvo quod in devetis et colletis observetur, prout infra dicetur, sub pena librarum centum januynorum pro quolibet et qualibet vice.

19. Quod consul de Caffa non possit colligere vel imponere colletam nisi ut infra.

Item quod quicumque fuerit consul in Caffa, sive rector, non possit nec debeant facere, ordinare vel statuere devetum aliquod, vel collectam, sive exactionem aliquam, sive mutuum quocumque nomine censeatur imponere, statuere, colligere, vel colligi, vel exigi facere de aliqua quantitate pecunie sive rerum, nisi prius hoc exposuerit conscilio dictorum XXIV consciliariorum, et secundum quod super dicto deveto et collecta fuerit per ipsos consciliarios consultum et ordinatum, fiat et observetur videlicet, si tres partes ipsorum consciliariorum inde fuerint in concordia, absolvendo se super hiis ad lapillos albos et nigros sucrete, et non aliter, et si obtentum fuerit inter ipsos ut supra, quod fiat devetum vel colleta imponatur, duret solummodo et colligatur per mensem unum tantum, et non ultra, et in fine dicti mensis, teneatur et debeat dictus consul interim congregare dictum conscilium et in ipso exponere si placet quod observetur dictum devetum, vel quod duret dicta colleta, et si conscillarii eodem modo concordes fuerint, absolvendo se ad lapillos albos et nigros, quod observetur devetum per dictos conscillarios ut supra non duret nec observetur devetum, nec dicta dacita, collecta, vel exactio aliquo modo imponatur, vel colligatur, et si quis contrafecerit inde puniri debeat arbitrio dictorum sapientum constitutorum seu constituendorum in dicto officio navigandi et maris majoris.

20. **Quod dictus consul non possit facere aliquod devetum occasione aliqua ipsi vel ejus attinenti pertinenti.**

Non tamen possit nec debeat fieri vel ordinari devetum aliquod per ipsum consulem vel per dictum conscilium, pro aliquo facto vel causa pertinenti ad ipsum consulem, vel ad patrem, vel ad filium, vel ad fratrem, vel ad socrum ipsius, vel in quo ipsi vel aliquis ipsorum habeat facere, vel eciam ad aliquem habentem jura cessa ab eis, vel ab aliquo eorum, et hoc durante officio sive regimine ipsius consulis, et si devetum ipsum fierit, non observetur per aliquem, sed sit ipso jure cassum.

21. **Quod, cum dicti xxiv fuerint ellecti, elligant ex se ipsis duos clavigerios ad brevia.**

Item quod quicunque fuerit consul in Caffa procuret et faciat quod, incontinenti cum ellecti fuerint conscillarii, elligantur per ipsos conscillarios ad brevia secrete, ex ipsis conscillariis, duo clavigerii qui recipiant, custodiant, et solvant et expendant totam pecuniam et alia que pertinebunt ad commune dicti loci, de qua et de quibus nichil solvant et expendant aliquo modo, nisi secundum quod per dictum ordinatum fuerit, et non aliter, in quo dicti consciliarii se absolvant secrete ad lapillos albos et nigros, et due partes lapillorum ad minus sint albe, et si aliquid expenderint vel solverint, aliter quam supra dictum est, hoc sit de sua propria pecunia, et super ipsos scribatur, et ab eis exigatur pro communi per consulem dicti loci vel per potestatem Janue, si ad ejus noticiam hoc pervenerit.

22. Quod dicti clavigerii teneantur facere rationem eorum successoribus.

Qui clavigerii stent in dicto officio per menses duos tantum in uno anno, et infra annum unum non possint esse clavigerii in eodem loco, et in fine dictorum duorum mensium, faciant et facere teneantur racionem suam de acceptis et datis per eos et de omnibus negociis sue clavigerie per ordinem integraliter in dicto conscilio, et reddita dicta racione, alii duo clavigerii in ipso conscilio, ex ipsis consciliariis, clligantur pro aliis duobus mensibus, et sic semper observetur de duobus mensibus in duos menses.

23. Quod consul non possit expendere pecuniam spectantem ad dictum comune, nisi secundum ordinacionem dictorum XXIV.

Item quod quicumque fuerit consul in Caffa non possit vel debeat expendere, accipere, dare vel concedere alicui persone, vel in aliquos usus sive opera, aliquam quantitatem pecunie vel rerum ad commune dicti loci pertinencium, nisi secundum quod per conscilium viginti quatuor consciliariorum fuerit ordinatum, exponendo voluntates eorum ad lapillos albos et nigros secrete, et nisi due partes lapillorum ad minus fuerint albe, et si aliquis contrafecerit, non possit postea hoc exponi conscilio, nec eciam per conscilium possit aliquid fieri super solvendo vel dando alicui persone aliquam pecunie quantitatem, quum ipse consul vel alius incepisset expendere vel dare in aliquos usus vel opera, vel incepisset laborerium facere vel fieri facere, nisi primo hoc per conscilium ut supra foret ordinatum, sed illud super ipsum consulem adscribatur, et de suo proprio illud solvere teneatur, et si quis contrafecerit vel ut supra non observaverit, ex nunc prout ex tunc reputetur et adjudicetur raubaria, violencia, rapina, et per dictum officium navigandi et maris majoris puniri debeat sine aliqua denunciacione. Nec possit dari vel concedi baylia vel licencia ipsi consuli vel alii, eciam per ipsos xxiv conseiliarios, de expendendo vel errogando aliquam quantitatem parvam vel magnam pecunie, nisi specificetur inter ipsos viginti quatuor causa pro qua ipse expense vel errogacio fieri debeant.

24. Quod dicti sex consciliarii elligant duos ministros et eciam suos successores in dicto officio.

Item quod quicumque fuerit consul in Caffa elligi faciat de tribus mensibus in tres menses duos ministros per suos sex consciliarios ad brevia secrete, et qui fuerit minister tribus mensibus, non possit esse in dicto officio infra annum unum proximum, finito suo tempore, et similiter elligi faciat, per eosdem sex consciliarios, de sex mensibus in sex menses, duos sindicatores ministrorum sive super ministris, qui jurent et jurare compellantur dictum officium bene et legaliter exercere, quo juramento per eos prestito, inquirant per omnem modum, per quem melius possint, si repererint ipsos ministros in aliquo contrafecisse vel non observasse que observare eis injuncta fuerint. Et si acciderit quod dicti sindicatores sindicent ipsos ministros vel aliquem eorum, consul, qui pro tempore fuerit, teneatur incontinenti exigere seu exigi facere ab ipsis ministris et quolibet eorum prout sindicati fuerint sine spe aliqua recuperacionis.

26. Quod de officialibus dicti loci non se intromittant datores officiorum civitatis Janue.

Item quod de officialibus dicti loci de Caffa nullo modo se intromittant seu intromittere debeant datores officiorum civitatis Janue, nisi de consule et scriba, et si secus facerent non valeat quantum in hoc.

26. Quod aliquis Januensis non possit vel debeat colligere aliquam collectam in aliqua parte Ghazarie vel de Caffa.

Item quod aliquis Januensis vel qui pro Januense distringatur vel appelletur non possit vel debeat deinceps colligere, exigere, emere vel acquirere, per se vel per interpositam personam, aliquod comergium vel aliquem dacitum, vel aliquam exactionem in aliqua parte Ghazarie vel Caffa, et teneantur et debeant omnes et singuli consules, constituti et constituendi in ipsis partibus vel in aliqua eorum, prohibere et facere cum effectu quod aliquis Januensis vel qui pro Januense distringatur vel appelletur non exigat, colligat vel accipiat, per se vel per interpositam personam, aliquod comergium, vel aliquam exaccionem, vel dacitum, et si quis contrafecerit, ille consul, qui fuerit in illo loco in quo contrafactum fuerit, compellere incontinenti illum Januensem ad restituendum illi qui solverit comergium, dacitam vel exaccionem, illi id quod solvisset vel exactum esset, et ultra condempnetur quilibet contrafaciens in libris ducentis Janue qualibet vice, et si ipse consul non observaverit ut supra, potestas teneatur juramento auferre ab ipso consule qui ut supra non observasset libras ducentas Janue, et ultra compellere illum qui comergium, vel dacitam, sive exaccionem exigerit vel acceperit, ad restituendum pro quolibet aspero balicato quem propterea habuisset denarios octo illi qui ipsum comergium vel dacitam solvisset, et ultra condempnare eum, qui contrafecerit ut supra, salvo quod non sint nec esse intelligantur Januenses quantum ad istum capitulum filii quondam Bonifacii de Orto.

27. Quod aliquis consul, vel Januensis, non possit habere vel tenere cecham in Caffa, in aliqua parte Gazarie.

Item quod aliquis consul, vel aliquis Januensis, vel qui pro Januensi distringatur vel appelletur, non possit nec debeat in Caffa, nec in aliqua parte Gazarie, cecham habere vel tenere, nec monetam aliquam auri, vel argenti, vel rami, vel argenti et rami mixtam facere vel fieri facere, nec per se nec alium, ali-

quam partem in aliqua cecha vel laborerio sive fabricacione alicujus monete, sub pena et banno librarum quingentarum Janue
pro quolibet et qualibet vice, que a quolibet contrafaciente pro
comuni integraliter et sine aliqua denunciacione exigatur per
dominum potestatem et ejus judices, et per ipsum consulem de
Caffa.

28. Quod non possit esse scriba dicti consulatus aliquis, qui non
sit de numero notariorum Janue.

Item quod in curia consulatus de Caffa non possit nec debeat
esse scriba, vel officium scribanie facere, vel exercere, vel aliquam partem habere in ipso officio scribanie, aliquis qui non sit
notarius et de numero notariorum collegii Janue, et scriptus in
matricula notariorum, et si quis contrafecerit, ipso jure sit et
esse intelligatur condempnatus in libris centum januynorum, et
consul ille, qui permiserit aliquem esse scribam vel officium
scribanie facere vel exercere in ipsa curia, ex nunc sit condempnatus in libris de centis januynorum, que sine diminucione
eodem modo exigantur et exigi debeant ab ipso consule, qui
contrafecerit; possit tamen ille notarius, qui erit scriba in ipsa
curia, tenere secum in dicto officio subscribam quem voluerit,
dum tamen sit oriundus de Janua vel districtu januensi, et hoc
ad suas expensas et certum soldum et non ad partem, ipso notario de collegio predicto vel alio notario de dicto collegio semper stante de scriba majore in dicto officio.

29. Quod consul de Caffa teneatur prohibere quod aliquis notarius, qui non sit de Janua vel districtu, non componat aliquod
instrumentum.

Item quod quicumque fuerit consul de Caffa teneatur prohibere et facere cum effectu quod aliquis notarius, qui sit aliunde
natus quam de Janua riperia vel districtu, non possit aliquo
modo vel debeat componere, testare vel scribere instrumentum
inter Januensem et Januensem, nec inter Januensem et extra-

neum vel extraneos, si in ipsis partibus erit aliquis notarius qui sit oriundus de Janua vel de districtu, et si quis notarius contrafecerit, ipso jure intelligatur condempnatus, et sit in libris viginti quinque januynorum pro quolibet et qualibet vice in libris ducentis januynorum.

30. De sallariis accipiendis per scribam dicti consulatus de rebus que vendentur in callega.

Item quod quicumque fuerit scriba in Caffa, hoc est in curia consulatus de Caffa, et alii teneantur et debeant observare et atendere super solutionibus, recipiendis per ipsos, pro se et pro plateriis de rebus que incalligabuntur sive vendentur in publica callega ut infra, et non ultra videlicet de rebus arnisii vel massariciorum, de quolibet centenario precii sive de quibuslibet centum asperis qui de ipsis rebus arnisii vel massariciorum processerint, asperos quatuor et non ultra, et hoc verum si callega ascenderit minus de asperis duobus milibus, et si ascenderit in majori summa de illa majori summa, accipiant unum per centum tantum, et non ultra, de quibus asperis medietas sit notarii et altera medietas plazeriorum; qui notarius et plazerii teneantur et debeant propterea scribere, et incallegare, et precium recuperare, et omnia facere que pro ipsa callega facienda occurrerint. De aliis autem rebus et mercibus, que non sint arnisia et massaricia vel que non comprehendantur sub appellacione arnisii vel massaricii, et que vendentur in callega, habeant et habere debeant unum tantum pro centenario, et non ultra, sed si ponerentur ad callegam et non venderentur, habeant quartam pro centenario, et non ultra. Et de navibus, cochis, galeis et aliis lignis navigabilibus, que vendentur in callega, accipiant tot asperos qui valeant perperos tres auri ad sagium Constantinopolis, et non ultra, pro qualibet et quolibet, de quibus habeat consul pro brandono medietatem et non aliud, et scriba et plazerii aliam medietatem.

31. De sallario instrumentorum et aliarum scripturarum.

Item quod de instrumentis et aliis scripturis accipiant, ad plus ipsi scribe ut infra et non ultra videlicet :

De reclamacione seu accusacione, quam aliquis faciat coram consule, asperum unum.

De ellectione mediatorum, asperum pro parte.

De ellectione tercii, asperum unum similiter a qualibet parte.

De titulis duobus vel uno, asperum unum.

De recepcione testium, asperos duos usque in IV pro quolibet teste, arbitrio consulis.

De sentencia, si fuerit de asperis mille vel ab inde infra, asperos tres a qualibet parte, et si fuerit de majori summa, asperos quinque usque in decem a qualibet parte, arbitrio consulis, et hoc quod dictum est de sentencia locum habeat, si partes ipse vel una earum voluerit quod scribatur, et non aliter.

De peticione execucionis cum securitate vel sine, asperos duos.

De responsione ad execucionem, asperum unum.

De litera consules, asperum unum usque in IV, arbitrio consulis.

De testamento, asperos quindecim usque in sexaginta, arbitrio consulis.

De codicillo, eodem modo.

De cura, asperos quatuor.

De preconizacione et de citacione propinquorum, asperos duos.

De inventario, asperos quatuor usque in sexaginta, arbitrio consulis.

De instrumento accomendacionis, asperos tres.

De instrumento societatis, asperos octo usque viginti, arbitrio consulis.

De instrumento procuracionis, asperos quatuor.

De compromisso, asperos tres a qualibet parte.

De instrumento naulizacionis, asperos quindecim usque in sexaginta inter omnes partes, arbitrio consulis.

De instrumento cambii vel mutui, asperos tres.

De instrumento vendicionis sclavi vel sclave, unius vel plurium, asperos quinque, et si fuerit de ligno navigabili vel de domo vel pluribus, asperos quindecim usque in quadraginta, arbitrio consulis.

De instrumento locacionis, asperos sex.

De instrumento emancipacionis vel franchitatis, asperos decem.

De instrumento docium, usque in asperos quindecim.

De instrumento solucionis vel donacionis, asperos quatuor.

Et de aliis instrumentis et scripturis ad eamdem rationem, prout melius considerari possit arbitrio consulis.

82. Quod consul de Caffa teneatur, in presencia duorum ex sex consciliariis predictis, accipere res et bona defonctorum ab intestato.

Item quod quicumque fuerit consul de Caffa teneatur et debeat accipere bona fide et sine fraude, in presencia, sciencia et conscilio duorum de suis sex ad minus, bona et res omnes defonctorum ab intestato in sua jurisdicione, et etiam illorum qui decesserint in jurisdicione, condito testamento, si non ordinaverint, in cujus virtute bona sua pervenire debeant, que res et bona scribantur et scribi debeant bene, ordinate, manu publica, per ordinem, in presencia predictorum, in actis curie ipsius, et postmodum per ipsum consulem in publica callega vendantur, et precium infra mensem transmittatur Januam per unum vel plures de melioribus mercatoribus, Januam venientibus, in potestatem et virtutem illius consulis placitorum, de cujus jurisdicione fuerit defonctus, videlicet consulis burgi, si defonctus stabat in aliqua de quatuor compagnis deversus burgum, vel consulis civitatis, si defonctus stabat in aliqua de compagnis deversus civitatem, vel consulis foritanorum, si forensis erat, de ultra devam et ultra gestam pro faciendo de ipsis rebus et bonis, secundum quod fieri debebit juxta formam capitulorum civitatis, ad risicum tamen et fortunam rerum, et sint implicite in auro, vel argento, cera, vel pipere, vel cambio, ad solvendum in Janua, salvum in terra quam implicitam vel cambium facere teneatur ipse consul cum conscilio et sciencia suorum sex consciliariorum, et non aliter, salvo si invenirentur, in bonis ipsorum defonctorum, alique res vel merces, que viderentur dicto consuli et dictis sex vel majori parti eorum, bone et convenientes pro adducendo vel mittendo Januam, tunc non vendantur dicte res, sed Januam mittantur ut dictum est de precio; et si forte infra predictum mensem unum non erit in Caffa navis, cocha, galea, vel aliud lignum veniens, tunc sive in dicto casu mittantur ipse res et bona, ut supra dictum est, in prima nave, galea vel ligno post ipsum tempus Januam veniendi, faciendo semper, ut dictum est, scribi bene et ordinate, in actis suis, quicquid super dictis bonis et rebus factum fuerit, et si ut supra non observaverit ipse consul, ex nunc prout ex tunc reputabitur et judicabitur raubaria, violencia et rapina.

33. De jure reddendo burgensibus recipere debentibus a defonctis.

Si tamen aliqui burgenses de Caffa aliquid recipere debuerint in bonis illius, qui ibi decesserit, tunc ipse consul, qui ibi erit, possit et debeat ipsis burgensibus et cuilibet ipsorum jus suum reddere, ita tamen quod ille ex eis, qui debebit aliquid recipere de bonis defoncti, prestet et prestare debeat ydoneam securitatem et caucionem ipsi consuli, de restituendo habentibus pociora jura, et de contribuendo cum habentibus equalia jura, si qui apparuerint, ita tamen quod non possit fidejussor recipi, qui non sit Januensis vel qui non possit constringi per consulem dicti loci, qui ibi pro tempore fuerit.

34. Quod consul de Caffa non possit cessare vel removere in officio censarie, nisi ut infra.

Item quod quicumque fuerit consul de Caffa non possit constituere, cessare vel removere in officio vel de officio censarie vel torcimanie, nisi cum conscilio consciliariorum suorum, qui inde se absolvant ad lapillos albos et nigros, bene et secrete, sub pena librarum quinquaginta pro quolibet et qualibet vice.

35. Quod consul de Caffa teneatur non absolvere nec revocare condempnaciones, quas fecerit.

Item quod quicumque fuerit consul in Caffa teneatur non absolvere, nec revocare, nec requirere modo aliquo condempnaciones, quas fecerit, nec aliquam earum, et si absolverit, revocaverit vel recuperaverit aliquam ex ipsis condempnacionibus, in aliqua quantitate vel in totum, de suo proprio solvere teneatur comuni Janue, et ipsam quantitatem a quolibet contrafaciente potestas Janue exigere teneatur et debeat et ultra tantam quantitatem quanta fuerit condempnacio absoluta, revocata vel reparata.

36. Quod dictus consul teneatur non accipere munus ab aliquo.

Et similiter teneatur non accipere, petere nec exigere ab aliqua persona, per se nec per alium, aliquod munus, donum vel servicium, nisi forte esculentum vel poculentum quod non excedat valorem soldorum decem, et si contrafecerit, teneatur potestas Janue exigere quadruplum ejus quod, per se vel alium, habuerit vel acceperit contra formam predictam.

37. Quod consul teneatur in redditu suo infra mensem reddere rationem de condempnacionibus constitutis super examinandis.

Item teneatur ipse consul in redditu suo infra mensem ultra que supradicta sunt bene et dilligenter et legaliter rationem reddere de condempnacionibus, bannis et forestacionibus, introytibus, redditibus et exitibus comunis, constitutis super rationibus comunis examinandis et vixitatoribus qui reddierint, antequam approbent rationem ipsorum debeant conferre cum duobus vel quatuor de melioribus mercatoribus, qui reddierint de loco, a quibus duobus vel iv recipiatur juramentum de veritate dicenda super ratione quam dictus consul reddiderit. Et si forte de crimine vel assaltu seu delicto imposito contra aliquam personam coram ipso consule, consul ipse vindictam non impleverit, sicut videatur honori communis Janue convenire, potestas Janue nichilominus teneatur et debeat vindictam ipsam facere et complere, sicut ei melius videbitur, secundum formam capitulorum civitatis Janue. In super forestaciones et condempnaciones ipsius consulis factas pro maleficio debito, vel pro injuria, pro risiis, sine appellacionis remedio, potestas Janue firmas et fratas habere teneatur et debeat, et ipsas attendi et observari facere ac exigi.

88. Quod consul in Caffa non debeat facere scripturam aliquam alicui quod habeatur pro Januense, nisi ut infra.

Item quod quicumque fuerit consul in Caffa teneatur et debeat nullum instrumentum, vel literam, aut scriptum facere vel fieri facere alicui quod habeatur vel tractetur pro Januense vel tanquam Januensis vel quod sit Januensis, nisi forte manifeste per fide dignos juramento duorum vel trium apparuerit, quod sit oriundus de Janua riperia vel districtu, vel quod pater ejus fuerit Januensis, et ille, qui hoc requireret, actenus se tractaverit et habuerit pro Januense, et si quis contrafecerit, condempnetur pro quolibet et qualibet vice in libris centum januynorum, et scriba, qui inde instrumentum, literam vel scripturam fecerit, condempnetur pro quolibet et qualibet vice in libris viginti quinque Janue, et nichilominus instrumentum, litera vel scriptura, quod vel que contra predicta fieret, nullius valoris sit nec efficacie. Teneatur eciam juramento quod non efficietur vassallus imperatoris vel domini, vel imperatricis vel domine de Caffa, quamdiu in ipso consulatus officio fuerit, nec a die exitus officii usque ad annum unum tunc proxime venturum, et quod, infra dictum tempus, aliquod beneficium annuale non recipiat, nec scripturam, pactum vel promissionem de recipiendo, nisi, ut supra dictum est, pro suo sallario, et si contrafecerit, amitat suum sallarium, et ultra condempnetur pro qualibet vice in libris ducentis Janue, et ab inde usque ad annos decem non

possit nec debeat habere aliquod officium, honorem vel beneficium a communi Janue.

39. Quod aliquis Januensis non armet lignum pro ire in cursum.

Item quod non permitat aliquem Januensem vel qui pro Januensi distringatur seu appelletur armare aliquod lignum de teriis
sive remis, pro eundo in cursum, vel de quo sit fama quod in
cursum armetur, sine licencia et mandato potestatis comunis,
abbatis populi et conscilio gubernatorum civitatis Janue, et si
ipse consul contrafecerit, condempnetur et condempnari debeat
in libris quingentis Janue pro quolibet et qualibet vice, et, ut
ipse non possit se per ignoranciam excusare, debeat et teneatur
toto posse non permitere armari aliquod lignum de teriis sive
remis per aliquem Januensem, nisi prius habuerit ab armatore
ydoneas securitates de libris mille Janue, quod cum dicto ligno,
seu per aliquem vel aliquos qui fuerint in dicto ligno, non fiat
aliqua offensio alicui persone, que non sit manifeste inimica
comunis Janue, et si ipse consul contrafecerit, condempnetur et
condempnari debeat in quantitate supradicta. Teneatur ipse
consul, cum conscilio quatuor de melioribus mercatoribus Janue,
qui fuerint in Caffa, inquirere bene et diligenter rationem de
omnibus, que pertinent et pertinuerunt ad predecessores suos,
et illam, quam cicius poterit, Januam destinare potestati comunis et dicto officio navigandi, ut super ea possint diligenter videre, et examinare, et inquirere rationem de expensis et aliis,
que fecerint ipsi consules, non obstante quod in redditu suo rationem reddiderint.

**40. Quo quando consul voluerit locare aliquam rem dicti comu-
nis, ipsam debeat locare in publica callega.**

Item teneatur ipse consul, si quando rem aliquam comunis vel
introytum locare voluerit, facere illam in publica callega, palam
facta, incantari, et plus offerenti publice dari debeat, et quod
ante per diem unam quam callega fiat, de domibus sive apothecis

faciat expedire domos sive apothecas, quas ponere voluerit ad callegam, et habere claves in sua potestate, exceptis illis domibus vel apothecis in quibus habitant burgenses, nec possit locare alicui, nisi esset terraticum pro hedifficando et habitando ad majus tempus annorum quinque, nec exigere vel recipere, nec exigi vel recipi facere, per se nec per alium, pensionem nisi anni sui regiminis, licet ad majus tempus locatio facta foret, et si contrafecerit, habeatur pro raubaria. Nec eciam possit vel debeat prohibere quod mercatores Janue non possint emere, vendere et de pecunia ipsorum facere ad libitum ipsorum mercatorum, et ne faciant de suis mercationibus, prout eis melius videatur.

41. Quod consul teneat penes se sigillum de Caffa.

Item teneatur et debeat ipse consul tenere penes se sigillum comunis de Caffa et illud non dimitere scribis suis, et si contrafecerit, ipso jure sit condempnatus in libris xxv Janue pro qualibet vice.

42. Quod si aliquis censarius fecerit aliquam falsitatem, consul teneatur eum removere ab officio.

Item, si aliquis censarius fuerit inculpatus fecisse aliquam falsitatem in officio suo, et denunciatum fuerit ipsi consuli, et inventus fuerit in culpa, teneatur dictus consul ipsum censarium ab officio removere et condempnare, secundum criminis qualitatem, nec amplius aliquo tempore possit esse consciliarius, et si dictus censarius non fuerit Januensis nec pro Januensi habitus, teneatur et debeat dictus consul prohibere et facere cum effectu quod, inter Januenses, non utatur aliquo tempore officio censario.

43. Quod consul, antequam recedat de Janua, prestet securitates de libris tribus millibus.

Item, quod quicumque fuerit consul de Caffa teneatur et debeat, antequam recedat de Janua, prestare bonas et ydoneas securitates de libris tribus millibus Janue quod, super bonis et rebus defonctorum specialiter, et eciam in omnibus aliis et singulis supradictis et hiis omnibus que ad ipsius officium pertinebunt, atendet et observabit omnia et singula supradicta, et contra in aliquo non faciet vel veniet.

44. Quod scriba consulis prestet securitates de libris quingentis Janue.

Et quilibet scriba teneatur et debeat, antequam recedat de Janua, prestare similiter clavigeris comunis ydoneas securitates de libris quingentis Janue, de observandis et atendendis omnibus et singulis predictis et aliis que ad eorum officium pertinebunt seu spectabunt, et si consul contrafecerit vel ut supra non observaverit, condempnetur et condempnari debeat in libris quingentis Janue, et scriba et subscriba in libris centum Janue.

45. Quod consul non debeat expendere pecuniam dicti comunis pro aliquo pasto.

Nec possit ipse consul, nec debeat expendere de pecunia nec de bonis vel redditibus comunis pro pastis, vel brandonis, vel vestibus, nec eciam pro aliis expensis non ordinatis et non utilibus et necessariis comuni, et si ipsas fecerit, de suo proprio eas faciat et per comune non restituantur ei.

46. Quod consules illarum parcium teneantur ad observanciam premissorum.

Alii eciam consules illarum parcium et scribe simili modo teneantur et debeant ad observacionem omnium predictorum, et sub eisdem penis, salvo de securitatibus prestandis in Janua.

47. Quod consul in Caffa exigat condempnaciones per eum et ejus predecessores factas.

Item quod quicumque fuerit consul in Caffa teneatur et debeat exigere omnes condempnaciones, quas fecerit tempore consulatus sui, et eciam illas omnes quas factas a predecessore suo invenerit bona fide et juxta posse, et ipsas exactas consignare seu facere consignari clavigeris, qui ibi fuerint pro tempore, ut de ipsis fiant ille expense que et, sicut hinc retro, de condempnacionibus factis per alios consules fieri consueverunt, cum consilio tamen suorum XXIV consciliariorum.

48. Quod scriba consulis scribat introytum et exitum consulis et clavigeriorum.

Item quod quicumque fuerit scriba consulis de Caffa teneatur et debeat scribere, et scribat per ordinem totum introytum et exitum consulis sui et clavigeriorum, qui fuerint suo anno in Caffa, ac eciam condempnaciones et forestaciones, que dicto tempore facte fuerint, et tam exactas quam non exactas, et ipsum introytum ac exitum, et eciam ipsas forestaciones et condempnaciones aducat Januam vel mittat, finito anno predicto, consignandum et consignandas dicto officio navigandi et maris majoris, sub pena securitatis, que per eum prestita fuerit. Et, ut ipse scriba vel consul causam ignorancie pretendere non possint, teneatur et debeat ipse consul exemplum omnium predictorum portare secum et ipsum facere legi et publicari inter Januenses de Caffa, in primo parlamento quod fecerit, in quo juret et jurare debeat de observando in omnibus et per omnia, ut in ipsis ordinamentis continetur, non obstante aliquo capitulo vel ordinamento generali vel speciali, quacumque verborum ligacione ligato, eciam si in eo contineretur aliquo alio capitulo vel ordinamento non obstante, et quod faciat simili modo jurare successorem suum in dicto officio, cui presentes tractatus et ordinamenta dimitat, et sic fiat et fieri debeat successive per omnes consules, qui pro tempore fuerint ibi, et hoc sub pena librarum ducentarum Janue pro quolibet ut supra non observante. Si tamen consul contra formam supradictam iverit ad exercendum dictum officium, et in anno sequenti remanserit ibi pro consule, processus, quos faciet, sint ipso jure nulli et nullius valoris seu momenti, et nullus Januensis teneatur ei in aliquo obedire, nec ille consul, qui contrafecerit, possit habere aliquid pro suo salario, et si quid habuerit, illud restituat, et nichilominus condempnetur in libris quingentis Janue. Et antequam recedat de Janua, teneatur et debeat, in presencia gubernatorum, jurare, post securitates prestitas ut supra per ipsum, de atendendo et observando ut supra bona fide et juxta posse.

40. Quod dictus scriba non sigillet aliquas literas, nisi ut infra.

Item teneantur et debeant omnes scribe et subscribe comunis, et specialiter ille qui tenebit sigillum comunis, non scribere nec sigillare aliquas literas alicui consuli nec alicui scribe de Caffa, nisi primo viderit quod juraverit et caverit ut supra, et si quis contrafecerit, ipsa jure sit condempnatus in libris centum Janue.

CERTUS ORDO DE CAFFA.

1316. — 80 augusti.

Sapientes infra scripti constituti et ordinati per comune Janue super factis navigandi et maris majoris, quorum nomina sunt hæc :

> GUIDETUS AGOGNA PRIOR,
> NICOLAUS SQUARZIAFICUS,
> SYMON BOTINUS,
> RIZARDUS PICHAMILIUS,
> PETRUS DE GOANO,
> JACOBUS DE MARI ANDREE,
> JOHANNES DE MARCHO,
> SORLEONUS CATANEUS.

Habito conscilio et colloquio cum aliquibus sapientibus, volentes providere utilitati terre mercatorum et aliorum bonorum virorum, negociancium et frequentancium in terra de Caffa, tractant, statuunt et ordinant ut infra videlicet, quod consul iturus, dante domino, ad locum predictum de Caffa, procuret et procurare debeat per omnem modum, per quem melius possit, recuperare illam terram que est intra muros de Caffa, per quemcumque possideatur, et que est in contracta ubi solebat esse peliparia, et ipsam vendere in publica callega cum conscilio suorum sex, et plus offerentibus ipsam tradere et consignare, paulatim sive sigillatim, dividendo eam ad minus per octo habitaciones, non obstante quod aliqui, in ipsa terra seu territorio, aliqua hedifficia construxerint, cum ipsam construxionem fecisse dicantur, spretis mandatis et inhibicionibus factis olim per sindicos comunis Janue, permitat tamen et faciat removeri et exportari hedifficia facta super ipsa terra, per illos qui ipsa fieri fecerint.

Et eodem modo procuret recuperare et recuperet totam aliam terram que sit intra dictos muros, que non sit vendita per sindicos comunis, vel que non sit concessa ecclesie et conventui fratrum minorum de Caffa, super qua frater Hieronimus dicitur construxisse quamdam domum ad modum ecclesie, et qua moratur, et ipsam aliam terram, preter superius exceptatam, similiter vendere in publica callega cum conscilio suorum sex, secundum quod melius et utilius crediderint convenire.

Salvo quod illa terra, que est intra ipsos muros et que ordinata est pro carreriis seu carribus et pro platheis et ripalinaris, nullo modo vendi debeat.

Et salvo similiter quod illa terra, que deputata est pro hospitali et pro domo, in qua morentur persone que debent servire infirmis dicti hospitalis, et terra deputata in podio pro beguinis, et terra super qua ab antiquo sunt duo ecclesie Ermineorum integre et una dirrupta, et alie due ecclesie Grecorum, non debeant vendi nec in callegari.

Et salvo eciam quod terra, que deputata est seu erat fratribus predicatoribus de Caffa et que est murata et intra muros suos, eis remaneat.

De preciis autem, que processerint ex supra dictis vendicionibus et callegis, fiat et fieri debeat, sicut alias ordinatum fuit de preciis, que pervenirent in virtutem dictorum sindicorum.

Item procuret et procurare debeat recuperare ac eciam omnino recuperet et teneat et possideat, nomine comunis, eciam extra muros de Caffa, totam illam terram, que est infra confines de Caffa, per quemcumque teneatur vel possideatur.

Salvo quod terra aliqua, que sit infra dictos confines et super qua sit et esse consueverit ab antiquo aliqua ecclesia Grecorum, Ermineorum vel Rossorum et ermitoria solita dictarum ecclesiarum, non se debeat dictus consul intromittere, nec eciam de tanta terra super qua possint construi et hedifficari domus pro habitacione ipsorum presbyterorum et familie ipsorum tantum, quanta videbitur consciliariis consulis seu majori parti eorum.

Item quod ipse consul, non obstante quod alias in contrarium fuerit ordinatum, possit et debeat exponere conscilio suorum viginti quatuor, quam cicius commode poterit, si dicto conscilio videtur et placet quod locari possit ad libellum sive ad terraticum perpetuum, paulatim et separatim, illa terra, que est ab illo loco in quo consuevit esse palacium Sadoni, eundo versus Bissanne, usque in mare, et a dicto palacio reddeundo versus ecclesiam, que consuevit appellari sancte Marie, usque ad fossatum factum extra murum de Caffa, et usque ad fossatum veterem versus dictam ecclesiam sancte Marie Grecis, Erminiis et aliis christianis, qui non sunt Januenses, vel dicti seu appellati Januenses, et si dicto conscilio placuerit et vissum fuerit pro meliori, hoc facere possit dictus consul, cum conscilio suorum sex, pro majori pensione sive terratico que sive quod inde haberi possit dimitendo precisse, et omni modo centum cubitos de palmis tribus de canna pro quolibet, circum circha muros de Caffa de vacuo, in quo vacuo nulla habitacio fiat vel fieri patiatur, et si qua est, tollatur inde penitus.

Et pecunia, que ex ipsis pensionibus seu terreticis percipietur singulis annis, perveniat et pervenire debeat in virtutem clavigerorum dicti loci, qui clavigeri expendere debeant dictam pensionem sive terraticum pro uno anno tantum, prout dictis XXIV melius videbitur, pertinere ad utilitatem de Caffa, ita quod tres partes ad lapillos albos et nigros ad minus ex dictis XXIV inde sint concordes.

Item quod tota terra vacua, que est extra Caffa versus viam de Solcati, eundo videlicet a fossato veteri quod consuevit esse a balneo Pal-Oani versus ecclesiam sancte Marie, et ab inde infra usque in mare, remaneat et stet perpetuo vacua, libera et expedita pro comuni, ita quod, in ipsa vel aliqua parte illius, nulla possit fieri habitacio, vel hedifficium, vel impedimentum; sed remaneat sic libera et expedita pro usu et necessitate bazani, milli, furmenti, lignorum et oliarum rerum.

Item quod consul predictus, cum conscilio suorum viginti quatuor, faciat fieri macellum in Caffa magnitudinis necessarie, supra palos in mari, videlicet ante fondicum comunis a capite de versum murum terre vel in alio loco, sicut eis melius videbitur, et fiat expensis comunis et detur ad pensionem pro comuni de Caffa, que pensio convertetur in solutionem expensarum, que fient in dicto macello construendo, usque ad integram satisfacionem, et solutis expensis, ab inde antea convertatur in expensis necessariis et utilitate dicti comunis, et semper colligatur pro clavigeris dicti comunis.

Item super deveto facto de non eundo vel stando in Solcati, quia illud devetum nimis arduum et grave videtur ita observandum, statuunt et ordinant quod dictum devetum observetur, salvo quod vinum et fructus possint portari ad vendendum in Solcati per modum antiquum et consuetum, et salvo quod burgenses, qui voluerint stare in Solcati, per modum consuetum, ibi stare possint, observando devetum in omnibus aliis, et quod alii Januenses, pro emendis coriis et aliis rebus, possint stare in Solcati ad suam voluntatem dum tamen varios, setam, et res et merces subtilles, et infra dies octo post empcionem vel acquisicionem, faciant adduci in Caffa, observando semper in omnibus aliis devetum predictum, et semper intelligatur quod dicti Januenses et burgenses veniant in Caffa ad standum et ad omnia faciendum ad mandatum et voluntatem consulis et conscilii sui.

Item, quia ordinatum fuit quod illi Januenses qui emerent terram in Caffa deberent hedifficasse infra menses decem et octo, et dicitur quod multi emerunt terram qui non hedifficaverunt nec hedifficant, sed solum modo posuerunt unum solum stopa vel duos et aliam terram clauserunt vel de muris, vel de lignamine, vel fraschiis, quod posset esse quia non potuerunt habere copiam de magistris et rebus necessariis ad hedifficandum, statuunt et ordinant firmiter observandum, quod omnes illi, qui emerunt de terra predicta vel habentes ab eis jura, debeant hedifficasse effectualiter totam dictam terram usque per totum annum de 1380, et, ab inde in antea, terra non hedifficata recuperetur per consulem, pro comuni, pro dimidia precii pro quo vendita fuit, sicut in primo tractatu continebatur, et ipsam recuperatam iterum, cum conscilio suorum sex, vendat in publica callega, pro comuni, et plus offerentibus tradat, et de precio satisfiat illis qui primo emerant secundum formam predictam, et residuum convertatur et dividatur in solucione illorum Januensium qui recipere debent a comuni pro satisfacione possessionum, quas primo habebant in Caffa, secundum quod estimate fuerunt.

Item quod habeantur et haberi procurentur in civitate Janue arma infrascripta, que mittantur et mitti debeant per octo sapientes, quam cicius fieri poterit, ad Caffa per bonum et fidelem nuncium qui ipsa consignet clavigeris dicti loci successive ipsa consignent inter se ipsos, et inde faciant fieri scripturam publicam et eam bene et diligenter custodiant ut, tempore necessitatis, haberi possint ad servicium et defensionem predictam et frequentancium in dicto loco, videlicet :

Balistre septuaginta due (72 arbalètes).
Crochi septuaginta duo (72 crocs).
Carchasii septuaginta duo (72 carquois).

Cervelerie centum (100 casques).

Coracie centum (100 cuirasses).

Colareti centum (100 hausse-cols).

Schuta centum bona et incoyrata (100 écus bons et doublés de cuir).

Lanzie longe quinquaginta (50 lances longues).

Lanzie clavarine quinquaginta (50 lances garnies de pointes).

Quadrelli (carreaux) in viginti mill. usque in viginti quinque mill.

N° 6.

LETTRE DE CLÉMENT VI A HUMBERT II, DAUPHIN DE VIENNE.

Dilecto filio Umberto Delphino Viennensi, capitaneo generali Sanctæ Sedis Apostolicæ ac duci exercitûs Christianorum contra Turcos.

Nuper fidedigna relatio ad nostrum deduxit auditum, quod Saraceni Tartari et infideles alii crucis hostes ac inimici nominis christiani in gravi multitudine ad civitatem Caffensem, quæ nedum Christianis eam inhabitantibus, sed etiam aliis Christi fidelibus in illis partibus, fore dicitur quodammodo refugium singulare, hostiliter accedentes, eam per terram undique obsederunt. Cum autem facti experientia te docere possit quid, et qualiter agere debeat circa piam et laudabilem prosecutionem negotii per te feliciter, Deo dante, assumpti, nobilitatem tuam requirimus et hortamur attente, quatenus si commode et absque impedimento prosecutionis ejusdem negotii contra Turcos fieri vacat, eidem civitati et incolis, maxime de galeis Januensium, praestare velis consilium, auxilium et favorem.

Dat. Avin. XV kal. januarii anno IV.

N° 7.

*(Extrait de l'Histoire du Commerce des Vénitiens
de Marin.)*

Nel 1344, v'ha una comparsa di Corrado Cigalo, ambasciatore
di Genova al doge di Venezia, Andrea Dandolo, nella quale es-
pone la commissione avuta dal suo doge, Simon Boccanegra, di
ripetere di concerto dal khan di Gazaria, Janibek, risarcimento
de' danni fatti da' Tartari a' mercanti ed alle merci delle due
nazioni. La convenzione isultante da questa comparsa è stipu-
lata tra il suddetto Cigalo, come ambasciator e procuratore del
doge et comune di Genova, e Marco Loredano, procurator di
quel di Venezia. Ecco gli articoli :

1° Marco Ruzzini e Giovanni Steno devono conferire a Kaffa
cogli ambasciatori, ivi spediti da Genova, e faranno tutto ciò che
parerà, sì agli uni che agli altri, tornare in acconcio.

2° Si conviene che, se i baroni della Tana non volessero inden-
nizzare lo spoglio delle merci e le violenze praticate a' mercanti,
si debba ricorrere all' orda dello stesso imperatore e col mezzo
degli stessi ambasciatori o di quelli che venissero da loro con-
cordemente destinati.

3° Si devono nelle loro pretese le due nazioni reciprocamente
sostenere.

4° Al caso di ripulsa si sospenderà ogni commercio con Tartari, sì per l'una che per l'altra parte.

5° Se i Tartari pretendessero la cessione di Kaffa, si dovrà
anche per parte de' Veneziani negare il rilascio.

24

Dietro a questi preliminari venne stipulato istrumento di colleganza tra le due nazioni, del quale il contenuto presso a poco egli è questo :

1° Non si dovrà da' bastimenti dell' una o dell' altra nazione portar merci di qual si sia genere alla Tana od in altro luogo del tartaro impero, stante i svaglìamenti e danni sofferti da' mercatanti, con espulsione, prigionia e morte loro; ma debbano portarle soltanto a Kaffa ed altri porti, situati sotto di lei ad occidente, vale a dir verso Pera, nè possano per qualunque pretesto navigar al di là di essa verso oriente.

2° Nella ditta città sieno esenti i Veneziani di qual si sia imposizione, e possano esercitar in essa qualunque sorte di commercio, senza aver impedimento sì nella importazione che nella estrazione. E ad onta che cessata fosse la lega presente, sussiter debba per le suddette merci il privilegio ora espresso, come se essa lega permanente pur fosse.

3° Durante l'unione, possa il comune di Venezia destinare un bailo od un console a Kaffa per la direzione de' suoi mercadanti, e merci ad essi appartenenti, il quale abbia facoltà di definire e decidere qualunque litigio.

4° Possano i Veneziani dimorare e partire senza impedimento di sorte a beneplacito loro, senza alcun immaginabile aggràvio, non eccettuato quello stesso delle pigioni per magazzini e per case. Anzi il console genovese e bailo veneziano eleggano due probe persone, onde fissare i prezzi e le pensioni delle case, l'una delle quali sia genovesa, l'altra veneziana, nè si possa oltrepassare la loro stima.

5° Nel caso che, o per l'una o per l'altra parte, vi sieno contraffazioni di portarsi contro il convenuto verso oriente ed alla Tana per mercanteggiare, sia punito il contraffattore dal console ed uffiziali della nazione a cui spetta.

Nᵒ 8.

TRAITÉ ENTRE L'EMPEREUR CANTACUZÈNE ET LES GÉNOIS.

6 mai 1352.

In nomine Domini, amen. Johannes in Christo Deo fidelis imperator et moderator Romeorum Catacosinos.

Cum inter imperium nostrum ex una parte, et commune Janue ex altera, intervenerint scandala, propter que mota est guerra inter nos et ipsum commune, et tandem pluribus colloquiis habitis inter imperium nostrum et nobiles viros dominos, Obertum Gatuluxium, Raffum Ermireum, syndicos illustris domini ducis et communis Janue, etiam Fredericum del Orto et dominum Lanfranchum de Podio, nomine et parte nobilis viri Paganini de Auria ammirati communis Janue, nec non syndici et syndicario nomine dicti domini ducis et communis Janue prout apparet dominum ducem et ejus consilium promisisse habere et tenere rata, grata et firma omnia et singula que per ipsum dominum ammiratum et substituendos ab eo facta gesta et promissa et recepta fuerint, cum quibuscumque dominis quicumque titulo dignitatis existant. Et qui, Obertus, Raffus, Fredericus et Lanfranchus sunt substituti, actores et procuratores dicti domini ammirati, cum tota potestate, quam ipse habet pro supradictis tenore instrumenti pubblici, scripti manu Thome Octonis notarii, anno presenti die trigesima aprilis. Igitur nostrum imperium, cum prædictis nobilibus, venit ad infrascriptam pacem ut infra. Primo videlicet quod firmamus conventiones novas et veteres, que sunt

inter imperium et commune Janue cum reservatione tamen,
quod pax et ea pacta, gesta per dominum ammiratum cum Or-
canibei ammirati sint firma, non obstantibus conventionibus prædictis, item per pactum imperium nostrum de gratia donationem
facit communi Januæ de Gallata cum terreno prout fossatum
tendit usque ad castrum sancte crucis, et ultradictum fossatum
cubitorum centum infra quod non possit hedificium Latinum vel
Grecum nec aliqua alia novitas fieri. Itaque cubitus centum isti
sint in facie, incipiendo a capite Gallata usque ad castrum sancte
crucis, recta linea, et a castro sancte crucis usque ad turrem
Traverii. Item extitit per pactum et promissum per imperium
nostrum quod galeis aliquibus Catalanorum et Venetorum, que
venirent in Constantinopoli, non debeat istum imperium nostrum, seu Greci, dare aliquod refrigerium nec receptum, nec
dimittere eos ponere stallam, nec in aliis forensibus castris sive
potenciam dictorum castrorum. Ita tamen quod in illis castris,
in quibus non est potencia deffendi se ab illis galeis, si ille galee
ibi refrescamentum acciperent, non intelligatur propter ea destructio pacis vel contrafecisse nostrum imperium juramento nostro. Hec autem habeant locum durante guerra inter Catalanos,
Venetos et Januenses. Item extitit per pactum et promissum per
imperium nostrum quod si casus adveniret, quod in nostro imperio, vel in aliqua parte ipsius, vel etiam in Constantinopoli,
quod aliqua briga, vel rixa, vel offensiones fierent inter Catalanos, Venetos cum Januensibus, et Januenses cum Catalanis et
Venetis, quod Greci ipsius imperii non debeant aliqualiter de
dicta rixa vel briga se impedire, et si quis dictorum Grecorum se
impediret de predictis, banniatur ab imperio nostro vel puniatur
per nostrum imperium. Tamen debent capitanei nostri, in illis
locis imperii ubi se invenirent, quibus esset briga vel rixa inter
predictos Januenses, Venetos et Catalanos, tenere eos qui facerent brigam et mittere Januenses quidem ad potestatem Peire,
Venetos autem ad Baiullum Venetorum. Item extitit per pactum
quod, si galea Catalanorum vel Venetorum veniret in Constanti-

nopoli durante dicta guerra cum Baiullo Venetorum vel aliquo ambaxiatore quod eo casu sit huuc poneret stallam, non intelligatur contrafecisse pacem. Item extitit per pactum quod imperium nostrum, occaxione dicte pacis, dare debeat dicto domino ammirato omnes Januenses, quos habent nostri Greci in imperio, et quos etiam imperium nostrum habet carceratos vel detemptos, et libere eidem domino ammirato eos dimittat, et similiter dominus ammiratus dimittat omnes Grecos, quos habet in commune tantum et qui sunt in communi.

Item extitit per pactum quod imperium nostrum non debeat ponere vel accipere commerchium a Greco, qui emat mercimonia a Januense, et si esset in conventionibus quod possit vel debeat recipere dictum commerchium, quod non accipiatur, nisi accipiatur generaliter a nostris Grecis ementibus ab aliis Grecis mercimonia. Et similiter faciat commune Januensibus suis ementibus mercimonia Grecis. Item extitit per pactum quod, si aliquis Grecus vendideret iu Peira vel in burgis vinum quod commerchium impositum secundum ordinationem sindicorum communis Janue, hujusmodi Grecus debeat solvere prout alii Januenses, et similiter commercharii imperii nostri colligant et accipiant impositum per nos commerchium a Januensibus, vinum vendentibus in Constantinopoli prout ab aliis Grecis. Et predicta locum habeant durante guerra Catalanorum et Venetorum cum Januensibus vel quousque commerchium vini esset disobbligatum si pignoraretur. . . . . dicte guerre. Item extitit per pactum quod si casus accideret, quod absit, quod videretur imperio nostro quod per Januenses esset factum, dictum vel operatum contra pacem, taliter quod intenderet imperium nostrum movere vel habere guerram cum Januensibus, tunc intelligatur vinculilo juramenti per suum certum nuncium et specialem ad potestatem Peire denunciare eidem et protestari de predictis, ut a die qua hoc fecerit usque ad octo menses tunc proxime venturos non possit, non obstantibus predictis fieri aliqua offensio inter partes aliqua occaxione vel modo. Et similiter, si potestati

Peire videretur quod per imperium nostrum et Grecos suos contraveniretur paci predicte, teneatur potestas illud idem similiter ut supradictum est et protestari et denunciare imperio nostro, nec possint dicte partes similiter usque ad octo menses tunc proxime venturos facere aliquas offensas, quibus octo mensibus elapsis, dicte partes sint et esse debeant in eorum libertate, non obstante dicta pace.

Item extitit per pactum quod navigia Grecorum non navigent nec navigare debeant ad Tanam vel in mari Tane, nisi quando navigia Januensium illuc navigarent, salvo semper quod cum imperium nostrum intendat de predictis ad dominum ducem suam ambaxiatam transmittere ad impetrandum, quod illuc dicta navigia Grecorum possint navigare, et si dominus dux concedet quod ea possint illud navigare quod possint ire nec moventur guerra propterea inter partes. Item extitit per pactum quod si per Januenses super navigio inimicorum eorum, Catalanorum videlicet et Venetorum caperentur Greci, qui cum dictis inimicis essent ad soldum vel sua spontanea voluntate, quod illi tales Greci possint teneri, salvo si dicti Greci ibi essent per vim capti, quod tunc Januenses illos tales Grecos relaxare debeant. Et predicta locum habeant elapsis tribus mensibus, incipiendis a die fiende pacis et finiendis in calendis augusti proximi venturi. Et e converso si nostrum imperium invenerit Januenses aliquos cum nostro imperio. . . . . quod eos debeat tenere. Item extitit per pactum quod aliqua navigia Grecorum non possint ire vel redire ad loca Catalanorum et Venetorum, durante guerra predicta, excepto si imperium nostrum aliquibus suis de causis vellet ad dicta loca unum lignum armatum transmittere quotiescumque voluerit. Item extitit per pactum et conventum quod omnia immobilia, terre et possessiones Januensium, que essent in imperio, restituantur Januensibus talia qualia sunt, salvo quod si de aliquibus possessionibus pervenisset in nostrum vestiarium aliqua pecunia, ipsa minime restituatur et teneatur.

Item extitit per pactum et promissum, quod aliquis Januensis non possit emere aliquas possessiones, vel terras, seu vineas ab aliquo Greco, nisi de mandato imperii nostri, amittat precium dicte possessionis. Item, quod debita, que sunt inter Grecos et Januenses sint in eo statu et jure, quibus erant ante guerram, excepto quod si aliqua pervenissent in vestiario imperii nostri, vel in communi Janue vel Peire, illa talia restitui non debeant. Item extitit per pactum et conventum, quod si aliqua bona Januensi um, capta per Catalanos et Venetos, vendita essent tempore guerre presentis Grecis et similiter aliqua bona Grecorum capta vel vendita essent Januensibus, que essent amissa, nec de ipsis amplius fieri possit requisitio aliqua. Item quod omnia dampna data tempore pr esentis guerre, et facta per presentes, videlicet per Grecos Janue nsibus, et per Januenses Grecis, sint remissa, nec de ipsis aliqualiter possit fieri aliqua requisitio, vel emendacio, seu restitucio. Item extitit per pactum de Syo et folia quod imperium nostrum debeat audire ambaxatores suos, et si ipsi dicet imperio nostro rem que placeat ei vel non tunc de predictis imperium nostrum possit transmittere ad dominum ducem et commune Janue, et quidquid de predictis se conveniet et faciat cum domino duce et dominus dux ut cum imperio nostro illud intelligatur esse factum, et si non placebit imperio nostr o ordinatio quam faciet dominus dux de predictis quod pos cit imperium nostrum transmittere ad dominum ducem, totiens quotiens voluerit, ad conveniendum se cum eo. Item extitit per pact um quod Januenses non teneantur querere sanguinem Grecorum vel alicujus extranei, qui sit sub imperio nostro, per commune Janue vel Peire bannitorum, et similiter imperium nostrum indulgentiam dat omnibus Januensibus, contra quos habebat aliquod gravamen, que omnia et singula suprascripta imperium nostrum et dilectissimus filius noster, dominus Matteus Cantacusinus, Juramus ad sancta Dei evangelia et in animabus nostris corporaliter tactis sacris scripturis, firma et rata et grata perpetue habere et tenere et in nullo contrafacere vel venire de jure, vel de facto modo, vel ingenio, sed ea cum effectu et sine diminutione aliqua observare et facere inconcusse observari et teneatur similiter alius. . . . . carissimus filius noster, dominus Manuel Catacusinus, cum venerit cohoperante duo Constantinopoli jurare attendere, complere et observare omnia et singula prout nos. Et per similem modum, dicti domini Obertus, Raffus, Fredericus et Lanfrancus, nominibus predictis juraverunt ad sancta Dei evangelia corporaliter tactis sacris et sanctis scripturis et in animabus dicti domini ammirati et domini ducis et communis Janue omnia supradicta et singula habere perpetuo firma, rata et grata et in nullo contrafacere vel venire de jure, vel de facto modo, vel ingenio, et ea cum effectu et sine diminutione observare et facere inconcusse observari, et quod teneantur dicti dominus ammiratus, domini Lanfrancus Cataneus, Martinus de Mauro, Cataneus Spinula et Antonius. . . . . consiliarii dicti domini ammirati jurare semper ad voluntatem imperii nostri attendere omnia et singula ut supra, nec non etiam jurent isti omnes quod dominus dux jurare teneatur in presencia ambaxiatoris vel ambaxiatorum imperii nostri quod predictam pacem pacta et conventiones et singula supra dicta habebit et tenebit firma, rata et grata, ad quorum omnium cautelam et evidenclam pleniorem presens privilegium sacramentale, aurea bulla munitum imperii nostri, fieri jussimus translactum in Greco et Latino de nostro mandato interpretente et dictante familiari nostro magno interpetre imperii nostri, domino Nicolao Sagico, litteris rubeis manu nostra propria more solito subscriptum, et aurea bulla predicta inferius appensa roburatum.

Instrumentum hujusce pacis rogatum fuit per Thomam Octonem, notarium communis Janue, in Constantinopoli in sacro palacio Brachernarum, coram testibus Grecis et Januensibus, anno a constitutione mundi secundum cursum imperii Romeorum sexto milleno octavo centeno sexagesimo. Ab incarnacione domini nostri Jeshu Christi anno MCCCLII, secundum cursum Latinorum die sexta madii.

N° 9.

DESCRIPTION DE SAMARKAND.

(EXTRAITE DE CLAVIJO.)

La ciudad de Samarcante està assentada en un llano, e es cercada de un muro de tierra e de cavas muy hondas, e es poco mas grande que la ciudad de Sevilla : lo que asi es cercado ; pero de fuera de la ciudad hay muy gran pueblo de casas, que son ayuntadas como barrios en muchas partes, cà la ciudad es toda en derredor cercada de muchas huertas e viñas, e duran estas huertas en lugar legua y media, e lugar dos leguas, e la ciudad en medio ; e entre estas huertas hay calles y plaças muy pobladas; cà vive mucha gente e venden pan e carne, y otras muchas cosas, assi que lo que es poblado de fuera de los muros es muy major pueblo q^e lo que es cercado, e entre estas huertas e que de fuera de la ciudad son, estan las grandes e honradas casas, e el señor alli tenia los sus palacios e cabas honradas. Otrosi los grandes homes de la ciudad là sus estanças e casas entre estas huertas las tenian, et tantas son estas huertas e viñas, e cerca de la ciudad, que quando home llega a la ciudad no parece sino una montaña de muy altos arboles e la ciudad assentada in medio ; e por la ciudad e por entre estas dichas huertas iban muchas acequias de agua, e entre estas huertas havia muchos melonares e algodones, e los melones desta tierra son muchos e buenos, e por navidad hay tantos melones e uvas que es maravilla ; e de cada día vienen muchos camellos cargados de melones, tantos que es maravilla como se gastan e comen, e en las aldeas hay tantos dellos que los passan e fazen dellos come de los figos, que los tienen de un año a otro, e passanlos d'esta manera: cortanlos al través pedazos grandes, quitanles las cortezas e ponenlas al sol, e desque secos tuercenlos unos con otros, e metenlos en unas seras, e allí los tienen de un año a otro; e fuera de la ciudad hay grandes llanuras, en que hay muchas aldeas y muy pobladas, que el señor fizo poblar de la gente que allí enviava de las otras terras que conquistava. E es tierra muy abastada de todas las cosas, assi de pan como de vino e de carnes, frutas e aves, e los carneros son muy grandes e han la cola tan grande como veynte libras, quanto un home ha que tener en la mano, e destos carneros hay tantos e tan de mercado, que estando allí el señor con toda su hueste, valía un par dellos un ducado. Otrosi di mercado havia, tan grande mercado, que por un *mert*, que es medio real, davan hanega e media de cebeda, e de pan cozido hay tan gran mercado que non podia ser mas, e de arroz hay tanto que es infinito; e tan gruessa e abastada es esta dicha ciudad e su tierra, que es maravilla, e el bastimento desta tierra no es solamente de viandas, mas de paños de seda, setunis e camocanes, e cendales, e tafetaes, e tercenales, que se fazen allí muchos, e forraduras de peñas, e seda, e tinturas, e especeria, e colores de oro, de azul e de otras maneras: por loqual el señor havia tan gran voluntad de enoblecer esta ciudad, cá en quantas tierras el fue e conquistó, de tantas fizo llevar gente, que poblassen esta ciudad: en su tierra señaladamente de maestros de todas artes: de Damasco levò los maestros que pudo haver, assi de paños de seda de todas maneras, cómo los que fazen arcos, con que ellos tiran e armeros, e los que labran el vidrio e barro que los havia allí los mejores del mundo; e de la Torquia llevò vallesteros e otros de otros artes, quanto allí fallo, e albañis e plateros quantos allí fallo, e tantos destos llevo que de todos los maestros e menestriles que quisieredes fallarlades en esta ciudad. Otrosi llevo maestros de ingenios e lombarderos, e los que hazen las cuerdas para los ingenios e estos sembraron cañamo e lino, que lo nunca huvo en esta tierra fasta agora, e tantas gentes fueron las que a esta ciudad fizo traer de todas naciones, assi homes como mugeres, que dezian que eran mas de ciento e cinquenta mil personas, e en estas gentes que alli assi llevo havia muchas naciones, asi como Turcos, e Alarabes, e Moros, et de otras naciones, e christianos, Armenios e Griegos catolicos, e Nascorinos, e Jacobitas, e delos que se bautizan con fuego en el rostro, que son christianos de ciertas opiniones que en la ley han, e destas gentes havia tantas, que non podian caber en la ciudad, ni en las plaças, ni calles e aldeas e de fuera de la ciudad so arboles, e en cuevas havia tantos que era maravilla; e otrosi esta ciudad es muy abastada de muchas mercaderias, que a ella vienen de otras partes, ca de Ruxia e de Tartalia van cueros e lienços, e del Catay paños de seda, que son los mejores que en aquella partida se fazen señaladamente los settunis, que dizen que son los mejores del mundo, e son los mejores los que son sin labores. Otrosi viene Almizque, que non lo hay en el mundo, salvo en el Catay, e otrosi Balaxes e diamantes que los mas que son en esta partida de alli vienen, e aljofar e ruybarbo, e otras muchas especias, e las cosas que del Catay a esta dicha ciudad vienen son las mejores e mas precladas de quantas alli vienen de otras partes, e los del Catay asi lo dizen, que ellos son las gentes mas sottiles que en el mundo hay, e dizen que ellos han dos ojos, e que los Moros son ciegos, e que los Francos han un ojo, e ellos llevan la ventaja en las cosas que hazen a todas las naciones del mundo; e de la Indi viene a esta ciudad las especias menudas que es la mejor suerte dellas, assi come nueces moscadas, e clavos de girofre, e macis, e flor de canela, e gengible, e cinamomo, e mana, e otras muchas especias que non van en Alexandria; e por la ciudad hay muchas plaças en que venden carne cozida e adobada de muy muchas maneras, e gallinas, e aves muy limpiamente adobadas, otrosi pan et frutas muy limpiamente, e assi estan todas estas plaças, siempre assi compuestas de dia como de noche vendiendo muchas cosas. Otrosi hay muchas carnicerias de carne, e de gallinas, e de perdices e faysanes, e fallavanlas de dia e de noche.

Nº 10.

ORDINATIO TAURIXII.

Item quod consul Taurisii debeat stare in regimine consulatus per menses sex, propter evitandas expensas que fiunt in elligendo consulem de novo, non obstantibus aliquibus capitulis facientibus mencionem quod consules, constituti per diversas mondi partes, non possint stare in consulatu nisi mensibus tribus, vel aliquibus aliis capitulis obviantibus presenti tractatim, et quod dictus dominus consul possit regere conscilium cum sexdecim, duodecim, vel circha ex xxiv constitutis in Taurixio quando dicti viginti quatuor ibidem defficerent, ita quod non possit derrogari vel minui ordinamentis factis in Taurixio, nisi forte de conscilio viginti quatuor mercatorum Januensium ibidem existencium.

Item quod aliquis bazariotus calamalhi vel aliquis alius, qui privatus fuerit a beneficio Januensium in Taurixio, non possit restitui per consulem et conscilium suorum viginti quatuor usque ad terminum datum et assignatum in privacione predicta, sub pena librarum ducentarum januynorum pro quolibet et qualibet vice.

Item quod per dictum dominum consulem Taurixii et conscilium suorum xxiv flat et fieri debeat officium mercancie ad iniciandum dictum officium seu ad incipiendum dictum officium et, ipso officio incepto, duret et durare debeat usque ad quatuor menses, et ante ipsum tempus quatuor mensium, per dies octo officiales ipsius officii faciant alios officiales novos, et ita fiat et fieri debeat per dictum officium successive.

Item quod aliquis Januensis non audeat vel presumet emere aliquas res vel merces in imperio Persie vel aliqua parte ipsius imperii, ad tempus nisi de mensibus quatuor, tantum pro illa quantitate tantum quam haberet in Taurisio, vel in Soldania, vel in camino, sub pena librarum viginti pro quolibet centenario tocius sue implicite, que aplicetur et aplicari debeat pro dimidia operi portus et moduli et pro alia dimidia comuni Janue Taurisii, que condempnacio exigatur et exigi debeat per consulem Taurisii.

Item quod aliquis Januensis non audeat vel presumet emere aliquas res vel merces ad dictum tempus quatuor mensium, sine licentia et mandato dicti D. consulis et officii mercancie Taurisii, et quod quilibet mercator postquam implicaverit, teneatur et debeat ostendere conscillio et officio mercancie quod habeat in imperio in rebus que venerint deversus marinam vel in pecunia, tantum quantum implicaverit, et hoc infra dies quatuor inceptos, die qua dictam raubam emerit, et ultra teneatur et debeat ante unam diem, qua dictam raubam exire de Taurisio debebit, teneatur manifestare dicto D. consuli et officio mercancie et numerum et quantitatem dicte raube, sub pena viginti pro centenario.

Item quod dictus D. consul et officium mercancie provideant et debeant providere in eo et super eo quod habere debent ponderatores et sensarii, ita quod aliquo modo aliquis non audeat vel presumet eis dare vel promittere, pallam vel secrete, ultra illud quod ordinatum fuerit ipsos habere per dictum officium mercancie et D. consulem, sub illa pena quam imponent dicti D. consul et officium.

Item quod dictus D. consul Taurisii, cùm dictis xxiv seu dictis xvi vel xii vel circha, ut dictum est ut supra, habeat plenam potestatem et bayliam exercendi suum officium in toto imperio Persie.

Item quod mercatores Januenses in imperio Persie non possint exercere negocia vel aliquam habere societatem vel facere empcionem aliquam comunem cum aliquibus extraneis, habitantibus in imperio Persie, sub pena librarum viginti pro quolibet centenario.

Item quod aliquis mercator Januensis non possit cum eo ducere aliquem servitorem, scribam vel nuncium extraneum, qui habeat ultra byzancios duo millia, sub pena librarum quingentarum, que aplicetur ut infra.

Item quod aliquis Januensis non audeat vel presumet, in Trapezonda vel imperio Persie, accipere vel accipi facere ad logerium vel alio modo aliquas bestias, causa deferrendi seu deferri faciendi in imperio Persie aliquas saumas, sub pena librarum trecentarum januynorum pro quolibet Januense et qualibet vice; sed D. consul Trapezondi, cum conscilio suorum consciliariorum, elligant et elligere debeant tres bonos viros ad infrascripta. Qui tres sic electi teneantur et debeant, cum juramento per eos corporaliter prestito, accipere ad logerium de bestiis, que erunt in Trapezonda, usque ad sufficienciam raube sive saumarum Janue pro deferendo eas vel in imperio Taurixii et statare precium logerii, et eas bestias et muihilicos ipsarum bestiarum dividere inter mercatores januenses pro rata raube sive saumarum, prout ipsis tribus videbitur. Qui tres sic electi teneantur et debeant sacramentum deferre cuilibet mercatori Januensi de manifestando eisdem totam raubam, quam mittere debent in callavana illa, et ultra debeant videre in magaseno dictam raubam. Eodem modo consul Taurixii cum officio mercancie elligere debeant dictos tres in modum predictum.

Item quod aliquis Januensis non audeat vel presumet mitere seu deferre aliquas saumas vel raubam super aliquibus bestiis, exceptis camellis, nisi solummodo super illis, que accepte fuerint per tres ellectos in Trapezonda et tres ellectos in Taurisio in modum supradictum, sub pena librarum quingenta januynorum pro qualibet bestia, non obstantibus aliquibus promissionibus

vel obligationibus habitis vel factis temporibus preteritis inter
mufitilicos et mercatores januenses vel aliquem alium Januensem, que pene omnes, linposite ut supra, perveniant et perve-
venire debeant pro dimidia operi portus et moduli et pro alia
dimidia illi loco Janue qui predictas penas vel aliquam ipsarum
exigent, et teneatur quilibet magistratus Janue, in quacumque
mundi parte constitutus, coram quo predicta notifficata fuerint,
predicta effectui mandari tam per detempcionem personarum
quam per exaocionem pecunie, sub pena librarum quingentarum
in quibus possit et debeat sindicari et condempnari.

N° 11.

LETTRE ÉCRITE DE PÉRA,

Le 23 juin 1453.

Nob. fr. carissime,

Si ante istam non scripsi, nec per istam faciam responsionem ad vestras receptas, me excusatum habeatis, quia semper fui et sum in tanta malenconia et occupato , quod potius mortem quam vitam mihi desidero. Sum certus selveritis ante istam de inopinato casu Constantinopoli capte a D. Turco alli 29 elapsi, quam diem expectabamus cum desiderio, quia videbatur nobis habere certam victoriam. Dedit dominus prelium tota nocte undique, et in omni loco viriliter receptus est; in summa mane Johannes Justinianus cepit in...... mentum, et portam suam dimisit et se tiravit ad mar, et per ipsam portam Turci intraverunt nulla habita resistentia : concludendo, sic vili modo non se deberet amittere unum casale. Volo credere procedat pro peccatis nostris. Attenta natura mea, cogitate quomodo resto, dominus det mihi patientiam. Posuerunt dictum locum ad saccum per dies tres; nunquam vidistis tantam compassionem : fecerunt prædam inestimabilem. Ad defensionem loci misi omnes stipendiatos de Chio et omnes missos de Janua, et in majori parte cives et burgenses de hic, et, quid plus, Imperialis noster et famuli nostri. Feci mei parte quantum mihi fuisset possibile, novit Deus : nam semper cognovi, amisso Constantinopoli, amisso loco isto de Pera. Ceperunt majorem partem. Aliqui pauci huc territi se salvaverunt, et alii burgenses et cives in tanta fuga se posuerunt, et major pars se reducerunt in eorum familiis; aliqui capti fuerunt super palificata, quia patroni in tanto terrore se posuerunt, quod neminem expectare voluerunt. Non sine magno periculo reduxi in loco restantes super palificata; nunquam vidistis tantam terribilitatem. Videndo me taliter conductum, disposui potius vitam amittere quam terram derelinquere; si recessissem, terra ista derelicta posita fuisset ad saccum : ab alia disposui in salute provideri, et subito misi ambasciatores ad dominum, cum pulcris exeniis, dicendo : habemus bonam pacem, rogantes et se submittentes vellet ipse nobis observare. Pro illo vero nullum responsum dederunt. Naves se tiraverunt ad locum pro velificando. Feci dicere patronis, amore Dei et intuitu pietatis, vellent stare tota die sequenti, quia eram certus facere pacem deberemus cum domino. Nil facere voluerunt. Imo ad dimidiam noctem velificarunt. In manu habita noticia domino de recessu navium, dixit ambasciatoribus velle terram liberam, et vix salvari potuimus personas et robam, dicendo in salutem Constantinopolis fecimus quid possibile nobis fuisset, et quod nos fuimus causa quod prima die non habuerint locum. Certe verum dicebant. Fuimus in maximo periculo. Pro evitari tantam furiam, fuit opus facere quid voluit, ut per introclusa videbitis; omnia facta fuerunt sub nomine burgensium. Ego me in aliquo intromittere non disposui, bona de causa. Fui postea ad visitandum dominum qui bis hic fuit; dirui fecit omnia; burgos et partem fossorum de castro dirui fecit; turrim sancte crucis dirui fecit; partim unius cortine intra barbacanetam et partem barbacane, omnia menia maris restari; cepit omnes bombardas, et intendit capere omnes munitiones et omnia arma burgensium; scribere fecit omnia bona mercatorum et burgensium qui de hic recesserunt, dicendo : Si revertant, restituantur; et si non revertant, facta erunt domino. Ob quam causam obtinuimus a domino litteram cum nuncio pro Chio, notificantes omnibus mercatoribus et burgensibus qui de hic recesserunt, reverti possunt, et revertendo habebunt bona sua; et cum ipso nuntio mittimus Antonium Coccam, et avisamus omnes mercatores quomodo hic Venetos dimiserunt omnes suos magazenos plenos. De burgensibus qui recesserunt cum eorum familiis......... propinquis eorum similiter in ipsa littera continetur omnes Jannenses posse navigare in partibus ipsis. Recessit ista nocte dominus pro Andrinopoli; in quo loco conduci fecit Calibasse, a quo habuit summam maximam monete; decapitari fecit suis diebus bailum Venetorum cum ejus filio et aliis septem venetis, et similiter consulem Catalanorum cum aliis quinque vel sex Catalanis. Cogitate si fuimus in periculo. Inquisivit Mauritium Cattaneum et Paulum Boccardum, qui se occultaverunt; dimisit in loco isto sclavum pro custodia loci; in Constantinopoli dimisit subasi (soubaschi) et cadi cum janizeris 1500 in circa; misit in Chio, ut fertur, sclavum pro requirendo carrachium (kharadj), et hic dicitur mittere et vult in Caffa et omnibus locis maris majoris. Ab alia fuit requirere despote de Servia certa loca que tenebat pater suus, et dominus despoti minime dare voluit. Concludendo, de captione Constantinopolis tantam insolentiam, quod videtur se facturum in brevi dominum totius orbis, et large dicit non transibunt anni duo que intendit venire usque Romam; et per verum Deum, nisi per christianos providetur, et cito faciet mirabilia, et providendo ut opus est, Constantinopoli erit destructio sua. Dabo mihi locum de illa. Scito esse..... de omnibus ordinibus, ut videbitis, pro pacto concluso universitas facere potest per tegenum qui justitiam administret inter ipsos. Facto acordio deliberavi de palatio me levare, et me tirare in aliqua domo: requisitus fui ab universitate vellem stare in palacio et regere usquequo recedere possim. Multis de causis fui contentus requisitioni eorum acquiescere. Non intelligatis aliquod salarium ab ea: vult dominus commercium pro ipso et nulla alia cabella; loca comperarum amissa sunt. Laudo et conforto per dominum nostrum

provideat de solempne ambasciata, que ad istas veniat, pro componere omnia de locis nostris, et ab alia non dormire in chris-
tiana provisione, nec et facere ut fecimus. Exploramus semper
auxilium; habuimus naviculam cum omnibus centum quadraginta octo, talibus qualibus. Volo credere fuerit voluntas divina,
quia nemo fecit debitum suum, neque Greci, neque Veneti. Per
verum Deum, si per christianos provisum non erit, iste dominus
faciet mirabilia; non pretendit nisi in rebus bellicis. Imperialis
nepos meus captus fuit; in redemptione ejus feci quantum fuit
mihi possibile, discopertus fuit et super....... non velle nullum
recattum. Interim dominus de ipso notitiam habuit, et ipsum
cepit, et sic unum alium Venetum; et non nulla alia causa, quia
dominus vult habere aliquos Latinos in curia sua, de quo resto
in tanta melanconia, quia me vivum facere non possum. Sum
certus faciet, etatem habet; multa oficia feci pro presenti : non
fuit possibile ipsum habere. Stando firmum, spero non transibit
multum tempus; pro moneta non restabit, si deberem restare
in camixa. Undique sunt angustie mihi. Si non scribo ordinate,
me excusatum habeatis; habeo animum egrotum per formam
quod male scio quod facio. Sunt menses decem et octo quod
steti in continuis laboribus et affanuis, et in una die amissum
totum laborem nostrum, volo credere pro peccatis meis. Illustri
D. duci millies me commissum facite, cui non scribo, non ha-
bendo animum cum ipso satis. Me desidero D. socere mee me
commissum facite, cui similiter non scribo, istam fac ei legere,
necnon me commendo patri meo et mulieri vestre; alios saluto.

ANGELUS JOES, commissarius.

Nº 12.

LISTE DES CONSULS GÉNOIS

DONT ON A PU RETROUVER LES NOMS.

CONSULS DE KAFFA.

En 1289. Paolino Doria.
— 1340. Petrano dell' Orto.
— 1343. Dondedeo Giusti.
— 1352. Gotifredo Zoagli.
— 1357. Leonardo Montalto.
— 1365. Bartolomeo di Ja-
    copo.
— 1360. Giannone del Bosco.
— 1363. Meliaduce Cataneo.
— 1364. Giacomo Spinola.
— 1365. Pietro Gazano.
— 1366. Benedetto Grimaldi.
— 1367. Giovanni degl' In-
    nocenti.
— 1391. Nicolo Giustiniani.
— 1393. Eliano Conturioni.
— 1399. Antonio de' Marini.
— 1404. Constantino Lercari.
— 1410. Giorgio Adorno.

En 1412. Battista de' Franchi.
— 1413. Paolo Lercari.
— 1415. Girolamo Giusti-
    niani.
— 1423. Antonio Cavana.
— 1424. Battista Giustiniani.
— 1425. Pietro Fieschi.
— 1426. Pietro Bondenaro.
— 1429. Luigi Salvago.
— 1434. Battista Fornari.
— 1438. Paolo Imperiali.
— 1448. Giov. Giustiniani
    Longo.
— 1455. Tomaso de Domo-
    culta.
— 1456. Paolo Ruggi.
— 1459. Azzolino Squarcia-
    fico.
— 1462. Rafaele Lercari.

En 1465. Martino Giustiniani.
— 1468. Alaone Doria.
— 1470. Rafaele Adorno.
— 1471. Oberto Squarciafico.

En 1472. Erasto Giustiniani.
— 1473. Goffredo Lercari.
— 1474. Battista Giustiniani.
— 1475. Ant. Della Gabella.

CONSULS DE SOUDAGH.

En 1385. Giacomo Gorseù.
— 1414. Barnaba Franchi de Pagano.

En 1450. Bartolomeo Giudice.
— 1468. Bern. de Amico.

CONSULS DE BALAKLAW.

En 1429. Manfredo da Gisulfo.
— 1430. Pietro Re.
— 1447. Giov. Paolo Zoagli.

En 1454. Bartolomeo Zoagli.
— 1456. Giacomo Casanova.
— 1466. Battista Oliva.

APPENDICES.

N° 1.

Chapitre IV : Colonies génoises de la Krimée ; page 63 :
*Les Vénitiens, qui redoutaient les Pisans beaucoup moins
que les Génois, dont le caractère hardi et entreprenant excitait leur inquiétude.....*

Ceci demande à être rectifié. Lorsque les croisés parurent
devant Constantinople, les Pisans qui résidaient dans cette ville
firent d'abord cause commune avec les Grecs ; ils combattirent
vaillamment au milieu d'eux, et repoussèrent plusieurs attaques
des assiégeants ; mais ils ne tardèrent pas à se réconcilier avec
les Vénitiens (1). Pour prix de leur défection, les marchands
pisans obtinrent de l'empereur Baudouin Ier la confirmation de
tous leurs anciens priviléges ; ils conservèrent le droit de choisir
leur consul ou podestat, et défense fut faite aux officiers impériaux d'intervenir dans les affaires de la colonie (2). La seconde

(1) Nikétas, *loco citato*. Sur la fin de l'année précédente, la nouvelle de l'approche des croisés avait été le signal à Constantinople d'une
troisième ou quatrième attaque contre les Latins. Les Pisans, malgré
leur alliance récente avec Alexis Lange (1198), n'avaient pas été plus
épargnés que les autres : le peuple pilla leurs magasins et les détruisit.
Les marchands s'étant plaints à l'empereur, ce prince promit de les
dédommager ; mais il négligea d'exécuter la réparation convenue, et les
Pisans saisirent ce prétexte pour se joindre aux croisés.

(2) Ronciani, *Storia di Pisa*, Ms., ap. Buchon, *Nouv. recherches
sur la principauté française de Morée*, t. II, p. 26-27.

dignité ecclésiastique de l'empire, celle de prieur, fut également concédée aux citoyens de Pise (1), et l'église qu'ils possédaient à Constantinople ayant été brûlée dans l'incendie de la ville, les croisés leur en assignèrent une autre (2). Empêchés par la guerre qu'ils soutenaient alors contre les Génois, les Pisans ne purent donner une grande attention à ce qui se passait sur les rives du Bosphore; mais en 1214, délivrés enfin de cette guerre, ils s'empressèrent de réclamer auprès des nouveaux souverains de Constantinople, et toutes les concessions qu'ils avaient obtenues de Baudouin Ier leur furent renouvelées par l'impératrice Marie (3).

(1) « Ai Pisani furono rese tutte le loro dignità così spirituali come temporali... La dignità del priorato era la prima dopo quella del patriarcato, imperocché aveva autorità il priore di usare le vesti e le insegne pontificali, di benedire i corporali, consacrare i calici, cresimare i fanciulli, e dare gli ordini minori. » (Roncioni, *loco citato*.) — Les Vénitiens eurent en partage la dignité de patriarche.

(2) Tronci, *Memorie storiche della città di Pisa*, p. 171.

(3) « Maria, Dei gratiâ imperatrix, bajula imperii Constantini Serenissimi Domino Ubaldo potestati et communi Pisanorum salutem et dilectionem.

« Cùm dignum et justum sit pariter et honestum ut quilibet de collatis sibi beneficiis et honoribus ei a quo recipit grates et gratias conferre debeat, nos, dilectionem vestram pergratiandam duximus modis omnibus quibus possumus de servitio et honore quod nobis vir nobilis dominus Jacobus Scarlate, vicecomes vester Pisanorum Constantinopoli, necnon et fratri nostro, et recordationis tam inclite quam imperator Constantinus et ejus predecessoribus, tanquàm vir providus et discretus, de toto communi suo impendere non cessavit, impendendo et procurando modis omnibus que ad nostrum liberum commodum respicerint et honorem. Propter ejus servitium..... sua, videlicet communi Pisanorum privilegia, que tàm ab ipso fratre nostro quàm a predecessoribus suis obtinuerant, duximus confirmanda, volentes et promettentes impendere quidquid poterimus ipsis boni... et honoris. Ideòque devotionem et nobilitatem vestram rogandam duximus, quatenùs dicto domino

N° 2.

CHAPITRE IX : COMMERCE DE TAURIS ; page 164 : *Ils recevaient en retour de la soie, du coton, de la rhubarbe, de l'indigo, du bleu d'outre-mer, de la laque, des perles et de l'encens ; le meilleur venait de Tauris* (1).

N° 3.

CHAPITRE XIV : COMMERCE ET NAVIGATION DE LA MER CASPIENNE : page 275 : *On tirait de la province du Schirvan du coton, du chanvre et une espèce de soie appelée talamana, assez estimée.....*

Les Génois de Kaffa fabriquaient avec cette soie de superbes tapis, qu'ils exportaient fort loin (2).

Jacobo, vicecomiti vestro, literas regratiatorias vobis placeat destinare, ac ipsi et ejus heredibus, pro tanta fidelitate, honorem et commodum impendatis, in tantum ut suus erga nostrum imperium augeat animus, et augeatur bonum ejus propositum dupliciter, cum.... utilior aut necessarior..... esse possit ; et illas vestras literas regratiatorias et vobis placeat citius destinare et communi. Datum Constantinopoli, id. februarii anno Domini MCCXIV. » (Tronci, *Mem. stor. della città di Pisa,* p. 177.)

(1) Pegolotti, *Pratica della mercatura.*

(2) Schildberger, ap. Placido Zurla, *Dissertazioni di Marco Polo e degli altri viaggiatori veneziani più illustri.* Venezia, 1818, in-4.

TABLE DES MATIÈRES

— 403 —

FIN DE LA TABLE.